建筑 CAD 项目教程

主　编　朱　凯　王富强　聂莉萍

副主编　孙　微　林　静　王海蝉

清华大学出版社
北京交通大学出版社
·北京·

内 容 简 介

本书以一个典型建筑工程项目为载体，以国家专业教学标准、现行国家规范标准、行业标准、企业用人要求为依据，以企业施工图设计师、深化设计师、施工员等技术工作岗位的核心工作为驱动，按照实际工作流程（获取建筑信息—领会设计方案—建筑平、立面施工图绘制—节点详图大样绘制）来设置教学项目。项目之间层层递进，环环紧扣，并配合大量的施工图资源、微课视频、企业案例，使内容便于理解和有趣。本书力求层次清楚、内容完整清晰，通俗易懂，实用性强。

本书可以作为建筑装饰工程技术、建筑工程技术、建筑室内设计、建筑设计等相关专业的教学用书，也可作为施工员岗位技术培训教材及企业专业技术人员的参考用书。

图书在版编目（CIP）数据

建筑 CAD 项目教程 / 朱凯，王富强，聂莉萍主编. -- 北京 ： 北京交通大学出版社 ： 清华大学出版社，2025. 9. -- ISBN 978-7-5121-5671-5

Ⅰ. TU201.4

中国国家版本馆 CIP 数据核字第 2025VC0135 号

建筑 CAD 项目教程
JIANZHU CAD XIANGMU JIAOCHENG

责任编辑：韩素华

出版发行：	清 华 大 学 出 版 社	邮编：100084	电话：010-62776969
	北京交通大学出版社	邮编：100044	电话：010-51686414

印　刷　者：北京华宇信诺印刷有限公司

经　　　销：全国新华书店

开　　本：185 mm×260 mm　　印张：15.375　　字数：384 千字

版 印 次：2025 年 9 月第 1 版　　2025 年 9 月第 1 次印刷

定　　价：59.00 元

本书如有质量问题，请向北京交通大学出版社质监组反映。对您的意见和批评，我们表示欢迎和感谢。

投诉电话：010-51686043，51686008；传真：010-62225406；E-mail：press@bjtu.edu.cn。

前　　言

建筑 CAD 是土建类专业必修的专业基础课程。本书以一个典型建筑工程项目为载体，以国家专业教学标准、现行国家规范标准、行业标准、企业用人要求为依据，以企业施工图设计师等技术工作岗位的核心工作为驱动，设计了标准化绘图环境搭建、绘制建筑一层平面图（一）、绘制建筑一层平面图（二）、绘制建筑施工图立面图、绘制建筑施工图剖面图、绘制墙身大样图 6 个项目，力求将绘制建筑施工图的完整流程、方法、技巧与要领一一点明并落到实处，具体体现在以下几点。

（1）将职业院校技能大赛"建筑工程识图"、"建筑装饰数字化施工"赛项、1+*X* 建筑工程识图职业技能等级证书考试的相关知识和技能融入教材，使知识的框架结构符合"岗课赛证融通"高技能人才培养的需求。

（2）以互联网＋思维配套数字教学资源，给"教"与"学"提供更多的便利。

（3）校企"双元"合作开发教材，融入行业企业典型装饰工程案例，让读者能了解行业发展动态，做到学以致用。

本书编写团队由具有丰富教学、实践及大赛指导经验的双师型教师及行业头部企业人员组成。具体编写分工如下：江西交通职业技术学院聂莉萍、孙微、林静及华艺设计顾问有限公司杨彦文编写项目1，江西交通职业技术学院朱凯编写项目2、3、4，江西交通职业技术学院王富强编写项目5，江西交通职业技术学院王海蝉编写项目6及课程思政内容。本书在制作信息化教学资源过程中得到了谢冬平、张亭、肖云、徐凯的大力支持，同时参考和借鉴了有关文献资料，在此一并致以衷心的感谢！

由于编者水平有限，一定存在许多不足之处，敬请广大读者批评指正，以期在今后再版时予以充实和提高。

编　者

2025 年 7 月

目　　录

项目1 标准化绘图环境搭建

思政元素

本项目通过与课程思政的有机融合，将家国情怀与文化传承贯穿专业教学全过程。一方面，结合学科前沿与行业需求，通过行业典型案例培养学生的民族自豪感和文化自信，使他们在精进专业技能的同时，厚植爱国精神，强化责任意识；另一方面，深入挖掘中华优秀传统文化中的思想精髓与工匠智慧，通过案例教学、项目实践等多元化方式，让学生在潜移默化中感悟中华文化的深厚底蕴与时代价值。

在案例1-1中，以我国自主研发的中望CAD软件为切入点，系统介绍我国在建筑信息技术领域的创新突破与重要成就，着重阐释自主知识产权的战略意义，通过典型案例分析，深入剖析中望CAD在"一带一路"标志性工程——印度尼西亚雅万高铁项目中的创新应用，使学生深刻认识到国产软件在国际竞争中的优势地位，从而激发学生的民族自豪感和科技报国的使命感。在案例1-2中，巧妙融入传统文化元素，以敦煌莫高窟数字化保护工程为范例，展现中华传统建筑智慧与现代科技的完美融合，既彰显了文化自信，又让学生在掌握现代技术的同时，深切感受中国传统建筑文化的独特魅力，培养他们对文化遗产的保护意识与传承责任。

通过系统化的思政元素融入，学生不仅能够扎实掌握专业技能，更能在实践过程中深刻体会家国情怀，深入理解文化传承与技术创新之间的辩证关系，为培养兼具专业素养与家国情怀的"匠心报国"型人才奠定坚实的基础。

思政案例

案例1-1：中望CAD助力雅万高铁建设，国产软件闪耀"一带一路"

雅万高铁是东南亚首条高速铁路，连接印度尼西亚首都雅加达和第四大城市万隆，项目设计标准高、技术难度大，对设计软件的性能和稳定性提出了极高要求。中望CAD凭借其高效稳定的运行能力、对中国标准的全面支持及良好的兼容性，成为该项目设计环节的重要工具之一。

在雅万高铁项目中，中望CAD主要用于线路设计、车站建筑设计及施工图纸绘制等工作。其强大的图形处理能力能够高效应对大规模、高复杂度的设计任务，确保设计效率和质量。同时，中望CAD内置的中国标准规范库，极大地方便了中国设计团队的使用，减少了标准转换的工作量。此外，中望CAD还支持多人在线协同设计，帮助设计团队实现高效协作，进一步提升了项目整体效率。中望CAD在印度尼西亚雅万高铁项目中的应用，展现了国产CAD软件在"一带一路"重大基础设施项目中的重要作用。

案例1-2：数字敦煌——科技守护千年莫高窟

莫高窟作为世界文化遗产，其壁画和彩塑历经千年风雨，面临自然侵蚀和人为损坏的双重威胁。数字化保护技术的应用为这一古老艺术的永久保存提供了创新解决方案。通过三维激光扫描、高清摄影等技术，洞窟结构、壁画细节和彩塑形态被精准记录，形成高精度数字档案。这些数据不仅为修复工作提供科学依据，还通过虚拟展示平台让全球观众远程欣赏，有效减少实地参观对文物的影响。

在具体实施中，CAD 技术发挥着核心作用。三维激光扫描获取的点云数据导入 CAD 软件后，可构建精确的数字化模型，完整记录几何特征和病害信息（如裂缝、风化等）。CAD 结合有限元分析能评估石窟结构稳定性，预防坍塌风险；其图层管理功能可标注壁画剥落、起甲等病害区域，辅助制订修复方案并模拟效果，最大限度减少物理干预。同时，CAD 模型为学术研究和公众教育提供了数字化平台。

数字化保护实现了文物信息的永久保存，即使实体受损，数字档案仍能支持研究与修复。通过分析壁画色彩、纹理等细节，修复精度显著提升。虚拟展示更让文化遗产突破地域限制，促进全球文化交流。随着人工智能等新技术的融入，莫高窟数字化保护将更加智能化，为守护这份千年艺术瑰宝提供坚实保障。

1.1 软件界面认知与基础操作

1.1.1 任务工单

1. 任务描述

通过学习中望建筑 CAD 2023 软件的基础界面布局及核心功能模块，熟悉软件界面，掌握基本操作方法，完成界面布局设置。

2. 任务目标

1）知识目标

（1）熟悉中望建筑 CAD 软件的主界面布局及各区域功能（菜单栏、工具栏、绘图区、命令行、状态栏等）。

（2）理解文件新建、打开、保存与导出的操作逻辑及文件格式。

2）技能目标

（1）能够独立启动软件并完成界面元素的个性化调整（如工具栏显示 / 隐藏）。

（2）规范配置绘图环境参数，搭建标准化绘图环境。

3）应用目标

掌握命令启动方法，观察图形方法和选择对象方法，为以后便捷操作中望建筑 CAD 绘图打下坚实基础。

1.1.2 知识准备

1. 中望建筑 CAD 软件界面组成

在开始操作前，需熟悉软件的核心界面元素及其功能。中望建筑 CAD 2023 初始界面为"二维草图与注释"界面，如图 1-1 所示。

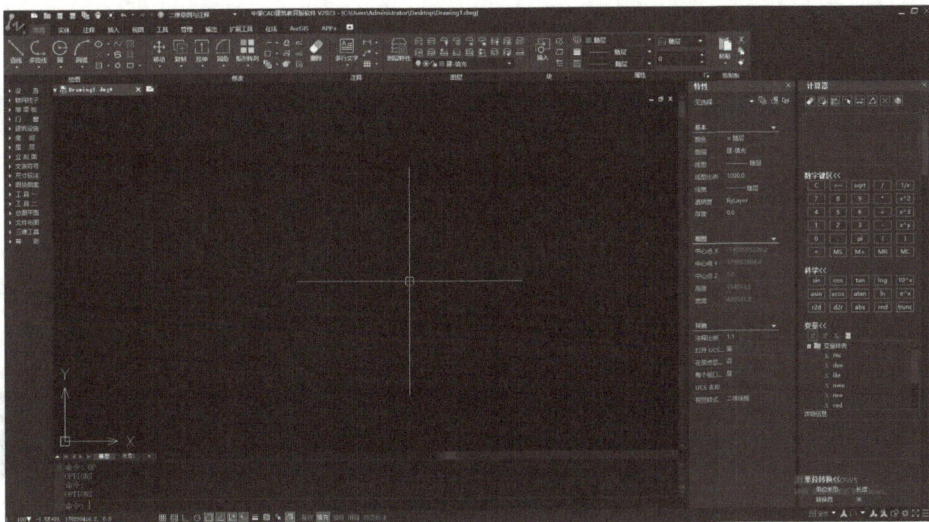

图 1-1 "二维草图与注释"界面

首先需要将界面切换成经典模式界面：单击右下角"设置工作空间"，切换为"ZWCAD
经典"模式，如图 1-2 所示。

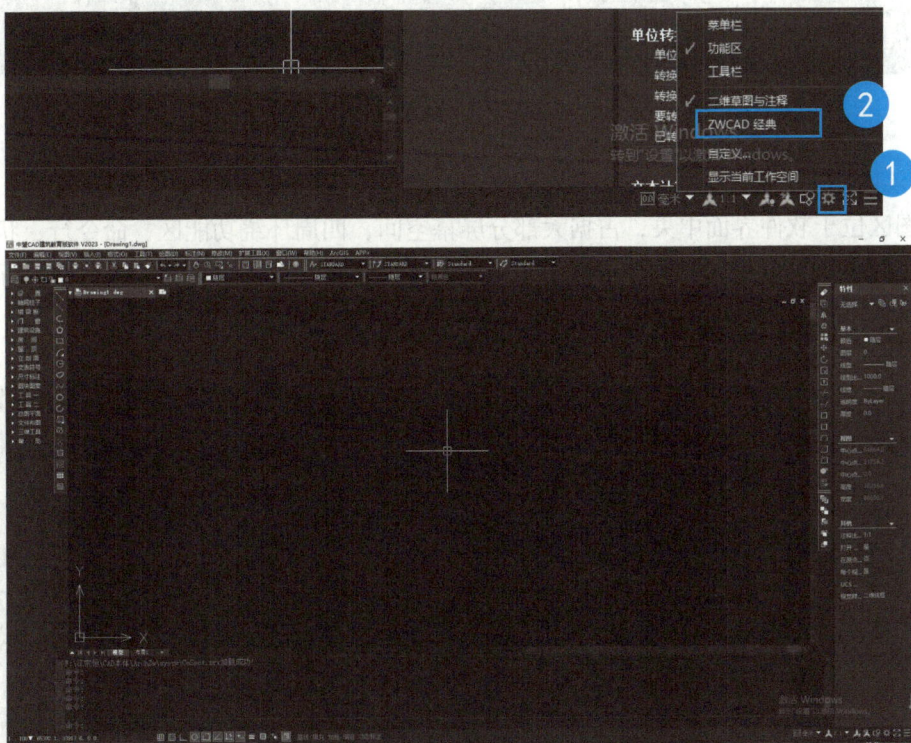

图 1-2 "ZWCAD 经典"界面

1）菜单栏

菜单栏位于界面顶部，包含"文件""编辑""视图""插入""格式""工具""绘
图""标注""修改""扩展工具""窗口""帮助"等主菜单（见图 1-3），涵盖软件全部功

能，适合通过层级菜单精准调用命令。

图 1-3　菜单栏

2）快速访问工具栏

快速访问工具栏位于菜单栏下方（见图 1-4），提供"新建""打开""保存""撤销""重做"等高频操作按钮，支持自定义添加常用工具（如"图层特性管理器"）。

图 1-4　快速访问工具栏

3）标题栏

标题栏位于菜单栏下方（见图 1-5），显示当前打开的文件名称。

图 1-5　标题栏

4）绘图区

绘图区位于软件界面中央，占据大部分屏幕空间，四周环绕功能区、命令行、状态栏及工具选项板等辅助区域（见图 1-6）。绘图区由坐标系图标、绘图背景、"十"字光标、视口边界组成，用于绘制和编辑图形。

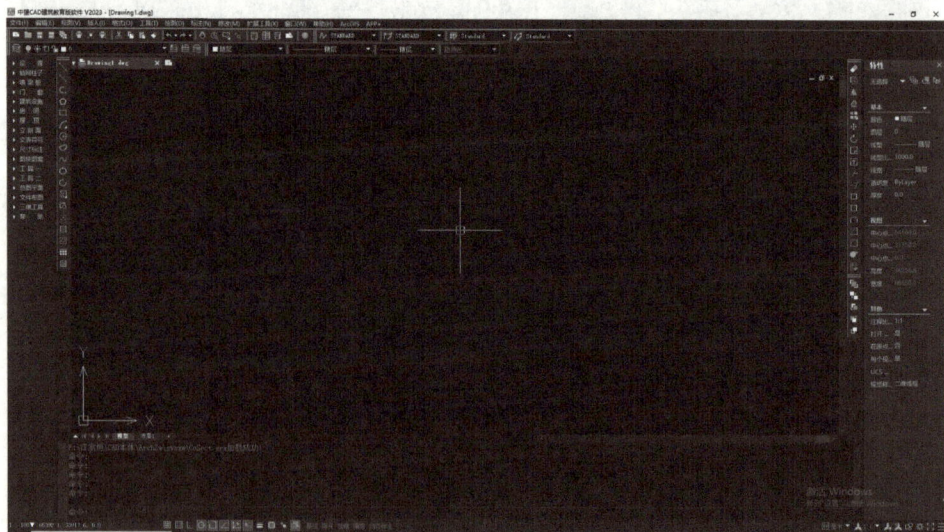

图 1-6　绘图区

5）命令行

命令行位于绘图窗口底部（见图1-7），它的作用主要有两个：命令行会提示下一步操作，因此初学中望建筑CAD时，要养成观察命令行的习惯；通过命令行的滚动条可查询历史命令记录。

图1-7 命令行

6）状态栏

状态栏位于中望建筑CAD窗口左下角（见图1-8），包含【正交】【极轴】【对象捕捉】【对象追踪】【线宽】等重要作图辅助工具的开关按钮。单击自定义按钮可打开自定义菜单，用于设置状态栏显示的内容。

图1-8 状态栏

7）属性面板

属性面板通过快捷键【Ctrl+3】调出，集成了常用图块、填充图案与注释工具（见图1-9），能快速调整图形属性（如颜色、线型、图层），并支持批量修改。

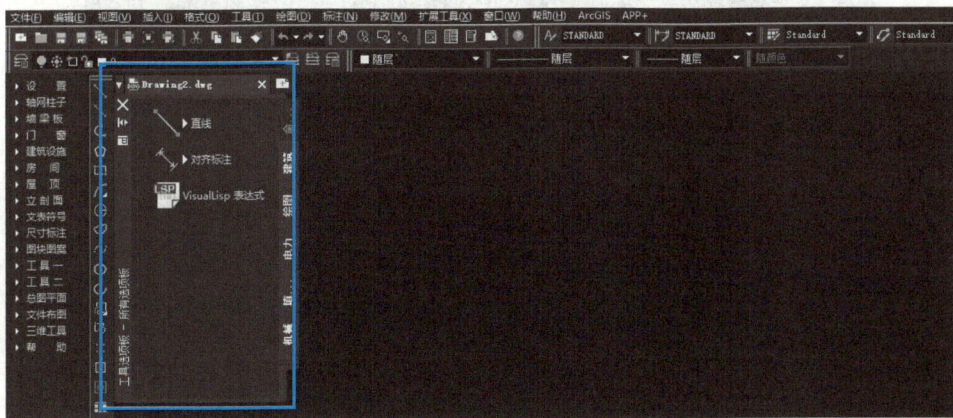

图1-9 工具选项板与面板

2. 观察图形方法

在绘制图形时，常需通过视图缩放、平移等操作控制图形显示，以实现更便捷、准确的绘制。中望建筑CAD提供了多种图形观察方法，以下介绍最常用的几种（操作前请打开教材配套文件）。

微课——
观察图形方法

1）平移

使用"平移"命令相当于用手将桌子上的图纸上下或左右来回移动。

操作方法。

（1）单击标准工具栏上的"实时平移"图标，或在命令行输入"P"后按回车键，光标将变为"手"形，按住鼠标左键拖动即可随意移动视图，如图 1-10 所示。

图 1-10　平移

（2）直接按住鼠标滚轮拖动，也可移动视图。

2）范围缩放

使用"范围缩放"命令可将图形文件中的所有图形居中显示，并充满整个屏幕。

操作方法。

（1）若此前通过"平移"命令移动了视图，可在命令行输入"Z"并按回车键，在命令行提示【ZOOM［全部（A）/中心（C）/动态（D）/范围（E）/上一个（P）/比例（S）/窗口（W）/对象（O）]〈实时〉：】中输入"E"后回车；或单击标准工具栏嵌套按钮中的"范围缩放"图标，如图 1-11 所示。

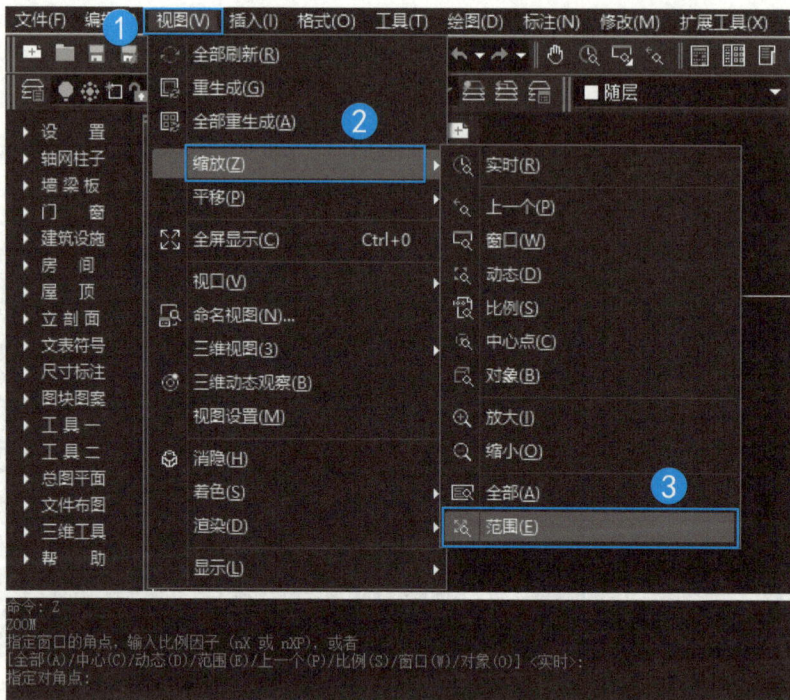

图 1-11　范围缩放

（2）直接双击鼠标滚轮即可执行"范围缩放"命令，此时被移动的图形会自动居中并充满整个绘图区域。

3）窗口缩放

使用"窗口缩放"命令放大局部图形是很常用的操作。

操作方法如下。

（1）若已执行"范围缩放"命令，可单击标准工具栏的"窗口缩放"图标。

（2）在命令行输入"Z"并按回车键，在命令行提示【ZOOM［全部（A）/中心（C）/动态（D）/范围（E）/上一个（P）/比例（S）/窗口（W）/对象（O）］〈实时〉：】中输入"W"并回车。在绘图区选择A点单击，然后将光标向右下角移动至B点单击，如图 1-12 所示。系统将自动把A、B两点形成的矩形窗口内的图形居中并充满整个绘图区域。窗口缩放可通过任意对角点创建选择区域。

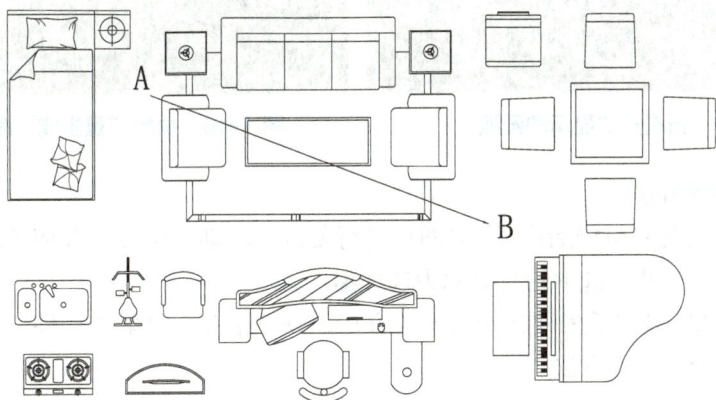

图 1-12　窗口缩放

4）前一视图

使用"前一视图"命令可返回上一次的视图显示状态（见图 1-13）。当图形较复杂时，该命令常与"窗口缩放"配合使用：通过"窗口缩放"放大局部进行观察或修改后，使用"前一视图"返回，再切换至其他区域重复操作。

图 1-13　前一视图

5）实时缩放

使用"实时缩放"命令可任意放大或缩小图形。

操作方法如下。

（1）单击标准工具栏的"实时缩放"图标（见图 1-14），光标将变为"放大镜"形状。此时按住鼠标左键向前推动，图形放大；向后拉动，图形缩小。

图 1-14　实时缩放

（2）也可直接滚动鼠标滚轮实现图形缩放：向前滚动放大，向后滚动缩小。

6）重生成

在绘图过程中，若绘图区域的弧线或曲线显示为折线，如图 1-15 所示，可单击"视

图"|"重生成",或在命令行输入"RE"并回车。执行该命令会重新生成图形,使弧线和曲线恢复光滑,如图 1-16 所示,同时整理图形数据库,提升显示和对象选择的性能。

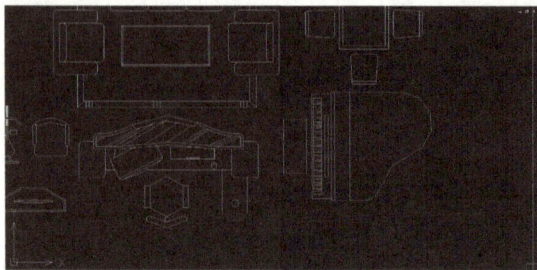

图 1-15　折叠形式显示的圆弧

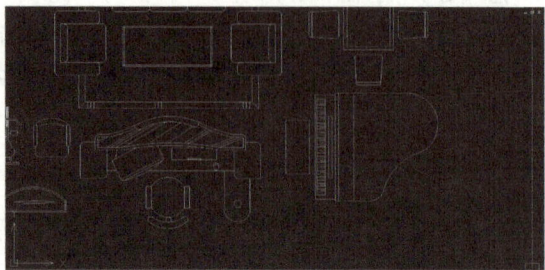

图 1-16　执行"重生成"命令后的圆弧

3. 选择对象的方法

在使用中望建筑 CAD 绘图时,对图形进行复制、移动、旋转、修剪等编辑操作前,需先选择目标对象。这些被选中的对象称为选择集。

中望建筑 CAD 提供了多种选择对象的方法,以下结合教材配套文件,通过"删除"命令介绍常用方法。

1)拾取

拾取时用小方块形状的光标分别单击要选择的对象。

(1)调整视图:双击鼠标滚轮执行"范围缩放"命令,使图形居中并占满整个屏幕。

(2)单击修改工具栏的"删除"命令图标,或在命令行输入"E"后按回车,启动"删除"命令。

(3)此时绘图区的光标变成小方块,命令行提示"选择对象",将光标移动到"钢琴"上单击,"钢琴"被选中并呈灰色显示,如图 1-17 所示,按回车键确认选择,"钢琴"即被删除。

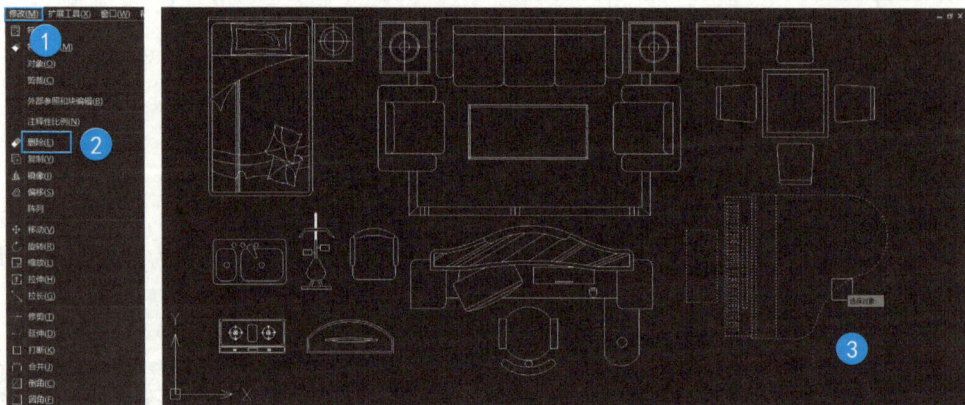

图 1-17　拾取命令

(4)按【Ctrl+Z】组合键,或单击"标准"工具栏上的"放弃"图标(见图 1-18)。"放弃"命令类似"后悔药",能撤销上一步操作:此前删除的"钢琴",按【Ctrl+Z】组合键后即恢复原位。

图 1-18 撤销上一步操作

2）窗选

从左向右拖动光标形成窗选（如左上至右下、左下至右上），此时仅窗口内的对象会被选中，与窗口相交的对象不被选中。

（1）调整视图至图 1-17 所示状态。

（2）启动"删除"命令，查看命令行提示。

（3）在【选择对象】提示下，从左下 C 点向右上 D 点拖动光标，形成蓝色透明实线窗口，如图 1-19 所示。其中"餐桌"完全位于窗口内，将被选中；"钢琴""沙发"等与窗口相交，则不被选中。按回车键确认选择后，"餐桌"即被删除。

（4）按【Ctrl+Z】组合键执行"放弃"命令。

3）交叉选

从右向左拖动光标形成交叉选（如右上至左下、右下至左上），此时窗口内的对象及与窗口相交的对象均会被选中。

（1）调整视图至图 1-17 所示状态。

（2）启动"删除"命令，命令行出现"选择对象"提示。

（3）如图 1-20 所示，从右上 D 点向左下 C 点拖动光标，形成绿色透明虚线窗口。"茶几"完全在窗口内，"沙发""钢琴"等与窗口相交，这些对象均会被选中。按回车键确认选择后，被选中的对象即被删除。

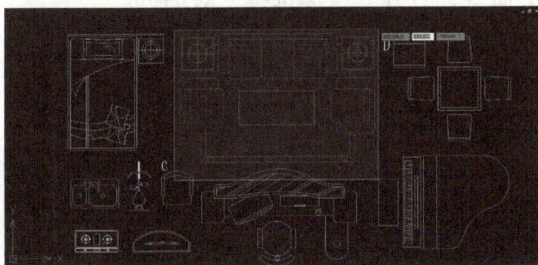

图 1-19 从左向右选为窗选

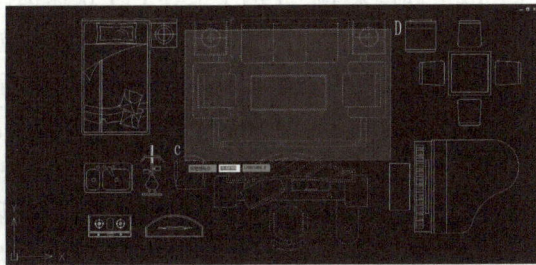

图 1-20 从右向左选为交叉选

4）全选

执行【全选】命令后，所有图形对象均会被选中。

（1）双击鼠标滚轮执行【范围缩放】命令，所有图形居中占满整个屏幕。

（2）在命令行输入"E"后按回车键，启动【删除】命令。

（3）在【选择对象：】提示时，输入"ALL"后按回车键，此时所有图形对象均呈灰色显示。

（4）在【选择对象：】提示时，按回车键确认，所有被选中的对象即被删除。

（5）按【Ctrl+Z】组合键执行【放弃】命令。

5）栏选（栅选）

栏选（栅选）是"线选"的概念，在绘图区域拉出虚线，与虚线相交的图形将被选中。

（1）调整视图至图 1-17 所示状态。

（2）在命令行输入"E"后按回车键，启动【删除】命令。

（3）在【选择对象】提示下，输入"F"后按回车键。

（4）在【指定第一个栏选点或拾取/拖动光标：】提示下，在 A、B、C 处依次单击，拉出如图 1-21 所示的虚线。由于虚线与"餐桌""钢琴""书桌"相交，按回车键确认后，这 3 个对象呈灰色显示（被选中）。

（5）在【选择对象：】提示下，按回车键确认，被选中的图形即被删除。

（6）按【Ctrl+Z】组合键执行【放弃】命令。

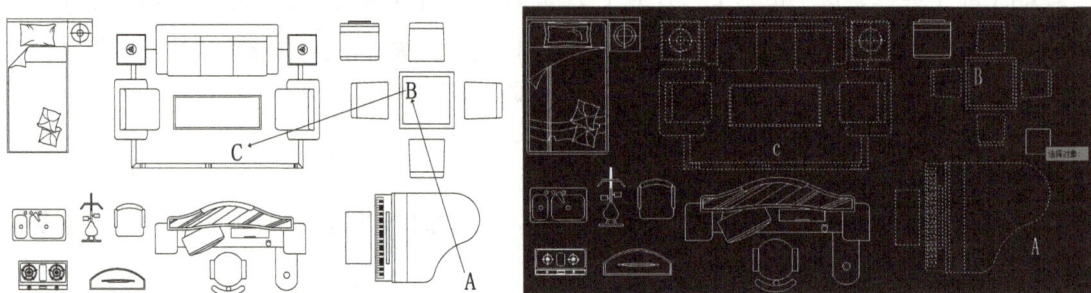

图 1-21　栅选

6）快速选择

快速选择是根据对象特性定义选择条件，可过滤掉不符合条件的对象。

（1）双击鼠标滚轮执行【范围缩放】命令，使所有图形显示在屏幕上。

（2）选择菜单栏中的【工具】|【快速选择】命令，打开"快速选择"对话框。

（3）在【特性】列表框中选中【图层】选项，指定按图层选择对象。

（4）在【运算符】下拉列表中选中【= 等于】选项。

（5）在【值】下拉列表中选中【0】选项，指定选择【0】图层上的对象。

（6）单击【包括在新选择集中】单选按钮，即只选择【0】图层上的对象；若单击【排除在新选择集中】单选按钮，则选中除【0】图层外其他所有图层的对象。

（7）单击【确定】按钮关闭对话框，所有【0】图层上的对象均被选中，如图 1-22 所示。

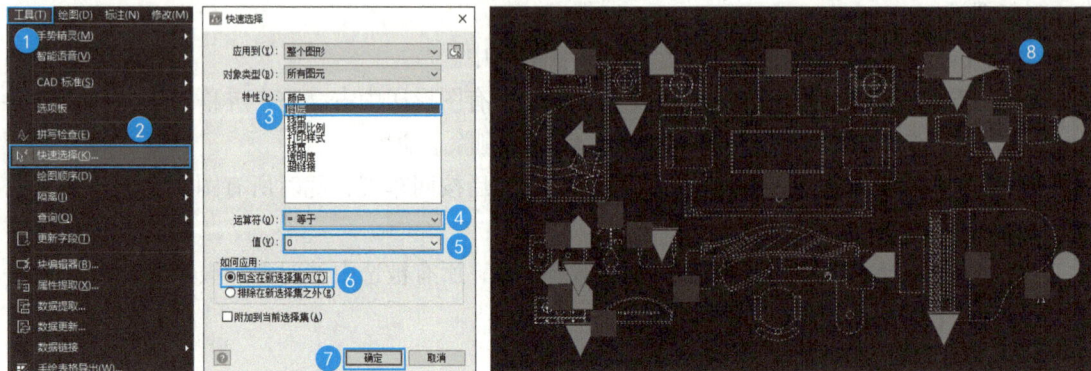

图 1-22　快速选择

7）从选择集中剔除

编辑图形时，若误选了不需要的对象，可使用"从选择集中剔除"功能将其从选择集中移除（注：选中对象呈虚线显示，未选中对象呈实线显示）。

（1）启动【删除】命令，命令行出现"选择对象："提示，用前文所学方法选中"沙发""餐桌""钢琴"，如图 1-23 所示。

（2）将"餐桌"从选择集中剔除：按住【Shift】键单击"餐桌"，其显示状态由虚线变为实线（表示已移出选择集），如图 1-24 所示。

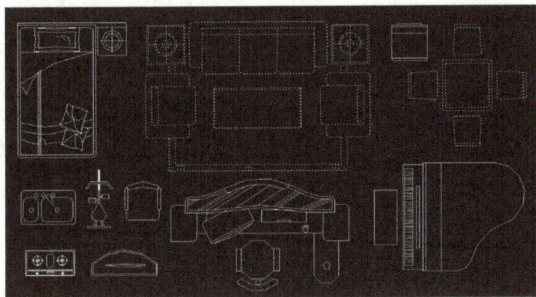

图 1-23　启用"删除"命令选中	图 1-24　将"餐桌"等从选择集中剔除

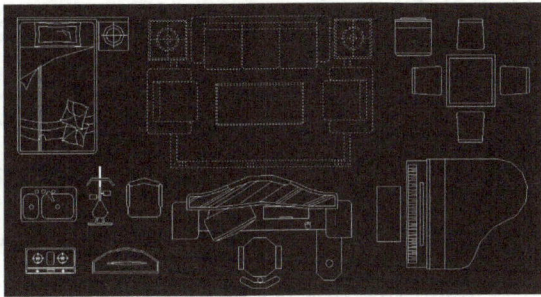

（3）按回车键确认，被选中的对象即被删除；再按【Ctrl+Z】组合键返回。

1.1.3　任务分析

通过合理设置界面布局、优化绘图环境参数及启用辅助工具，使学生掌握中望建筑CAD 的基础配置方法，为高效绘制建筑图纸奠定基础。

标准化绘图环境的建立需遵循"界面—系统—工具"的优先级逻辑，具体操作顺序如下。

1. 经典模式设置

通过个性化调整界面布局，恢复传统 CAD 操作界面，便于快速上手。

（1）切换工作空间：在【工具】菜单栏中将界面切换为经典 CAD 布局。

（2）工具栏布局调整：通过顶部菜单栏打开【绘图】【修改】【标注】等常用工具栏，拖拽至界面边缘固定，适用于快速操作。

2. 绘图环境参数配置

通过标准化参数配置，确保图纸符合行业规范，避免尺寸错误与兼容性问题。打开选项面板，在命令行输入"OP"（【Options】命令），进入"选项"对话框进行参数配置。

打开选项面板：命令行输入"OP"（【Options】命令），进入"选项"对话框，进行参数配置。

1）自动保存与文件路径设置

数据安全：设置"自动保存间隔时间"（如 10 min），防止因软件崩溃或断电导致数据丢失。

文件管理：设置备份文件路径至指定文件夹，便于版本追溯与恢复。

2）捕捉标记与拾取参数调整

调整自动捕捉标记大小、靶框尺寸，设置全屏"十"字光标，增强绘图对齐精度，避免误捕捉或遗漏关键点。

3. 辅助工具启用与配置

1）对象捕捉（F3）

启用方式：单击状态栏【对象捕捉】图标（或按【F3】键）；右键图标选择"设置"，勾选常用捕捉点（如端点、中点、交点、垂足、圆心）。

功能作用：自动捕捉关键几何点（如墙体端点、柱子中心），避免手动对齐误差；直接捕捉现有图形特征点，提升编辑效率。

2）正交模式（F8）

操作方式：按【F8】键快速切换正交模式，强制光标沿水平或垂直方向移动，适用于绘制墙体轴线等规范性线条。

功能作用：确保轴线、墙体等元素严格水平/垂直，符合建筑制图规范；无须手动校准，快速绘制直线结构。

3）极轴追踪配置

操作方式：在"极轴追踪"选项卡中设置增量角（如15°）。

功能作用：用于快速绘制特定角度线段。

微课——
经典模式设置

1.1.4 任务实施

1. 经典模式设置

中望建筑 CAD 2023 版本初始界面是"二维草图与注释"界面，需将界面切换成"ZWCAD 经典"模式界面，如图 1-25 所示。

图 1-25 中望建筑 CAD 经典模式界面

右击功能区或菜单栏空白区域，从弹出菜单中勾选所需工具栏（如"标注""绘图"）即可显示；将其拖拽至界面边缘可方便使用，如图 1-26 所示。

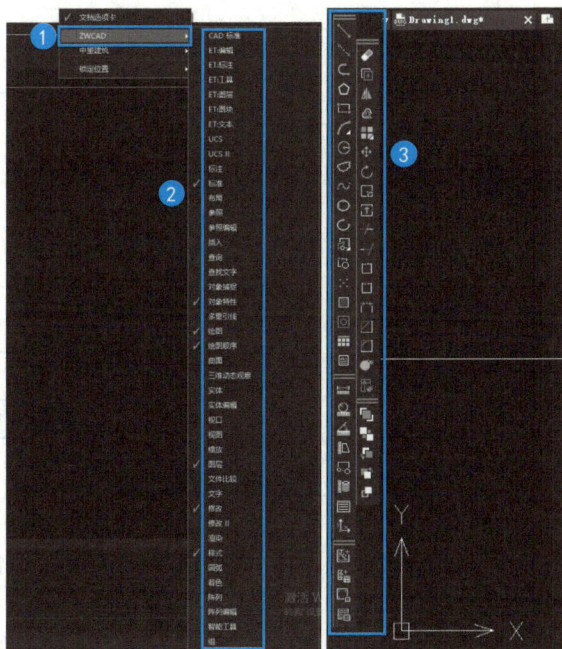

图 1-26   调整工具栏

2. 选项卡基础设置

输入快捷键【OP】后按空格键，打开"选项"对话框，进入"打开和保存"面板，调整自动保存时间（默认间隔 10 min），如图 1-27 所示。

微课——
选项卡基础设置

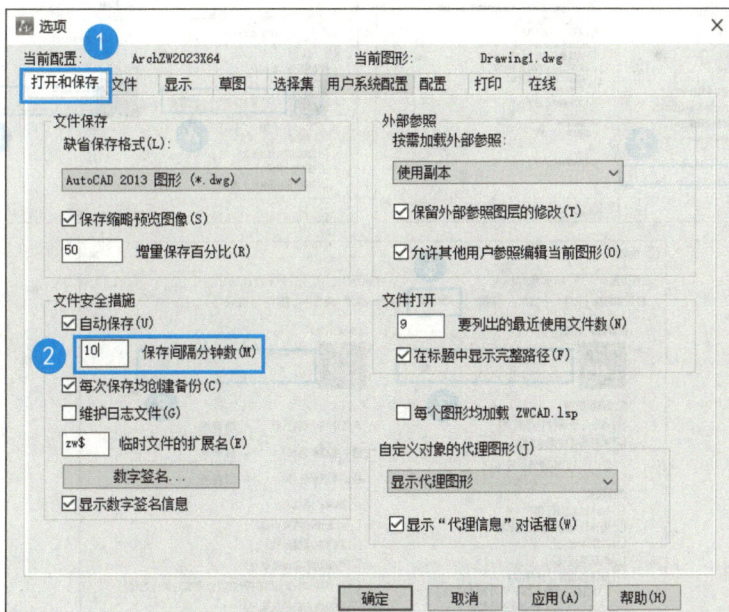

图 1-27   设置自动保存时间

切换到"文件"面板，展开"自动保存文件位置"，单击【浏览】按钮，选择文件在系统中的保存位置，单击【确定】按钮返回选项面板，如图 1-28 所示。

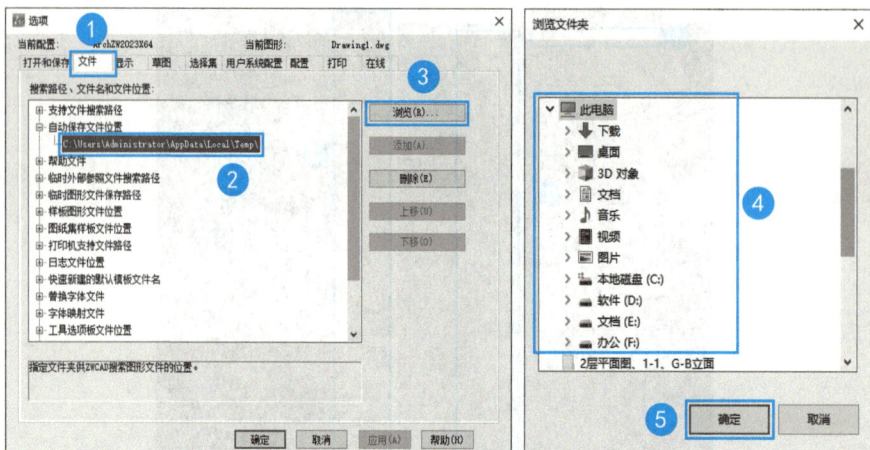

图 1-28　设置自动保存文件位置

在"显示"选项卡中将"十字光标大小"调整为 100（增强定位精度），切换到"草图"面板，修改"自动捕捉标记大小"和"靶框大小"的数值，再到"选择集"选项卡中修改"拾取框大小"。完成上述设置后，依次单击【应用】和【确定】按钮完成基础设置，如图 1-29 所示。

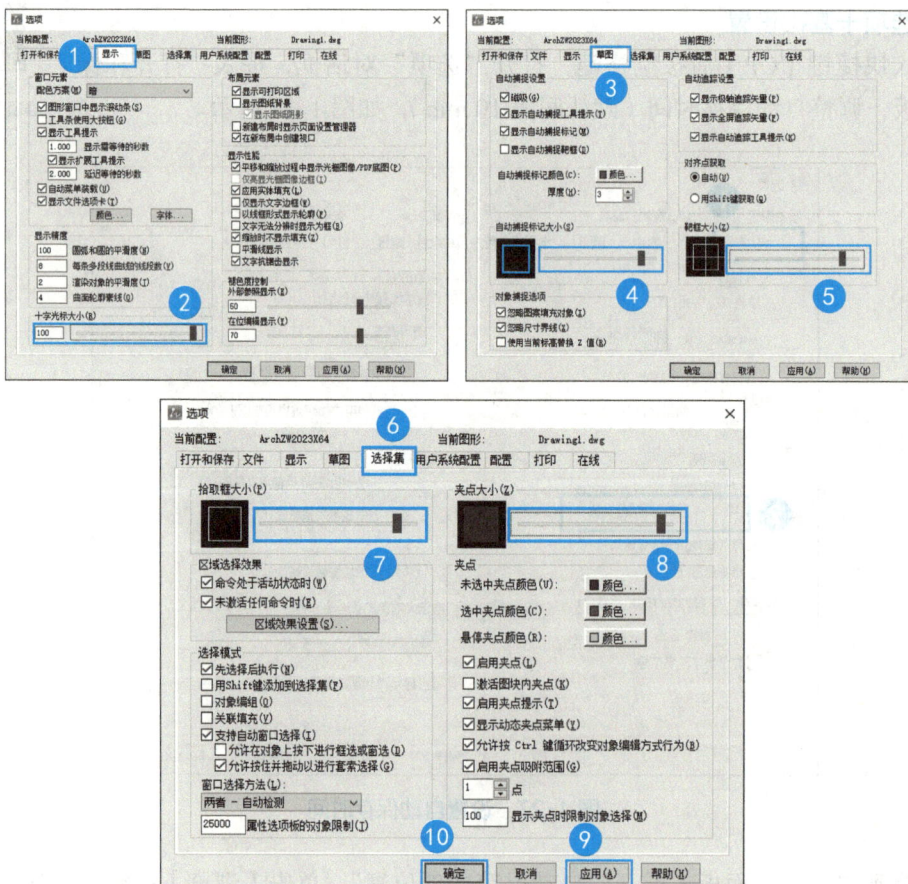

图 1-29　绘图环境设置

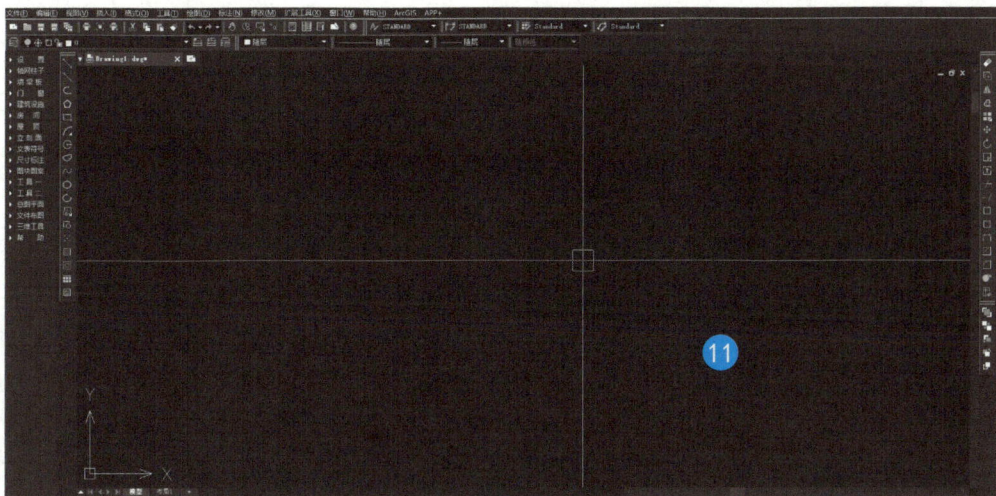

图1-29 绘图环境设置（续）

右击状态栏中的【对象捕捉】按钮，选择"设置"进入"草图设置"对话框，在"对象捕捉"选项卡中勾选"全部选择"，然后单击【确定】按钮，如图1-30所示。

按下键盘快捷键【F8】，状态栏中的【正交】按钮将亮起，或单击状态栏中的【正交】按钮（图标为直角符号）（见图1-31）。

微课——
辅助工具设置

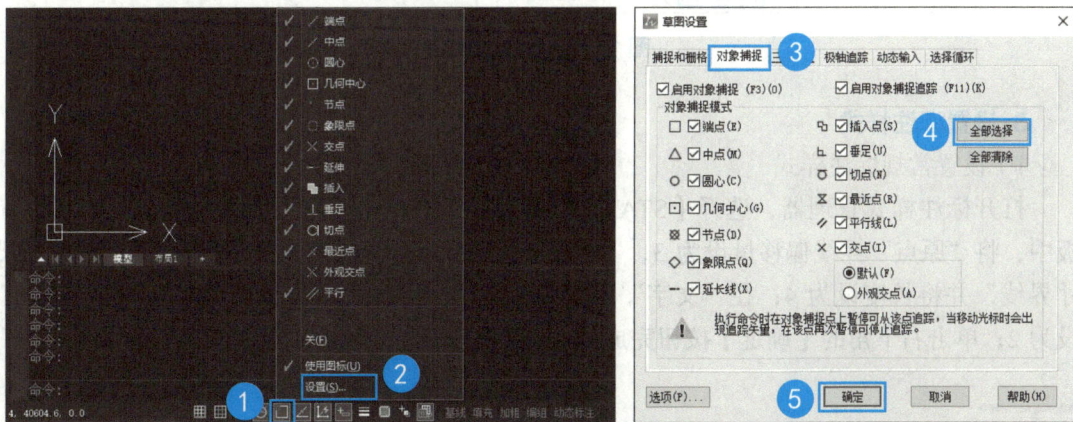

图1-30 对象捕捉设置

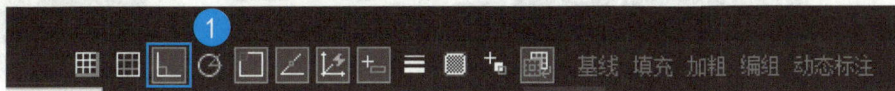

图1-31 正交设置

在上方"菜单栏"中选择"扩展工具"，单击"定制工具"选项，选择"编辑命令别名"，在弹出的"命令别名编辑器"对话框中选择需要修改的命令（如"ATE"），单击【编辑】按钮并在弹出面板中修改后单击【确定】按钮，再次单击【确定】按钮完成设置并退出对话框，如图1-32所示。

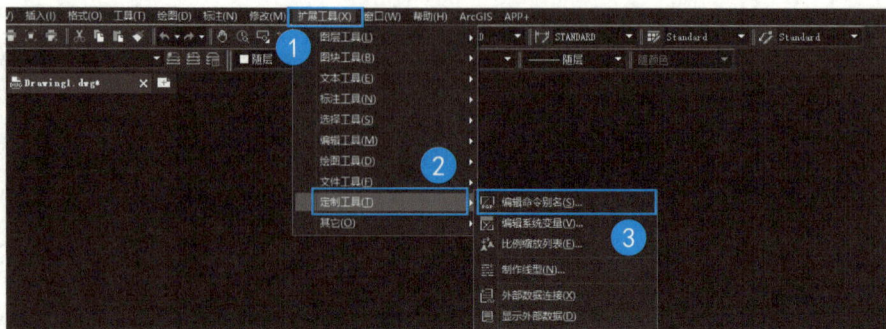

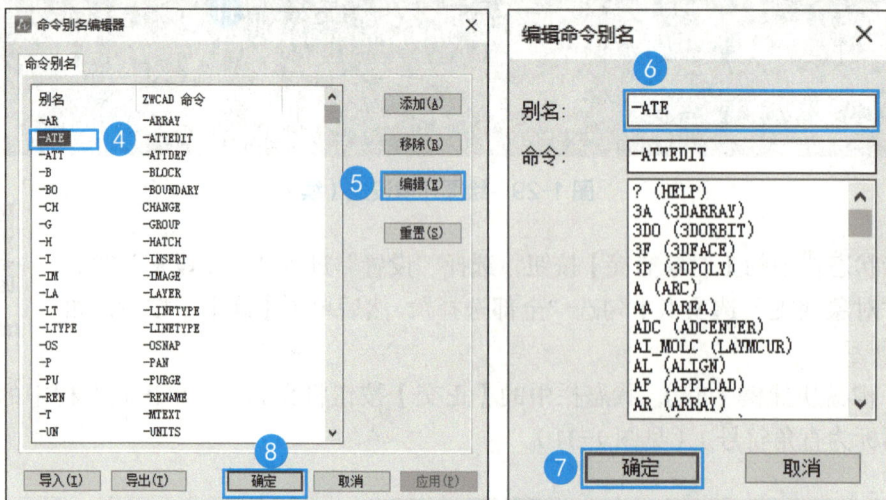

图 1-32　设置快捷键

3. 设置标注样式

1）设置常规标注样式

打开标注样式管理器，选择【STANDARD】样式后单击【修改】按钮；在"直线"面板中，将"原点"界线偏移量设为 3，"尺寸线"界线偏移量设为 1.5，勾选"固定长度的尺寸界线"并将长度设为 4；在"文字"面板中，将"文字样式"设为"数字"，"文字高度"设为 2；单击右下角的【确定】按钮完成修改，如图 1-33 所示。

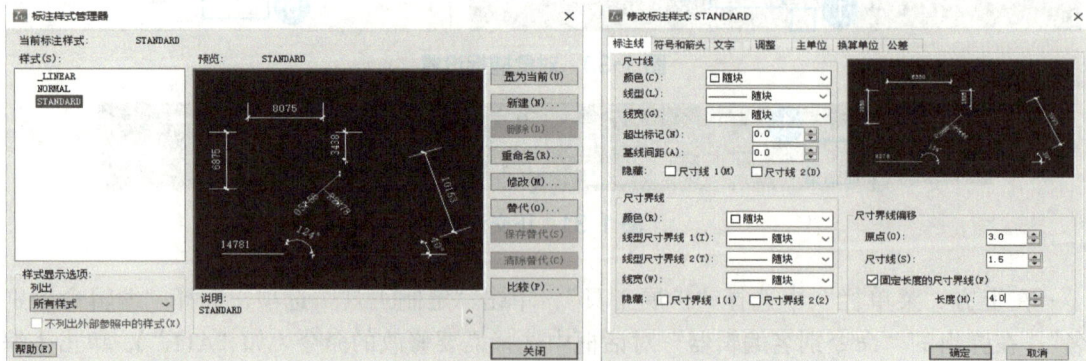

图 1-33　常规尺寸标注样式设置

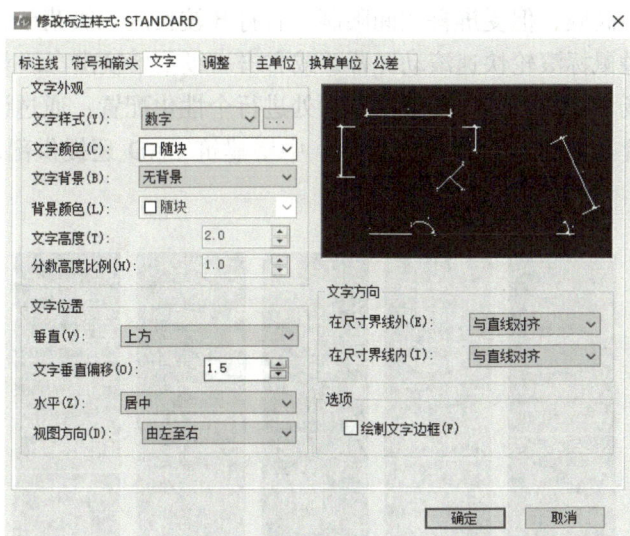

图 1-33　常规尺寸标注样式设置（续）

2）设置轴网标注样式

单击上方标注样式，打开标注样式管理器，选择修改后的【STANDARD】样式，单击【新建】按钮；在"新样式名"输入框中输入名称后单击【继续】按钮，跳转至"修改标注样式"对话框；在"标注线"面板中，将"原点"界线偏移量设为3，"尺寸线"界线偏移量设为3，勾选"固定长度的尺寸界线"并将长度设为8；在"文字"面板中，将"文字样式"设为"数字"，"文字高度"设为2.5；单击右下角的【确定】按钮完成修改，如图1-34所示。

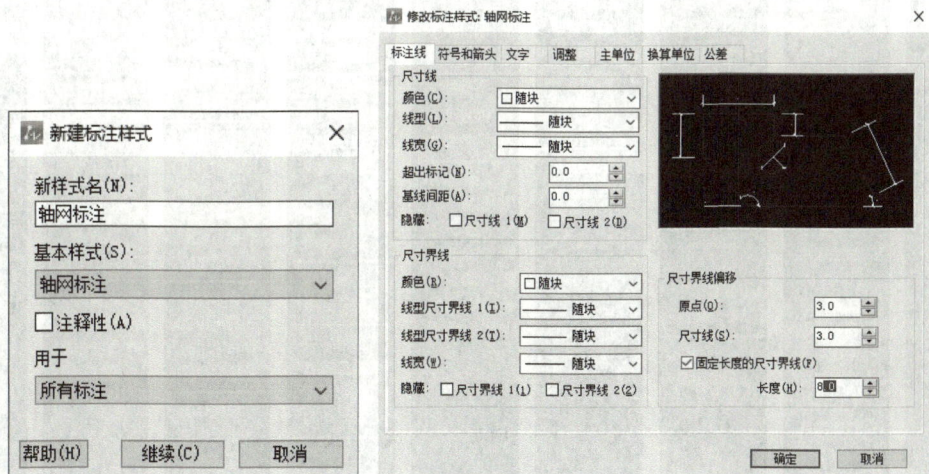

图 1-34　轴网尺寸标注样式设置

3）屏幕菜单

中望建筑CAD的主要功能集中在主界面左侧的屏幕菜单，该菜单采用"折叠式"两级结构：单击一级菜单可展开对应的二级菜单，且任何时候仅能展开一个一级菜单（当展开新菜单时，原菜单自动合拢）。二级菜单包含可执行任务的菜单项，多数配有图标以提升定位效率；当光标悬停时，状态栏会显示功能简短提示。

　　尽管折叠式菜单高效，但受屏幕空间限制，若打开较长的二级菜单，可能遮挡下方的一级菜单。此时可通过鼠标滚轮快速滚动屏幕，或右击一级菜单唤出二级菜单（见图1-35）。

　　对于特定工作场景，可右击屏幕菜单空白处进行个性化配置：通过设置一级菜单的可见性，关闭不常用菜单，优化界面空间。此外，中望建筑CAD还提供剖面菜单和总图菜单，适配不同绘图需求。

图1-35　中望建筑CAD菜单栏

1.1.5　任务评价

表 1-1 为任务一评价表。

表 1-1　任务一评价表

评价维度	分值	评价要点	评分标准	得分
1. 操作规范性	30	遵循"界面—系统—工具"优先级 • 经典模式切换 • 工具栏布局 • 参数配置路径正确性	优秀（27～30分）：完全按流程操作，工具栏定位精准（如绘图/修改工具栏靠左固定）。 良好（24～26分）：流程正确但个别工具栏未固定。 及格（18～23分）：步骤跳序（如先设捕捉后调界面）。 不及格（0～17分）：未恢复经典界面或操作逻辑混乱	
2. 技术参数正确性	40	关键参数配置准确性 • 自动保存间隔（≥10 min） • 捕捉标记/靶框尺寸 • 捕捉点类型（端点/中点等） • 极轴增量角（如15°）	优秀（36～40分）：所有参数符合规范（如自动保存≤10 min，捕捉点≥5类）。 良好（32～35分）：核心参数正确但靶框尺寸微偏。 及格（24～31分）：关键错误（如未设自动保存）。 不及格（0～23分）：参数错误导致功能失效（如正交模式无法启用）	
3. 功能实现质量	20	辅助工具实战有效性 • 对象捕捉（F3）精度 • 正交模式（F8）约束 • 极轴追踪角度控制	优秀（18～20分）：工具启用后绘图0误差（如墙体严格垂直）。 良好（16～17分）：偶发捕捉偏移（<2次/测试）。 及格（12～15分）：需手动修正线条角度。 不及格（0～11分）：工具未生效（如未勾选端点捕捉）	
4. 职业素养	10	标准化意识与流程优化	9～10分：主动创建自定义工作空间，集成企业标准参数。 7～8分：优化捕捉组合（如增加"最近点"提升效率）。 5～6分：按教程逐步操作但未验证效果。 0～4分：拒绝使用正交/捕捉等基础工具	
5. 创新拓展	附加分≤10分	效率提升方案开发	+6～10分：编写脚本一键配置环境（如自动加载工具栏+预设参数）。 +1～5分：设计可视化配置检查表	
总分	100+10		注：创新拓展为额外附加分，总分可超过100分	

1.2　建立标准化绘图环境

1.2.1　任务工单

1. 任务描述

在建筑 CAD 设计领域，标准化样板文件是提高绘图效率、统一设计规范的重要工具。本任务旨在引导学生掌握在中望建筑 CAD 软件中创建符合行业标准的样板文件（.dwt），其涵盖图层、标注样式、文字样式、图框等基础设置，为后续项目图纸的规范绘制提供坚实基础，需在中望建筑 CAD 软件中完成以下工作。

（1）配置符合《房屋建筑制图统一标准》（GB/T 50001—2017）国家规范标准。

（2）建立标准图层、线型、标注样式，并构建模板文件，以保障绘图的一致性和规范性。

（3）优化用户界面与操作习惯，提升团队协作效率，确保团队成员间能够高效协同工作。

2. 任务目标

1）知识目标

理解样板文件：深入理解样板文件在建筑 CAD 设计中的作用及构成要素，明确其对提升绘图效率、保障设计质量的重要性。

掌握制图规范：系统掌握建筑制图规范中关于图层、标注、文字样式的技术要求，确保绘图符合行业标准和项目需求。

熟悉软件操作：熟练掌握中望建筑 CAD 软件中样板文件的创建、保存与调用方法，能够独立完成样板文件的制作和管理。

2）技能目标

设置标准化图层：能够熟练设置标准化图层并合理分配颜色、线型，确保图层设置符合制图规范和项目要求。

配置标注样式：正确配置标注样式（包括尺寸标注、标高符号等），确保标注清晰、准确、符合规范。

制作图框：具备独立制作图框的能力，能够根据项目需求和制图标准，制作出符合要求的图框。

3）应用目标

实现规范化输出：通过应用标准化样板文件，实现图纸的规范化输出，提高图纸的质量和可读性。

建立企业级模板：建立可复用的企业级制图模板，为后续项目提供统一的绘图标准和样式，提升团队整体绘图效率和质量。

1.2.2　知识准备

1. 图层

1）图层的作用

图层在图纸绘制中至关重要，是对图纸元素分类管理的有效手段。通过图层，不同类型

微课——图层

的图纸元素（如墙线、门窗、标注等）可分别放置在不同图层，进而对每个图层的颜色、线型、线宽等属性独立控制，确保图纸层次分明、清晰可读。

2）图层的调用

第1步：选择下拉菜单【格式】|【图层】菜单项；或者在命令行栏输入"LA"，并按空格键；或者在"对象特性"工具栏单击【图层】按钮（见图1-36）。

图 1-36　"图层"按钮

第2步：此时系统将弹出"图层特性管理器"对话框（见图1-37）。

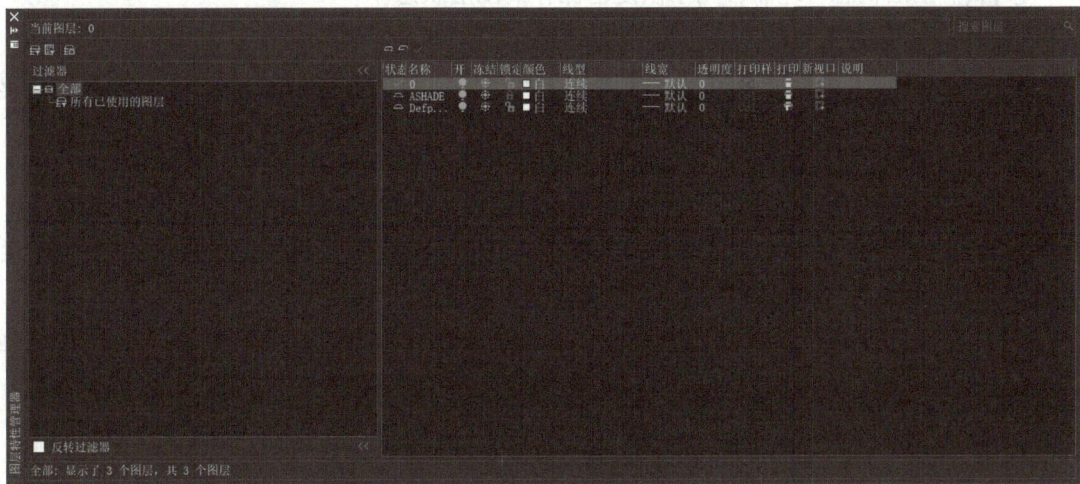

图 1-37　"图层特性管理器"对话框

3）图层的各种特性和状态

①图层的名称最长可用256个字符，可包括字母、数字、特殊字符（$-_）和空格。图层命名应便于辨识图层内容。

②图层可以具有颜色、线型和线宽等特性。如果某个图形对象的这几种特性均设为"随层"，则各特性与其所在图层的特性保持一致，并会随着图层特性的改变而改变。例如【中心线】的颜色为"红色"，在该图层上绘制的若干直线，其颜色特性若为"随层"，则直线颜色为红色；如果将图层【中心线】的颜色改为"白"，该图层上的直线颜色也会相应显示为白色（颜色特性仍为"随层"）。

③图层可设置为"关闭"状态。若图层被关闭，则其上的图形对象无法显示或打印，但可重生成。暂时关闭无关图层能减少干扰，提高工作效率。

④图层可设置为"冻结"状态。若图层被冻结，则其上的图形对象无法显示、打印或重生成。冻结长期不需显示的图层，可提高对象选择性能，减少复杂图形的重生成时间。

⑤图层可设置为"锁定"状态。若图层被锁定，则其上的图形对象无法编辑或选择，但可查看。该功能在编辑重叠图形对象时非常实用。

⑥图层可设置为"打印"状态。若图层的"打印"状态被禁止，则其上的图形对象可显示但无法打印。例如，若图层仅包含构造线、参照信息等无须打印的对象，可在打印时关闭

该图层的打印状态。

⑦ 🖉：用于新建图层。如果创建新图层时选中了一个现有图层，新建图层将继承该图层的特性；若未选中任何已有图层，新建图层则使用默认设置。

⑧ 🖉：用于删除图层列表中指定的图层。注意：当前图层、【0】层、包含对象的图层、被块定义参照的图层、依赖外部参照的图层及名为"DEFPOINTS"的特殊图层不能被删除。

⑨ ✓：将图层列表中指定的图层设置为当前图层。绘图操作总是在当前图层上进行的。需要注意的是，不能将被冻结的图层或依赖外部参照的图层设置为当前图层。

⑩ 🔒：图层状态管理器，用于恢复已保存的图层状态。

4）图层的创建和使用

第1步：选择下拉菜单【格式】|【图层】菜单项；或者在命令行栏输入"LA"，并按空格键；或者在"对象特性"工具栏单击【图层】按钮（参见图1-36）。

第2步：此时系统将弹出"图层特性管理器"对话框（参见图1-37）。

①单击【新建图层】按钮，在图层列表中将出现一个新的图层项目并处于选中状态。

②设置新建图层的名称为【轴线】，然后单击图层颜色显示框（默认显示为"白色"），系统显示"选择颜色"对话框（见图1-38）。选择红色，并确认。

③单击线型显示框（默认显示为【Continuous】），系统显示"线型管理器"对话框（见图1-39）。

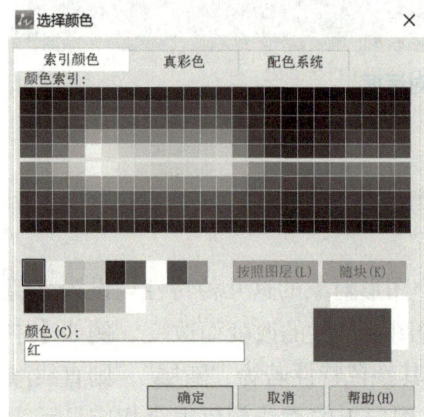

图 1-38 "选择颜色"对话框　　　图 1-39 "线型管理器"对话框

④单击【加载】按钮，显示"添加线型"对话框（见图1-40）。选择【CENTER】线型，并确认。

⑤单击线宽显示框（默认显示为"—— 默认"），系统显示"线宽"对话框（见图1-41）。选定线宽并确认，一个图层即建立完毕。

⑥重复步骤①～⑤的操作，可根据需要创建多个图层。完成设置后，单击【确定】按钮结束命令（见图1-42）。

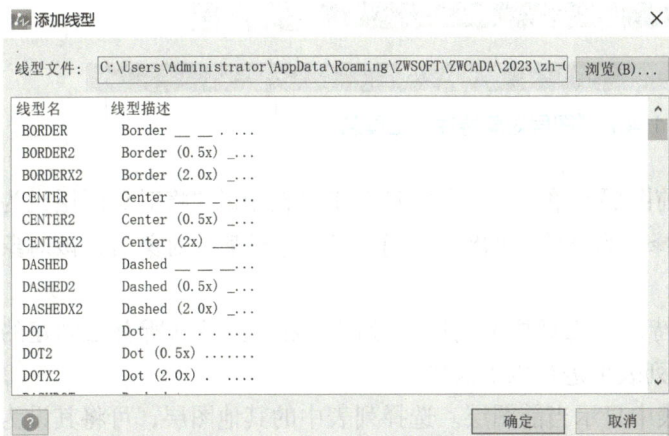

图 1-40　"添加线型"对话框

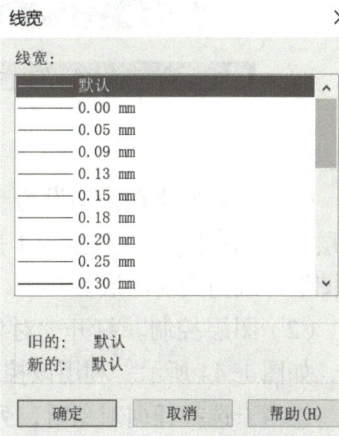

图 1-41　"线宽"对话框

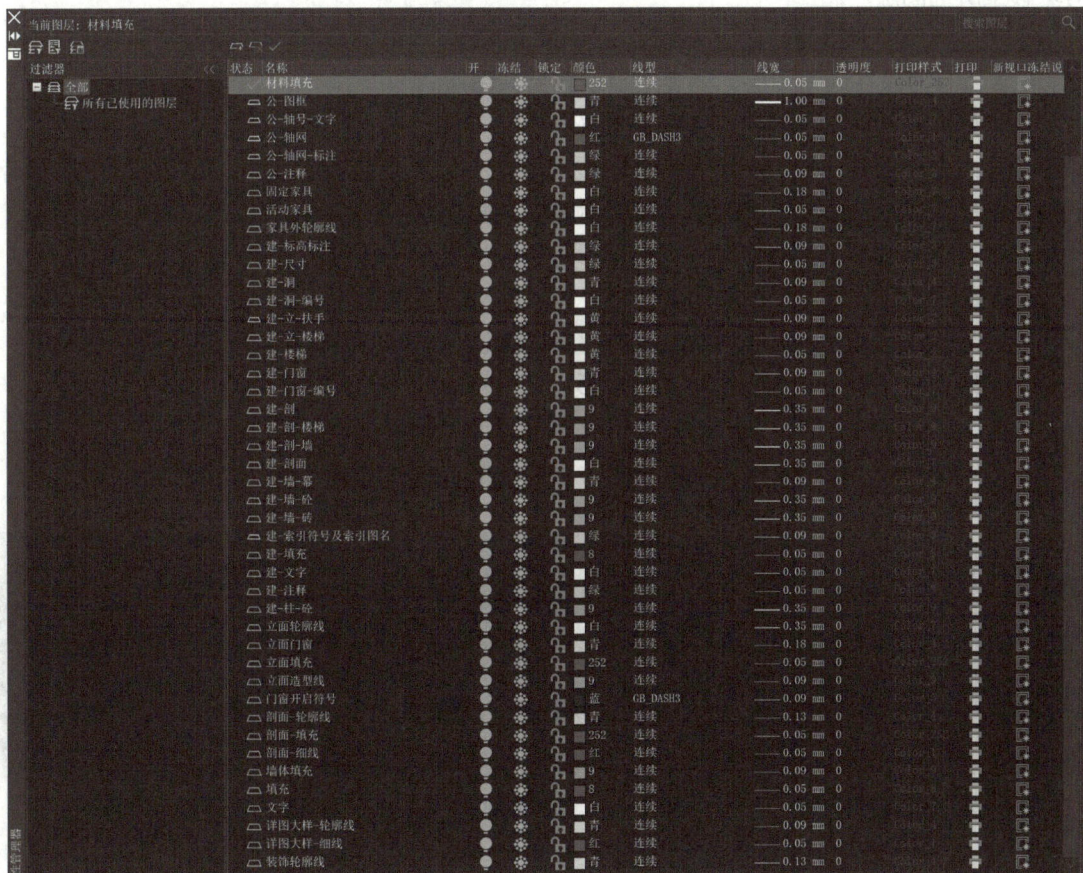

图 1-42　"图层特性管理器"对话框显示

5）"图层对象特性"工具条

打开"图层对象特性"工具栏（见图 1-43），各选项说明如下。

图 1-43 "图层对象特性"工具条

（1）将对象所在图层设为当前图层。单击"对象特性"工具栏中的"将对象图层设为当前层"图标■，命令行提示【选择设为当前层的对象：】。用户选择某一对象后，该对象所在图层即成为当前图层。

（2）图层控制。打开"对象特性"工具栏上的图层控制列表，将显示所有已创建的图层，如图 1-44 所示。利用该控制列表可进行以下操作。

①当未选择任何对象时，列表中显示当前图层。选择列表中的其他图层，可将其设为当前图层。

②当选择单个对象时，列表中显示该对象所在的图层。选择列表中的其他图层，可将该对象移至所选图层。

③当选择多个对象时：

- 若所有对象在同一图层，列表中显示该公共图层；
- 若对象分属不同图层，列表显示为空。

选择列表中的其他图层，可将所有选中对象统一移至该图层。此外，单击列表中图层旁的对应图标，可切换图层的开 / 关、冻结 / 解冻、锁定 / 解锁状态。

（3）颜色控制。下拉列表框中列出图形可用的所有颜色（见图 1-45）：

- 未选择任何对象时，选取的颜色将设为系统当前颜色；
- 选择对象后，选中对象的颜色将改为所选颜色，系统当前颜色不变。

（4）线型控制。下拉列表框中列出图形可用的所有线型（见图 1-46）：

- 未选择任何对象时，选取的线型将设为系统当前线型；
- 选择对象后，选中对象的线型将改为所选线型，系统当前线型不变。

图 1-44 图层控制列表

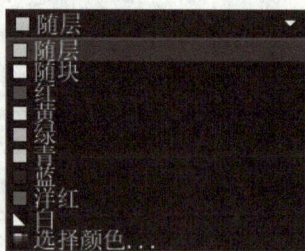

图 1-45 颜色控制

图 1-46 线型控制

（5）线宽控制。下拉列表框中列出"随层""随块"及其他可用线宽（见图 1-47）：

- 未选择任何对象时，选取的线宽将设为系统当前线宽；
- 选择对象后，选中对象的线宽将改为所选线宽，系统当前线宽不变。

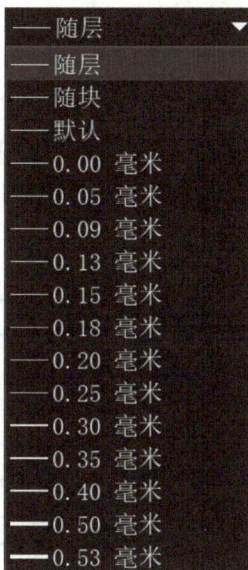

图1-47 线宽控制

2. 文字样式设置

为保证图纸中文字的规范性和一致性，需统一设置文字的字体、高度及宽度因子。以下是具体的文字样式设置步骤。

（1）打开"文字样式管理器"。在"文字样式管理器"对话框中，单击【新建】按钮，创建一个新的文字样式。将样式名称命名为"汉字"。设置文字高度为2.5，宽度因子为0.7（可根据实际绘图需求，在对应的输入框中准确输入数值）。在字体下拉列表中选择"仿宋"字体。完成上述设置后，单击【应用】按钮，使当前设置生效。最后单击【确定】按钮，关闭"文字样式管理器"对话框，完成汉字样式的创建，如图1-48所示。

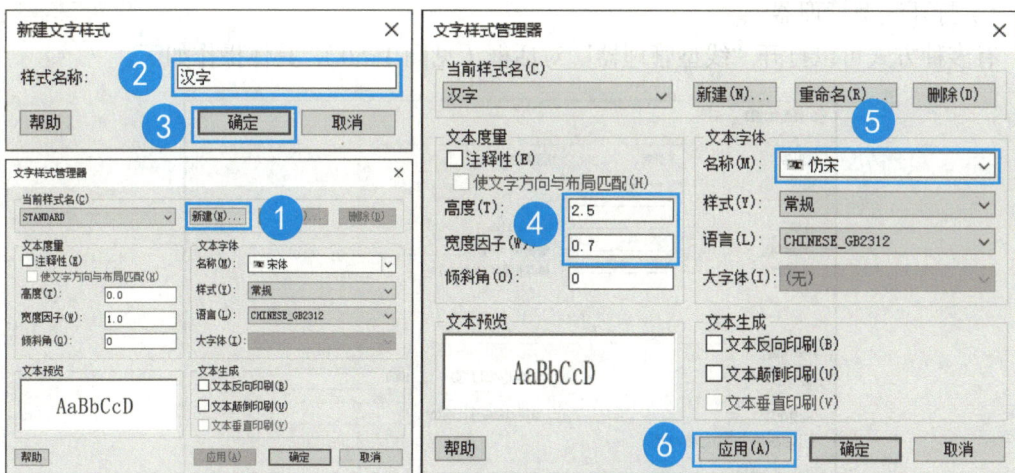

图1-48 汉字文字样式设置

（2）在完成文字样式设置后，为确保图纸中数字的显示符合规范且风格统一，需按照上述新建汉字样式的操作步骤，进行数字样式的设置。

（3）在"文字样式管理器"中，单击【新建】按钮，在弹出的"新建文字样式"对话框的"样式名"输入框中，输入"数字"。在"高度"输入框中，输入"2"；在"宽度因子"输入框中，输入"0.7"。在"文本字体 | 名称"下拉列表中，选择【simple.shx】字体。设置完成后，单击【应用】按钮使设置生效，再单击【确定】按钮关闭对话框，完成数字样式的创建，如图1-49所示。

图1-49　数字文字样式设置

3. 线型管理器

在绘图过程中，合理设置线型对于准确表达图形的特征和结构至关重要。其中，加载线型并调整全局比例因子是线型设置的关键环节。以下将详细介绍相关操作步骤。

微课——
线型管理器

1）打开线型管理器

有多种方式可以打开"线型管理器"对话框（见图1-50），具体操作如下。

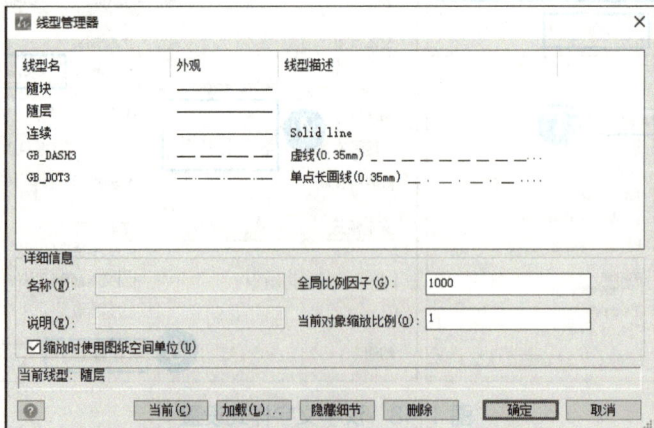

图1-50　线型管理器设置对话框

（1）在命令行中输入完整命令"LINETYPE"（或其缩写"LT"）后按空格键，即可弹出"线型管理器"对话框。

（2）在中望建筑 CAD 界面右侧找到并单击"特性"面板，在特性面板中，单击"线型"下拉列表，此时会出现一个下拉菜单，单击该下拉菜单的展开符号，即可打开"线型管理器"对话框。

（3）在绘图界面左上方的工具栏中单击"格式"选项卡，在弹出的菜单中，选择"线型"选项，此时将打开"线型管理器"对话框。

2）加载与使用线型

在绘图过程中，合理加载和使用线型能够增强图形的可读性和专业性，使图形信息表达更加准确清晰。以下是加载与使用线型的具体操作步骤。

在"线型管理器"对话框中，单击【加载】按钮，此时会弹出"添加线型"对话框。在"添加线型"对话框中，勾选需加载的线型（如 DASHED 虚线、CENTER 点画线）。勾选完所需线型后，单击【确定】按钮，系统将把选中的线型加载到"线型管理器"中，此时这些线型已可供后续绘图使用。将"全局比例因子"数值修改为1，取消勾选缩放时使用图纸空间单位，单击【确定】按钮，完成对全局比例因子的修改，如图 1-51 所示。

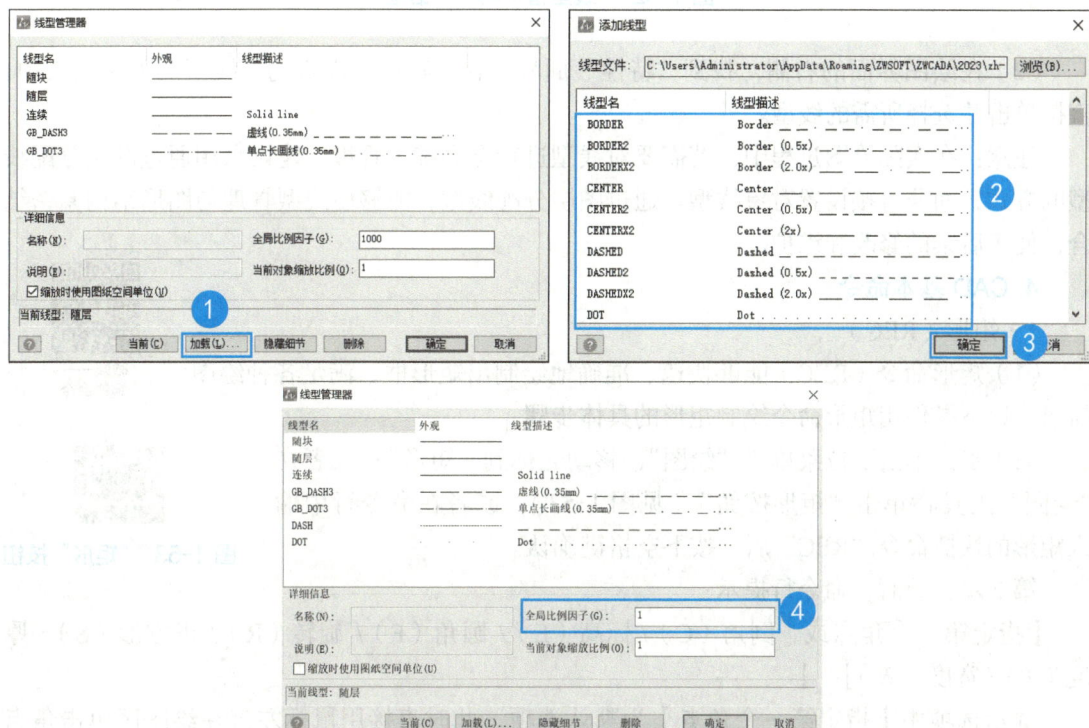

图 1-51　加载与使用线型对话框

在绘图工作中，正确设置当前线型是确保图形元素按照预期样式呈现的重要环节。当前线型设置后，后续绘制的图形对象将默认使用该线型，直至重新设置。以下是设置当前线型的两种常用方法。

（1）在"线型管理器"对话框的线型列表中，仔细浏览并找到目标线型（如 DASHED）。选中目标线型后，单击对话框中的【当前】按钮。此时，该线型即被设置为当前线型，后续绘制的图形对象将默认采用此线型（见图1-52）。

图1-52 "线型管理器"对话框

（2）在绘图界面的右侧，找到"特性"面板。在"特性"面板的"线型"下拉列表中，直接单击并选择所需的线型。

注意：在实际绘图过程中，若需要对线型进行全局统一管理，建议采用通过图层分配线型的方式，而非直接设置对象线型。通过图层分配线型，能够使线型管理与图形结构紧密结合，便于后续的修改和维护。

4. CAD 基本命令

1）矩形（REC）

（1）矩形命令（REC）能够快速、准确地绘制出矩形框，满足各种绘图需求。以下是使用矩形命令绘制矩形的具体步骤。

第1步：单击下拉菜单栏"绘图"，移动光标到"矩形"；或者在"绘图"工具栏单击"矩形按钮"（见图1-53）；或者在命令行中输入矩形的快捷命令"REC"后，按下空格键确认。

微课——矩形命令

图1-53 "矩形"按钮

第2步：此时，命令行提示：

【指定第一个角点或［倒角（C）/标高（E）/圆角（F）/旋转（R）/正方形（S）/厚度（T）/宽度（W）］：】

提示选项中【指定第一个角点】为默认选项，此时直接用鼠标左键在绘图区单击角点绘制的位置，即可确认矩形的第一个角点；或者在命令行直接输入角点的二维坐标，并确认。

提示中还有其他选项，可根据绘图要求选择，输入括号内字母进行相应操作，各选项含义如下：

①【倒角（C）】：设置矩形四角为倒角模式，并确定倒角大小。

②【标高（E）】：设置三维矩形在三维空间内的基面高度。

③【圆角（F）】：设置矩形四角为圆角，并确定半径大小。

④【旋转（R）】：设置矩形旋转角度，逆时针为正。

⑤【正方形（S）】：绘制正方形。

⑥【厚度（T）】：设置三维矩形的厚度，即Z轴方向的高度。

⑦【宽度（W）】：设置绘制矩形的线条宽度。

第3步：此时命令行提示：

【指定其他角点或［面积（A）/尺寸（D）/旋转（R）]：】

（2）提示选项的各项操作如下。

①【指定其他角点】为默认选项。此时直接用鼠标左键在绘图区单击矩形另一个角点绘制的位置，绘图区即出现一个矩形，矩形绘制完毕。

或在命令行提示【指定另一个角点或［面积（A）/尺寸（D）/旋转（R）]：】中输入另一个角点的二维坐标，确认即可。

②【面积（A）】：用于按面积绘制矩形的选项。后续提示依次为：

【输入以当前单位计算的矩形面积＜默认值＞：】，输入面积数值并确认；

【计算矩形标注时根据［长度（L）/宽度（W）＜长度＞]：】，输入L或W并确认；

【输入矩形长度＜默认值＞：】或【输入矩形宽度＜默认值＞：】，输入数值并确认，完成矩形绘制。

③【尺寸（D）】：用于指定矩形长度和宽度的选项。后续提示依次为：

【输入矩形长度＜默认值＞：】，输入数值并确认；

【输入矩形宽度＜默认值＞：】，输入数值并确认；

【指定另一个角点或［面积（A）/尺寸（D）/旋转（R）]：】，指定另一个角点后，矩形绘制完成。如选择其他选项，则取消刚才操作，重新开始绘制。

④【旋转（R）】：用于指定矩形旋转角度的选项。后续提示依次为：

【指定旋转角度或［拾取点（W）＜默认值＞]：】，输入数值或通过拾取点确定旋转角度；

【指定另一个角点或［面积（A）/尺寸（D）/旋转（R）]：】，确定另一个角点，完成矩形绘制。

（3）操作示例。

①用矩形【REC】命令绘制直角矩形，如图1-54所示，长度2 000，宽度1 000。

图 1-54　用矩形命令绘制直角矩形

第1步：在命令行提示输入【REC】并确认。

第2步：命令行提示：

【指定第一个角点或［倒角（C）/标高（E）/圆角（F）/旋转（R）/正方形（S）/厚度（T）/宽度（w）]：】

用鼠标左键在绘图区单击矩形第一个角点的位置。

第3步：此时命令行提示：【指定其他角点或［面积（A）/尺寸（D）/旋转（R）]：】

输入"2 000，1 000"并确认，绘制完毕。

②使用矩形【REC】命令绘制倒角矩形，如图1-55所示，长度2 000，宽度1 000，倒角距离均为200。

图 1-55　用矩形命令绘制倒角矩形

第1步：在命令行输入【REC】并确认。

第2步：命令行提示：

【指定第一个角点或［倒角（C）/标高（E）/圆角（F）/旋转（R）/正方形（S）/厚度（T）/宽度（W）]：】，输入【C】并确认。

第3步：命令行提示：【指定所有矩形的第一个倒角距离：】，输入：200并确认。

第4步：命令行提示：【指定所有矩形的第二个倒角距离：】，输入：200并确认。

第5步：命令行提示：【指定第一个角点或［倒角（C）/标高（E）/圆角（F）/旋转（R）/正方形（S）/厚度（T）/宽度（W）]：】，用鼠标左键在绘图区单击矩形第一个角点的位置。

第6步：此时命令行提示：

【指定其他角点或［面积（A）/尺寸（D）/旋转（R）]：】，输入"2 000，1 000"并确认，绘制完毕。

③使用矩形【REC】命令绘制圆角矩形，如图1-56所示，长度2 000，宽度1 000，圆角半径为200。

第1步：在命令行输入【REC】，并确认。

第2步：此时命令行提示：

【指定第一个角点或［倒角（C）/标高（E）/圆角（F）/旋转（R）/正方形（S）/厚度（T）/宽度（W）7：】，输入"F"，并确认。

图1-56　用矩形命令绘制倒角矩形

第3步：命令行提示：【指定所有矩形的圆角距离：】，输入"200"并确认。

第4步：此时命令行提示：【指定第一个角点或［倒角（C）/标高（E）/圆角（F）/旋转（R）/正方形（S）/厚度（T）/宽度（W）：】，用鼠标左键在绘图区单击矩形第一个角点的位置。

第5步：命令行提示：【指定其他角点或［面积（A）/尺寸（D）/旋转（R）：】，输入"2 000，1 000"并确认，绘制完毕。

④使用矩形【REC】命令绘制线宽50的直角矩形，如图1-57所示，长度2 000，宽度1 000。

第1步：在命令行输入"REC"，并确认。

第2步：命令行提示：

【指定第一个角点或［倒角（C）/标高（E）/圆角（F）/旋转（R）/矩形正方形（S）/厚度（T）/宽度（W）]：】，输入"W"并确认。

图1-57　用矩形命令绘制线宽50的直角矩形

第3步：命令行提示：

【指定所有矩形的宽度：】，输入"50"并确认。

第4步：命令行提示：

【指定第一个角点或［倒角（C）/标高（E）/圆角（F）/旋转（R）/正方形（S）/厚度（T）/宽度（W）]：】，用鼠标左键在绘图区单击矩形第一个角点绘制的位置。

第5步：命令行提示：

【指定其他角点或［面积（A）/尺寸（D）/旋转（R）]】，输入"2 000，1 000"并确认，绘制完毕。

提示：如果绘制完示例3的圆角矩形后，再绘制本示例（线宽50的矩形），由于圆角默认值仍为200，绘出的会是圆角矩形。因此需先将圆角默认值修改为0（操作：在命令行提示中输入"F"并确认，再输入0确认即可）。

（4）相关链接。用矩形【REC】命令绘制的矩形可通过多段线编辑【PE】命令进行编辑。但矩形作为一个整体实体，本质上是一条多段线，其四条边无法单独编辑，若需分别编辑每条边，可使用分解【X】命令将其分解为独立的线段。

此外，用多段线【PL】、矩形【REC】、正多边形【POL】命令绘制的封闭图形，与用直线【L】命令绘制的封闭图形相比，存在一个重要区别：前者作为多段线形成的封闭图形，可在三维空间中直接进行实体拉伸操作；而后者由多条独立直线组成，需先通过多段线编辑命令将其合并为多段线，才能进行类似的三维拉伸。

2）偏移（O）

在绘图过程中，偏移命令是一项非常实用的功能，常用于图框内边距的偏移操作，可帮助用户快速、准确地创建与原对象平行且有一定间距的新对象，满足不同设计场景的绘图需求。以下是具体操作步骤。

第1步：单击下拉菜单栏【修改】，选择【偏移】命令；或者在"修改"工具栏单击【偏移】按钮；或者在命令行输入"0"并确认。

第2步：此时命令行出现两行提示：【指定偏移距离或［通过（T）]：】。

此处有两项操作可选，分别介绍如下。

（1）指定偏移距离。在第2步的提示栏中输入偏移距离数值，并确认。

第3步：命令行提示：【选择要偏移的对象，或［放弃（U）/退出（E）]＜退出＞：】，用户选择需要偏移的对象。

第4步：命令行提示：【指定目标点或［退出（E）/多个（M）/放弃（U）]＜退出＞：】，用户根据需要输入选择项：

①在要偏移的一侧直接指定一点，即可在该侧复制第3步选择的对象。

②输入【M】，可在两侧同时复制第3步选择的对象。

第5步：此时命令行提示：【选择要偏移的对象或［放弃（U）/退出（E）]＜退出＞：】，用户根据需要输入选择项，当用户选择对象时，即重复偏移命令，继续偏移新对象。当用户输入"U"时，取消上一个偏移命令操作。当用户输入"E"时，退出偏移命令操作。

（2）通过点（T）。若用户在第2步的提示栏中输入"T"，并确认。

第3步：此时命令行提示：【选择要偏移的对象或［放弃（U）/退出（E）]＜退出＞：】，用户选择需要偏移的对象。

第4步：此时命令行提示：【指定目标点或［退出（E）/多个（M）/放弃（U）]＜退出＞：】，用户在绘图区指定一点，对象即通过该点完成偏移复制。

（3）注意事项。

①偏移命令一次仅能选择一个对象。

②可偏移的对象包括直线、多段线、矩形、正多边形、圆、圆弧、圆环等；点、图块、文本不可进行偏移复制。

微课——
偏移命令

③当偏移直线时，相当于将直线平行移动一段距离后复制，偏移后的直线尺寸与源对象一致。

④当偏移多段线、矩形、正多边形、圆、圆弧、圆环、椭圆及曲线等对象时，相当于同心复制，偏移后的对象与源对象同心，尺寸会按偏移距离成比例改变。

微课——
修剪命令

3）修剪（TR）

修剪命令主要用于修剪图形中多余的线段，例如，清理图框内相互交叉的线条，使图形更加简洁、规范，符合设计要求。以下是使用修剪命令修剪多余线段的具体操作步骤。

第1步：单击下拉菜单栏【修改】，选择【修剪】命令；或者在"修改"工具栏单击【修剪】按钮；或者在命令行输入"Trim"或"TR"，并确认。

第2步：命令行提示：

【选取对象来修剪边界＜全选＞：】，用户选择对象作为修剪边界，并确认。用户可连续选择多个对象作为边界。如直接按回车键，则选中当前图形中所有对象作为修剪边界。

第3步：命令行提示：

【选择要修剪的实体，或按住【Shift】键选择要延伸的实体，或【边缘模式（E）/围栏（F）/窗交（C）/投影（P）/放弃（U）]：】

此处有多个选项，分别介绍如下：

①选择要修剪的实体：此项为默认选项，用户可直接选取需要修剪的对象。

②按住【Shift】键选择要延伸的实体：当选取的修剪对象与修剪边界没有相交时，系统提示"对象未与边相交"，此时按住【Shift】键选择修剪对象，则该对象将自动延伸到修剪边界。

③边缘模式（E）：该选项可用于设置隐含的延伸边界来修剪对象，实际上边界和修剪对象并没有真正相交，系统会假想将修剪边界延长，然后再进行修剪。

④围栏（F）：以围栏方式选择，凡是与围栏相交的对象都被作为修剪对象。

⑤窗交（C）：以窗交方式选择，凡是与窗口相交的对象都被作为修剪对象。

⑥投影（P）：用来确定修剪执行的空间，此时可以将空间中的两个对象投影到某一平面上执行修剪操作。在二维平面绘图中较少用到，此处不作展开。

⑦放弃（U）：取消上一次操作，用户可连续向前返回。

修剪命令（TR）与CAD中很多命令一样，选项较多，实际操作时无须掌握每一种方法，用户可根据需要选择最便捷的方式练习，熟练掌握几种适合自己的操作方式即可。

修剪命令中，修剪边界和修剪对象可选择除图块、文本以外的任何对象，如直线、多段线、矩形、正多边形、圆、圆弧、圆环等。

在执行修剪命令时，允许将同一个对象既作为修剪边界，又作为修剪对象。

当有一定宽度的多段线被修剪时，修剪的交点按其中心线计算，且保留宽度信息；修剪后的多段线终点切口仍然是方的，切口与多段线的中心线垂直（见图1-58）。

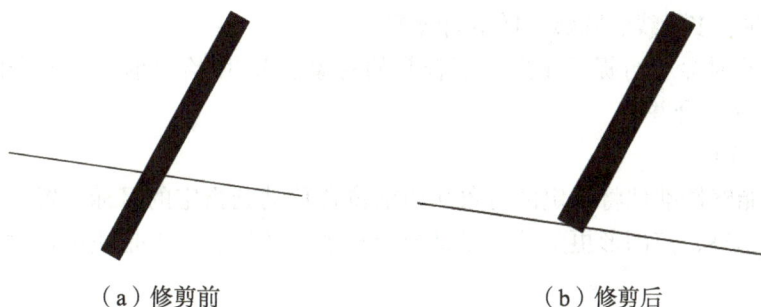

（a）修剪前　　　　　　　　　　　　　（b）修剪后

图 1-58　TR 命令修剪多段线

4）分解（X）

分解命令能够将块、多段线等复合对象拆解为独立的图元。复合对象通常由多个基本图元组合而成，在某些情况下，为方便对单个图元进行编辑、修改或重新组合，需使用分解命令将其拆分为独立组成部分。以下是使用分解命令的具体操作步骤。

第 1 步：单击下拉菜单栏【修改】，选择【分解】命令；或者在"修改"工具栏单击【分解】按钮；或者在命令行输入"Explode"或"X"，并确认。

第 2 步：此时命令行提示【选择对象：】，用户选择需要分解的图形对象，并确认。

在执行分解命令时，用户可连续选择多个对象进行分解。若选择的对象无法分解，系统会提示"不能分解"。

具有一定宽度的多段线分解后，系统将放弃原多段线的宽度及相关信息，分解后形成的独立图元，其宽度、线型、颜色将随当前图层特性改变，如图 1-59 所示。

分解带属性的图块后，图块的属性值会消失，还原为属性定义标签。

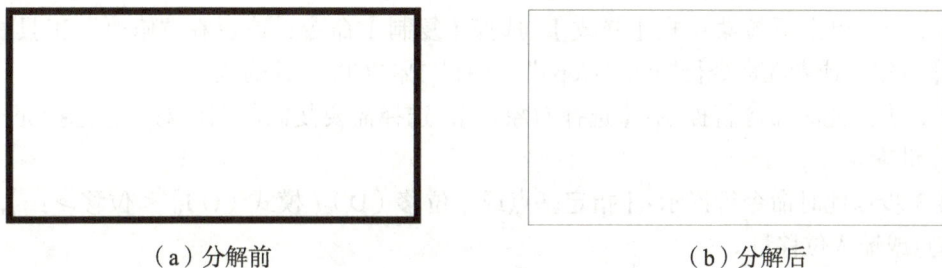

（a）分解前　　　　　　　　　　　　　（b）分解后

图 1-59　X 命令分解多段线图形

5）合并（J）

合并命令能够将共线的线段或者同源的多段线连接成一个单一的对象。通过合并这些对象，可以简化图形结构，方便后续的编辑、修改和管理，提高绘图效率和图形的规范性。以下是使用合并命令的具体操作步骤。

第 1 步：单击下拉菜单栏【修改】，选择【合并】命令；或者在命令行输入"J"，并确认。

第 2 步：此时命令行提示【选择源对象或要一次合并的多个对象：】，用户框选所需的对象（可为直线、多段线、圆弧、样条曲线等）。

第 3 步：此时命令行提示【选择要合并的对象：】，用拾取框拾取剩余的对象后，按【空格】键即可完成合并。

6）移动（M）

移动命令能够精准地将选定的对象从当前位置移动到指定的目标位置，从而实现对图面布局的合理调整，使图形更加符合设计要求和视觉效果。以下是使用移动命令的具体操作步骤。

第 1 步：单击下拉菜单栏【修改】，选择【移动】命令；或者在【修改】工具栏单击【移动】按钮；在命令行输入"Move"或"M"，并确认。

第 2 步：此时命令行提示：【选择对象：】，选择需要移动的图形对象，选择完毕后按【空格】键确认。

第 3 步：此时命令行提示：【选择基点或［位移（D）］＜位移＞：】，用户可指定基点（作为移动基准）或输入位移量（直接定义移动距离和方向）。

注：①基点：基点是对象移动的基准点，可指定绘图区的任意一点。

②位移：方向向量，输入坐标值（x，y，z），二维平面中 z 不需输入，系统自动赋值为 0。

第 4 步：此时命令行提示：【指定第二个点或＜使用第一个点作为位移＞：】，用户指定第二个点（以基点为起点，该点为终点确定移动方向和距离），或直接按空格键（以基点的坐标作为位移量完成移动）。

7）复制（CO）

复制命令能够生成选定对象的副本，既支持单次复制，也可进行连续复制操作。该功能可快速复用标准化元素（如标注符号、图例等），有效提升绘图效率。以下是使用复制命令的具体操作步骤。

第 1 步：单击下拉菜单栏【修改】，选择【复制】命令；或者在"修改"工具栏单击【复制】按钮；或者在命令行输入"Copy""CO"或"CP"，并确认。

第 2 步：此时命令行提示：【选择对象：】，选择需要复制的图形对象，选择完毕后按【空格】键确认。

第 3 步：此时命令行提示：【指定基点或［位移（D）/ 模式（O）］＜位移＞：】，用户指定基点或输入位移量。

第 4 步：此时命令行提示：【指定第二个点或＜使用第一个点作为位移＞：】，这时分两种情况：

①用户指定复制的位置，第一个复制对象完成；

②如果第 3 步中用户输入位移量，直接按空格键确认，即采用默认设置（以被复制对象为位移量基准点），复制对象完成后，系统退出复制命令。

第 5 步：此时命令行提示：【指定第二个点或［退出（E）/ 放弃（U）］＜退出＞：】，用户可继续指定复制位置以连续复制，完成后按空格键退出。若复制位置有误，输入"U"可逐步取消本次命令下的复制操作，直至回到第 4 步初始状态，以便重新指定复制位置。

复制命令用于在同一图纸文件中进行多次复制。若需在不同图纸文件间复制，应使用另一个复制命令：单击"标准"工具栏中的【复制】图标按钮，或使用快捷键【Ctrl+C】，将对象复制到 Windows 剪贴板；随后在目标图纸文件中使用粘贴命令：单击"标准"工具栏中的【粘贴】图标按钮，或使用快捷键【Ctrl+V】，即可将剪贴板内容粘贴到图纸中。

复制时，用户通常可借助目标捕捉功能确定复制位置，操作方便快捷。

8）文字（T）

文字命令可快速标注简短建筑信息，便于清晰传达关键内容。以下是使用文字命令的具体操作步骤。

微课——
文字注写命令

（1）注写单行文本。注写单行文本（Text）命令可创建单行或多行文本，支持设置当前字形、旋转角度（Rotate）、对齐方式（Justify）等。具体操作步骤如下。

第 1 步：单击下拉菜单栏【绘图】，移动光标至"文字"，单击"单行文字"；或在"文字"工具栏（见图 1-61）单击【单行文字】按钮；或在命令行输入"Text"或"DT"，并确认。

第 2 步：命令行提示：【指定文字的起点或［对正（J）/ 样式（S）］：】，用户指定文字起点位置（系统默认对正方式为"左对齐"，文本将由此起点向右排列）。

第 3 步：命令行提示：【指定文字高度<2.5>：】，用户设置文字高度并确认。

第 4 步：命令行提示：【指定文字的旋转角度<0>：】，用户设置文字旋转角度并确认。

第 5 步：在绘图区在位文字编辑器中输入文字（支持换行），输入完成后按【Ctrl + 回车】键两次退出，文本注写完成。

对正方式调整（第 2 步中输入"J"）：

命令行提示：【对齐（A）/ 调整（F）/ 中心（C）/ 中间（M）/ 右（R）/ 左上（TL）/ 中上（TC）/ 右上（TR）/ 左中（ML）/ 正中（MC）/ 右中（MR）/ 左下（BL）/ 中下（BC）/ 右下（BR）：】。

各选项说明如下。

【对齐（A）】：通过指定基线端点定义文字高度和方向。先后指定基线的两个端点，再输入文字，字符大小将自动按比例调整。

【调整（F）】：指定文字按两点定义的方向和高度布满区域（仅适用于水平文字）。

【中心（C）】：文字在基线水平中心对齐（由指定点确定基线位置）。

【中间（M）】：文字在基线水平中点和指定高度的垂直中点对齐（不保持在基线上）。

【右（R）】：文字在指定基线上右对齐。

【左上（TL）】：文字在指定顶点处左对齐（仅适用于水平文字）。

【中上（TC）】：文字在指定顶点处居中对齐（仅适用于水平文字）。

【右上（TR）】：文字在指定顶点处右对齐（仅适用于水平文字）。

【左中（ML）】：文字在指定中间点处左对齐（仅适用于水平文字）。

【正中（MC）】：文字在中央水平和垂直方向居中对齐（仅适用于水平文字）。

【右中（MR）】：文字在指定中间点处右对齐（仅适用于水平文字）。

【左下（BL）】：文字在指定基线处左对齐（仅适用于水平文字）。

【中下（BC）】：文字在指定基线处居中对齐（仅适用于水平文字）。

【右下（BR）】：文字在指定基线处右对齐（仅适用于水平文字）。

文字样式设置（第 2 步中输入"S"）：可设置当前文字样式。

注意：单行文本命令创建的每行文字均为独立实体对象。如需注写多行文字，可按回车键换行或多次执行命令，但每行文字将单独存在。

（2）注写多行文本（Mtext）。

注写多行文本（Mtext）命令可将英文单词或中文句子按指定边界自动断行成段落（无须手动换行，除非强制断行）。对于连续英文字母串（无空格），需在断行处输入"\"、空格或回车符。具体操作步骤如下。

第1步：单击下拉菜单栏【绘图】，移动光标至【文字】，单击【多行文字】命令；或在"文字"工具栏单击【多行文字】按钮（见图1-62）；或在"绘图"工具栏单击【多行文字】按钮；或在命令行输入"Mtext"或"T"并确认。

第2步：命令行提示：【指定第一角点：】，用户指定文本框的第一个角点。

第3步：命令行提示：【指定对角点或［对齐方式（J）/行距（L）/旋转（R）/样式（S）/字高（H）/方向（D）/字宽（W）/列（C）]：】，用户指定文本框的对角点，或先设置以下选项再指定角点：

【对齐方式（J）】：设置文本对正方式（同单行文本命令）。

【行距（L）】：设置行间距。

【旋转（R）】：设置文本框倾斜角度。

【样式（S）】：设置字体样式。

【字高（H）】：设置字体高度。

【方向（D）】：设置每行文字的放置方式。

【字宽（W）】：设置文本框宽度。

【列（C）】：设置多行文字的宽度、列间距及每列高度。

第4步：系统弹出"文本格式"工具栏和"文字输入"窗口。

用户可在工具栏设置文字样式、字体、高度等，在输入窗口输入多行文字，并设置缩进和制表位位置。

第5步：输入完毕后，单击"文本格式"工具栏上的【确定】按钮，多行文本注写完成。

区别说明：

Mtext命令：创建的多行文本为单一实体，只能整体选择和编辑；

Text命令：每行文字为独立实体，可分别选择和编辑。

字符格式设置：与字处理软件类似，可选中部分文本后单独设置字体、高度、加粗、倾斜、下画线等格式。

操作方法：按住并拖动鼠标左键选中目标文本，再设置相应选项。

9）填充（H）

在建筑CAD绘图中，填充命令可精准表达材料类型与构造层次，是呈现设计意图、保障施工准确性的关键环节。以下是其具体操作步骤。

微课——
图案填充

第1步：单击下拉菜单栏【绘图】，移动光标至【图案填充】或【渐变色】命令；或在"绘图"工具栏单击【图案填充】按钮；或在命令行输入"Hatch"或"H"并确认。

第2步：系统弹出"填充"对话框后，选择其中的"图案填充"选项（对话框见图1-60）。对话框各选项含义如下。

（1）"类型和图案"选项。

①【类型】：用于设置填充图案类型。单击右侧下拉箭头，下拉列表框会显示3个选项："预定义""用户定义""自定义"。其中"预定义"为选用系统提供的图案；"用户定义"为临时定义图案（一组平行线或相互垂直的两组平行线）；"自定义"为选用已定义好的图案。

②【图案】：仅当【类型】选择"预定义"时可用。单击右侧下拉箭头可直接选择图案名称；也可单击右侧按钮，系统会弹出"填充图案选项板"对话框（见图1-61），该对话框包含"ANSI""ISO""其他预定义""自定义"4个选项（图1-61为"ANSI"的填充图案）。

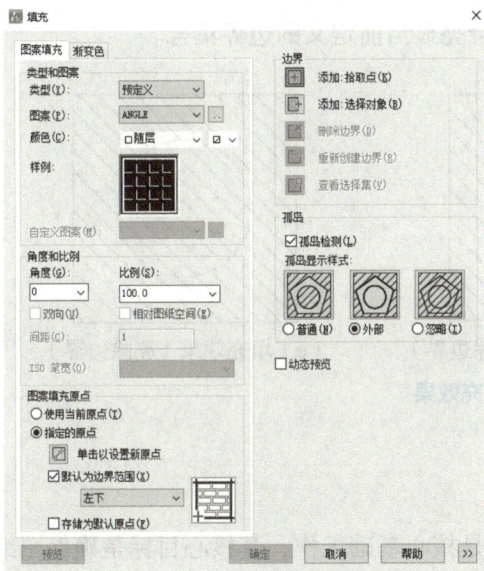

图1-60　"填充"对话框

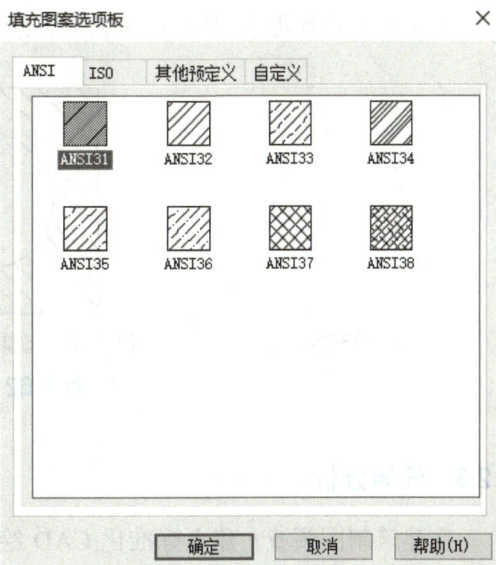

图1-61　"填充图案选项板"对话框

③【样例】：显示当前选中的填充图案样例。单击样例窗口可打开"填充图案选项板"对话框。

④【自定义图案】：当【类型】选择"自定义"时可用。单击右侧下拉箭头可选择图案名称；也可单击右侧按钮，在弹出的"填充图案选项板"对话框中选择。

（2）"角度和比例"选项。

①【角度】：设置填充图案的旋转角度，默认值为0。

②【比例】：设置填充图案的比例（需根据实际情况调整，比例过大或过小会导致图案过稀或过密）。当【类型】选择"用户定义"时，此项为灰色不可用。

③【双向】：当【类型】选择"用户定义"时可用。选中后填充图案为相互垂直的两组平行线；未选中时为一组平行线。

④【相对图纸空间】：确定比例是否为相对图纸空间的比例。

⑤【间距】：当【类型】选择"用户定义"时可用，用于设置填充平行线的间距。

⑥【ISO笔宽】：当【图案】选择"ISO"类别时可用，用于设置笔宽。

（3）"图案填充原点"选项。通常采用默认设置，即使用当前原点。

（4）"边界"选项。

①【添加：拾取点】：在需填充区域内单击一点，系统会自动寻找包含该点的封闭区域并填充。

②【添加：选择对象】：直接选择需填充的对象，适用于多图形或多重嵌套图形的填充场景。

③【删除边界】：当填充区域内存在其他封闭区域时，可通过此功能排除多余对象（使其不参与边界计算）。例如，矩形封闭区域内有一个圆形封闭区域，若不使用【删除边界】，填充效果如图 1-62（b）所示；若单击圆形使用该命令，填充效果如图 1-62（c）所示，原始区域如图 1-62（a）所示。

④【重新创建边界】：为无边界的已填充图案补全边界（参见图 1-60）。

⑤【查看选择集】：单击此按钮后，绘图区域会亮显当前定义的边界集合。

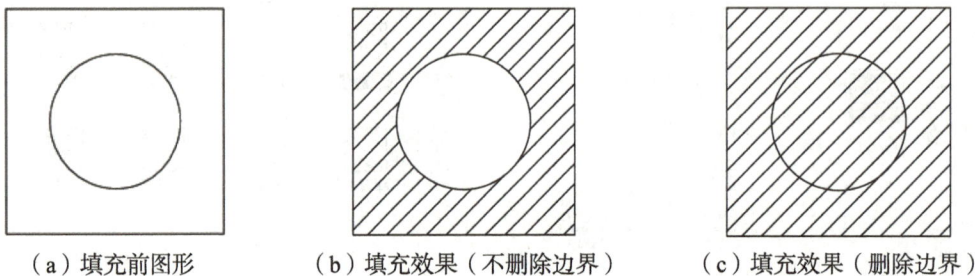

（a）填充前图形　　　（b）填充效果（不删除边界）　　　（c）填充效果（删除边界）

图 1-62　图案填充效果

1.2.3　任务分析

在建筑制图领域，建立标准化 CAD 绘图环境是核心基础工作，其核心目标是确保图纸规范性、提高设计效率、减少重复劳动，并为团队协作提供统一技术标准，最终保障设计工作顺利开展并保证成果质量。标准化 CAD 绘图环境的建立需按逻辑顺序完成以下 4 个核心模块。

1. 样板文件初始化

基于空白文件或现有模板快速搭建标准化绘图环境，具体包括以下几项。

1）新建文件

以中望建筑 CAD 默认模板为基础创建空白文件，作为后续绘图的初始载体。

2）单位设置

单位设置是保障绘图准确性的关键，直接定义图纸的度量单位和精度，对尺寸标注准确性及协作兼容性影响重大。为避免因单位混淆（如毫米与米）导致结构尺寸错误等重大设计误差，需严格遵循《房屋建筑制图统一标准》（GB/T 50001—2017）：将类型设为小数，精度设为0，单位设为毫米。

3）图形界限设置

图形界限用于设定绘图区域的物理边界，可规范图纸比例与布局。需合理设置 A1 图幅（594 mm×841 mm）的界限，确保在1:100 比例下，图纸元素分布合理。

4）设置标准化图层

建立逻辑清晰、命名规范、属性统一的图层体系，确保图纸元素分类管理，提升协作效率与出图质量。

2. 标准图框制作

1）绘制图框外轮廓

按 A1 规格（594 mm×841 mm）绘制图幅线：使用矩形【REC】命令绘制初步轮廓，经分解【X】命令拆分为单独线段后，通过合并【J】命令形成完整图框线；同时将图框分配至独立图层，与其他元素区分。

2）标题栏

标题栏是工程信息的集中展示区域，包含工程名称、图号、比例等关键字段。制作步骤如下。

①用矩形【REC】命令绘制基本轮廓，分解【X】为单独线段。

②通过偏移【O】命令绘制内部分隔线，用修剪【TR】命令去除多余部分，再合并【J】相关线段。

③用文字【T】命令输入信息，必要时用复制【CO】命令快速复用相同内容。

④设置线宽：外部粗线为 0.7 mm，内部分隔线为 0.35 mm，增强层次感与可读性。

3）图例表

图例表用于说明图纸中材料及其对应图例，帮助读者快速理解材料与构造方式。制作步骤如下。

①用矩形【REC】命令绘制基本轮廓，分解【X】为单独线段后，通过偏移【O】命令绘制内部分隔线。

②用文字【T】命令标注材料名称，要求准确简洁；用填充【H】命令为图例填充对应图案，直观体现材料特性。

③设置图层与线宽：外部粗线 0.7 mm，内部结构线 0.5 mm，填充结构框 0.3 mm，提升清晰度与规范性。

3. 样板文件保存

1）设置保存参数

选择易于访问的保存路径，文件命名为"建筑制图_标准模板"，并设置只读属性，这样做可防止模板被误修改，保障团队共享时的版本一致性。

2）生成 .dwt 模板文件

将配置完成的文件另存为 .dwt 格式（CAD 专用模板格式），实现"一键调用"。后续新建文件时直接选用该模板，可省去重复的初始化与图框制作步骤。

1.2.4 任务实施

1. 样板文件初始化

1）新建文件

启动中望建筑 CAD 2023，选择【文件】|【新建】菜单，在弹出的"选择样板"对话框中选取默认模板"acad.dwt"，创建空白文件。

为防止文件丢失，需及时保存：按下【Ctrl+S】组合键，在"图形另存为"对话框中，将文件命名为"样板文件"，选择保存路径后单击【保存】按钮，如图 1-63 所示。

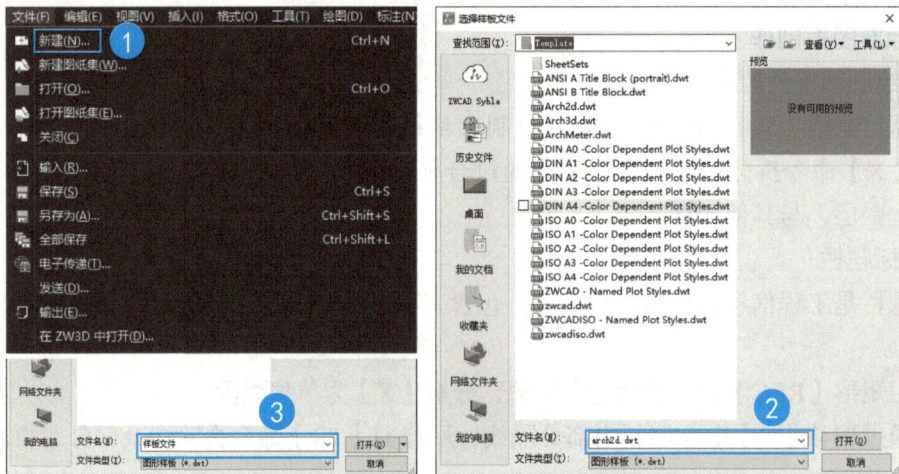

图 1-63　新建文件对话框

2）单位设置

在命令行输入"UNITS"（或通过菜单栏操作：依次选择【格式】|【单位】命令），弹出"图形单位"对话框。

在"长度"区域，将"类型"设为"小数"，"精度"设为"0"；

在"角度"区域，将"类型"设为"十进制度数"，"精度"设为"0"。

完成设置后单击【确定】按钮，关闭对话框。

3）图形界限设置

（1）在命令行输入"LIMITS"并回车，根据提示：

输入左下角点坐标"0，0"，回车；

输入右上角点坐标"841，594"（对应 A1 图纸尺寸 841 mm×594 mm，按 1∶1 比例显示），回车。

（2）在命令行输入"ZOOM"并回车，当提示"[全部（A）/中心（C）/动态（D）/范围（E）/上一个（P）/比例（S）/窗口（W）/对象（O）]＜实时＞："时，输入"A"（全部）并回车，即可全屏显示设定的图形界限。

2. 基础环境配置

图层管理：在命令行输入命令"LA"，按下回车键确认；或者单击菜单栏中的【图层】选项，在下拉菜单中选择"图层特性"图标，此时会弹出"图层特性管理器"对话框。

在"图层特性管理器"对话框中，需创建建筑制图过程中常用的图层，以满足不同绘图元素的管理需求。表 1-2 为绘制案例图纸时所需的常用图层。

表1-2 常用图层一览表

图层	颜色	线型	线宽/mm
公－轴网	1	GB_DASH3	0.05
公－图框	4	连续	1.00
公－轴号－文字	7	连续	0.05
公－轴网－标注	3	连续	0.05
公－注释	3	连续	0.09
固定家具	200	连续	0.18
活动家具	45	连续	0.05
文字	7	连续	0.05
家具外轮廓线	7	连续	0.18
填充	8	连续	0.05
装饰轮廓线	4	连续	0.13
建－标高标注	3	连续	0.09
建－尺寸	3	连续	0.05
建－洞	4	连续	0.09
建－洞－编号	7	连续	0.05
建－楼梯	2	连续	0.05
建－门窗	4	连续	0.09
建－门窗－编号	7	连续	0.05
建－墙－砼	9	连续	0.35
建－墙－砖	9	连续	0.35
建－索引符号及索引图名	3	连续	0.09
建－填充	8	连续	0.05
建－文字	7	连续	0.05
建－注释	3	连续	0.05
建－柱－砼	9	连续	0.35
立面轮廓线	7	连续	0.35
立面造型线	9	连续	0.09
立面门窗	4	连续	0.18
立面填充	252	连续	0.05

图层	颜色	线型	线宽/mm
门窗开启符号	5	GB_DASH3	0.09
建－剖面	7	连续	0.35
建－墙－幕	4	连续	0.09
建－剖－楼梯	9	连续	0.35
建－剖－墙	9	连续	0.35
建－剖	9	连续	0.35
建－立－楼梯	2	连续	0.09

3. 绘制标准图框

1）绘制 A1 图框

（1）绘制 A1 图框的步骤。

第 1 步：在命令行输入"LA"并回车（或通过菜单栏选择【图层】|【图层特性管理器】命令）。在图层列表中找到"Defpoints"图层（该图层不可打印），将其设为当前图层。

第 2 步：在命令行输入矩形命令"REC"并回车，命令行会提示"指定第一个角点或 [倒角（C）/标高（E）/圆角（F）/厚度（T）/宽度（W）]："。在绘图区任意单击一点作为矩形的第一个角点，根据提示输入 D，通过指定长度和宽度绘制矩形。当命令行提示"指定矩形的长度<0.000 0>："时，输入 841（单位：毫米）回车确认；当提示"指定矩形的宽度<0.000 0>："时，输入 594 并回车确认。

第 3 步：在绘图区合适位置单击放置矩形，完成 A1 图框图幅线的绘制（见图 1-64）。

（2）绘制内框线的步骤。

第 1 步：选中已绘制的外框矩形，在命令行输入偏移命令 O 并回车。

第 2 步：命令行提示"指定偏移距离或 [通过（T）/删除（E）/图层（L）] <通过>："。根据需求输入偏移值 10（单位：毫米），按回车键或空格键确认。鼠标移至矩形内部，在矩形外部单击指定目标点，系统将在原矩形内部生成偏移距离为 10 mm 的新矩形，即完成内框线绘制。

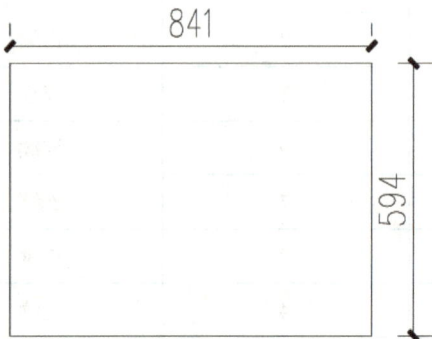

图 1-64　图幅线

第3步：选择需调整的图幅线，在命令行输入分解命令 X 并回车，将图幅线分解。

第4步：选中分解后图幅线的左侧边，在命令行输入移动命令【M】并回车。命令行会提示"指定基点或［位移（D）］＜位移＞："，在左侧边上单击一点作为移动基点，输入移动值 15（单位：毫米）并回车确认。此时命令行提示"指定第二个点或＜使用第一个点作为位移＞："，将鼠标向左移动，预览线段移动位置后单击，完成移动操作。

第5步：在命令行输入修剪命令"TR"并回车确认。

第6步：命令行会提示＜当前设置：投影 = UCS，边 = 无，选择剪切边 ... 选择对象或＜全部选择＞：＞。采用框选方式选择修剪范围：鼠标移至绘图区，按住左键拖动绘制矩形框，框选范围即为修剪区域，松开左键完成选择。系统接着提示＜选择要修剪的对象，或按住 Shift 键选择要延伸的对象，或［栏选（F）/窗交（C）/投影（P）/边（E）/删除（R）/放弃（U）］：＞，依次选择需修剪的直线，处理完毕后按回车键退出修剪命令，完成图框线条修剪。

第7步：选中外部需合并的直线（可拖动鼠标框选全部直线，或按住 Shift 键依次单击多选，确保构成矩形的所有外部直线均被选中）。

第8步：在命令行输入合并命令快捷键"J"，按空格键确认执行，再次按空格键完成合并，原本分散的外部直线将合并为完整矩形。

第9步：选中内部通过偏移得到的矩形图框，打开"图层管理器"，从下拉列表中选择"公 – 图框"图层，完成图层修改（见图 1-65）。

图 1-65　图框

2）绘制标题栏

第1步：选择顶部菜单栏【格式】|【图层】命令，打开"图层特性管理器"对话框，选中"公 – 图框"图层并设为当前图层。

第2步：在命令行输入矩形命令快捷键"REC"并按空格键，命令行会提示"指定第一个角点或［倒角（C）/标高（E）/圆角（F）/厚度（T）/宽度（W）］"。在绘图区合适位置单击，确定矩形第一个角点。

第3步：当命令行提示"指定另一个角点或［面积（A）/尺寸（D）/旋转（R）］"时，输入 D 并按空格键，选择通过尺寸绘制矩形。根据提示依次输入长度"130"、宽度"24"（见图 1-66）。

第4步：在绘图区单击确定矩形位置，完成绘制。

第 5 步：输入分解命令快捷键"X"并按空格键，命令行提示"选择对象"。单击矩形上方长边，选中后按空格键完成分解。

第 6 步：输入偏移命令快捷键【O】并按空格键，命令行提示"指定偏移距离或［通过（T）/删除（E）/图层（L）］<通过>"。输入"8"并按空格键确认，单击上方长边作为偏移对象，将光标向下移动至合适位置单击，生成第一条偏移线段；再次选中新生成的线段，向下移动光标单击生成第二条偏移线段，按空格键或 Esc 键退出偏移命令（见图 1-67）。

第 7 步：按空格键重复偏移命令，命令行提示"指定偏移距离或［通过（T）/删除（E）/图层（L）］<8.000 0>"。输入"20"并确认，单击左侧边作为偏移对象，向右移动光标单击放置线段，按 Esc 键退出。

第 8 步：再次按空格键重复偏移命令，命令行提示"指定偏移距离或［通过（T）/删除（E）/图层（L）］<20.000 0>"。输入"45"并确认，选中上一步偏移生成的左侧线段，向右移动光标单击放置线段；再选中右侧边，向左移动光标单击放置线段，完成偏移操作（见图 1-68）。

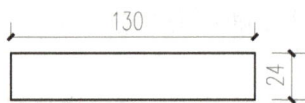

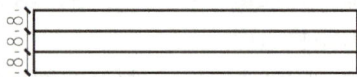

图 1-66　标题栏一　　　　图 1-67　标题栏二　　　　图 1-68　标题栏三

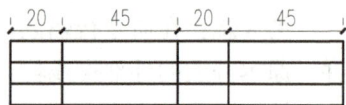

第 9 步：输入修剪命令快捷键【TR】并按空格键，命令行提示"选择对象或<全部选择>"。在标题栏对角位置（如右下→左上）拖动鼠标框选修剪范围，松开左键确认。

第 10 步：命令行提示"选择要修剪的对象，或按住 Shift 键选择要延伸的对象，或［栏选（F）/窗交（C）/投影（P）/边（E）/删除（R）/放弃（U）］"。依次单击或框选所有需要修剪的直线，完成后按空格键，软件自动截断修剪范围内的线段，完成标题栏修剪（见图 1-69）。

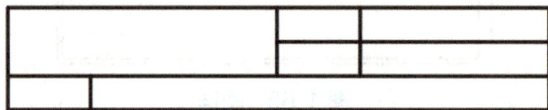

图 1-69　标题栏四

第 11 步：框选标题栏外围线段，输入合并命令快捷键"J"并按空格键，再次按空格键（部分软件需一次）完成合并，确认外围线段已形成连续整体。

第 12 步：选中标题栏外围合并后的图形，打开"图层特性管理器"，选择"公 - 图框"图层完成图层修改。

第 13 步：在上方快捷工具栏下拉"线宽控制"，选择"0.7 毫米"线宽；用同样方式选中标题栏内部分隔线，修改线宽为"0.35 毫米"。

第 14 步：输入移动命令快捷键【M】并按空格键，命令行提示"选择对象"。框选整个标题栏，确认选中后提示"指定基点或［位移（D）］<位移>"。单击标题栏右下角作为基点，按住左键拖动至图框内框右下角附近，在合适位置单击完成放置（见图 1-70）。

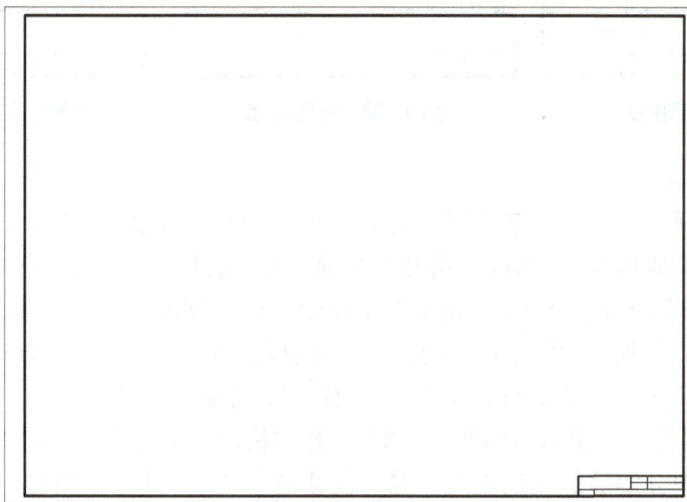

图 1-70　标题栏五

3）创建标题栏文字

第 1 步：打开"图层特性管理器"，选中"文字"图层并设为当前图层。

第 2 步：在命令行输入多行文字命令"T"并按空格键，进入文字输入模式。当命令行提示"指定第一角点"时，在绘图区单击确定文本框起点，移动鼠标至合适位置单击对角点生成矩形文本框（限定文字范围）。弹出文字编辑器后，设置字体为"仿宋"，文字高度为"5"。在文本框内输入图名，完成后按【Ctrl + Enter】组合键或单击【OK】按钮退出编辑。

第 3 步：选中图名文字，输入移动命令"M"并按空格键，当命令行提示"选择对象"时直接按空格键确认。单击图名左下角作为基点，拖动至标题栏左上方框合适位置，单击完成放置（见图 1-71）。

第 4 步：选中已创建的文字，输入复制命令 CO 并按空格键，再次按空格键确认选择对象，命令行提示"指定基点或［位移（D）/模式（O）］＜位移＞"。

第 5 步：单击文字左下角作为复制基点，移动鼠标至目标位置，单击生成副本。双击副本进入编辑状态，将内容修改为"比例"，全选文字后在编辑器中设置字高为"3.5"，按【Ctrl + Enter】组合键或单击【OK】按钮退出。

第 6 步：选中"比例"文字，输入"M"并按空格键，确认选择后单击左下角作为基点，拖动至标题栏对应位置，单击完成放置（见图 1-72）。

第 9 步：选中"比例"文字，输入"CO"并按空格键，确认选择后以左下角为基点，将副本放置到标题栏"比例"文字下方方格内。双击副本，将内容修改为"图号"，按【Ctrl+Enter】组合键或单击【OK】按钮退出。

第 10 步：选中合适文字作为复制源，输入"CO"并按空格键，确认选择后以左下角为基点，将副本放置到标题栏左下框中。双击修改内容为"项目名称"，完成后退出编辑。

第 11 步：复制"项目名称"至右下框，双击修改内容为"梓智·未来坊综合楼"，完成后退出编辑（见图 1-73）。

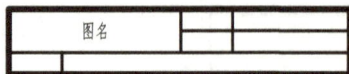

图名		

图 1-71　标题栏六

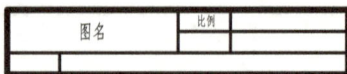

图名	比例

图 1-72　标题栏七

图名	比例
	图号
项目名称	梓智·未来坊综合楼

图 1-73　标题栏八

4）创建图例表

第 1 步：打开"图层特性管理器"，选中"公 - 图例表"图层并设为当前图层。

第 2 步：输入矩形命令"REC"并按空格键，进入绘制模式，命令行提示"指定第一个角点或［倒角（C）/标高（E）/圆角（F）/厚度（T）/宽度（W）］"。输入"D"开启尺寸指定模式，当命令行提示"指定矩形的长度"时输入"44"，当提示"指定矩形的宽度"时输入"22"（见图 1-74），在绘图区单击以确定位置，完成矩形绘制。

第 4 步：选中矩形，输入分解命令"X"并按空格键，将其分解为独立直线段。

第 5 步：选中分解后的上边直线，输入偏移命令"O"并按空格键，命令行提示"输入偏移距离"时输入"9"，确认后将鼠标移至直线下方，单击放置偏移线段。选中左侧直线，输入偏移值"10"并确认，向右移动鼠标单击完成第一次偏移；保持偏移命令激活，再次选中新生成的直线，输入"10"并确认，向右移动鼠标单击完成第二次偏移（见图 1-75）。

第 7 步：输入修剪命令"TR"并按空格键，命令行提示"当前设置：投影 =UCS，边 =无，选择剪切边 …"。从右下向左上框选包含需修剪部位的区域，按空格键确认剪切边。当命令行提示"选择要修剪的对象，或按住 Shift 键选择要延伸的对象，或［栏选（F）/窗交（C）/投影（P）/边（E）/删除（R）/放弃（U）］"时，逐一单击需修剪的直线（见图 1-76），完成后按空格键或 Esc 键退出修剪。

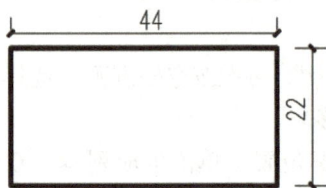

图 1-74　图例栏一

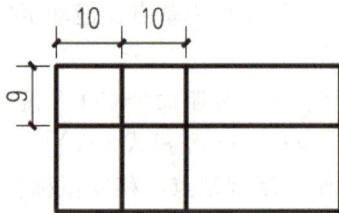

图 1-75　图例栏二

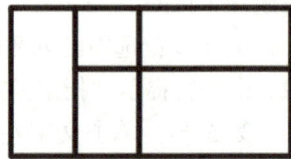

图 1-76　图例栏三

第 8 步：选中需合并的外部直线，输入合并命令"J"并按空格键完成合并。

第 9 步：在上方"线宽控制"列表中，选中合并后的外部直线，设置线宽为"0.25 毫米"；框选内部直线，设置线宽为"0.05 毫米"。

第 10 步：选中外框，输入偏移命令"O"并按空格键，当命令行提示"指定偏移距离或［通过（T）/删除（E）/图层（L）］＜通过＞："时输入"1"，确认后将鼠标移至外框外部（动态预览显示向外偏移），单击完成偏移。

第 11 步：选中偏移生成的矩形，在"线宽控制"列表中设置线宽为"0.09 毫米"（见图 1-77）。

第 12 步：输入矩形命令"REC"并按空格键，单击图例表右上方格一角点作为起点，移动至对角点单击，完成矩形绘制。

第 13 步：重复上述步骤，在右下框绘制矩形。

第 14 步：输入偏移命令"O"并按空格键，当命令行提示偏移距离时输入"3"，确认后将鼠标移至矩形内部（见图 1-78），单击完成偏移。

注：该图例栏用于统一解释图纸中的符号、线型、填充图案等，确保不同专业技术人员对图纸信息的无歧义解读。

第 15 步：打开"图层管理器"，选中"文字"图层并设为当前图层。

第 16 步：输入文字命令 T 并按空格键，在弹出的文字编辑器中设置字体为"仿宋"，文字高度为"3"，输入"图例表"后按【Ctrl + Enter】组合键或单击【OK】按钮完成输入（见图 1-79）。

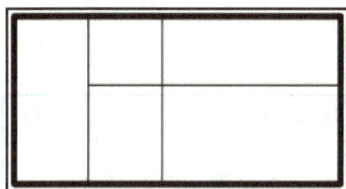

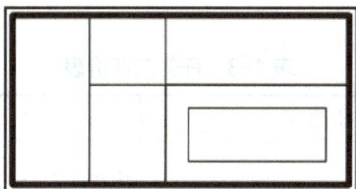

| 图 1-77　图例栏四 | 图 1-78　图例栏五 | 图 1-79　图例栏六 |

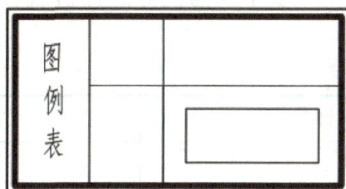

第 17 步：选中"图例表"文字，输入复制命令"CO"并按空格键，命令行提示"指定基点或［位移（D）/ 模式（O）］＜位移＞："。单击文字合适位置作为基点，移动至目标位置单击生成副本。双击副本修改内容为"说明"，完成后按【Ctrl+Enter】组合键退出编辑。

第 18 步：选中"说明"文字，拖动文本框控制点调整至横向显示，输入移动命令"M"并按空格键，以文字某点为基点，拖动至第二列上方框合适位置单击放置。

第 19 步：按上述复制步骤创建"图例"和"材质名称"文字，分别移动至对应位置（见图 1-80）。

第 20 步：打开"图层管理器"，选中"填充"图层并设为当前图层。

第 22 步：输入填充命令 H 并按空格键，激活图案填充功能。在"图案填充"面板中单击"样例"，弹出"填充图案"选项板后选择"其他预定义"|"SOLID"（实心填充），单击【确定】按钮返回。单击"添加：拾取点"，在绘图区单击右下方需填充的图框内部，按空格键完成填充（见图 1-81）。

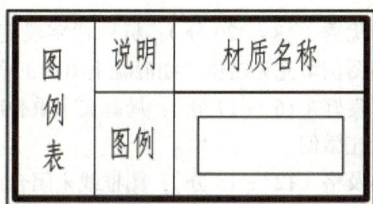

| 图 1-80　图例栏七 | 图 1-81　图例栏八 |

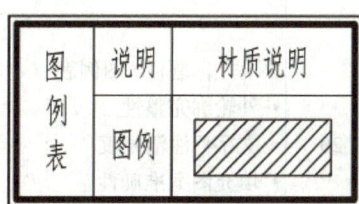

4. 样板文件保存

方法一：单击绘图软件左上角"文件"选项卡，在弹出的菜单中单击【另存为】命令。在"另存为"对话框中，通过浏览选择保存路径，将文件名修改为"样板文件"，确认无误后单击【保存】按钮即可。

方法二：单击工具栏【保存】按钮。若为首次保存，会弹出"另存为"对话框，后续操作同方法一中的路径选择、文件名修改及保存步骤；若文件已保存过，软件将按原路径和文件名直接保存。

方法三：按下【Ctrl+S】组合键，弹出"另存为"面板。浏览选择保存路径，在"文件名"框中输入"样板文件"，确认后单击【保存】按钮完成操作。

1.2.5 任务评价

表 1-3 为任务二评价表。

表 1-3　任务二评价表

评价维度	分值	评价要点	评分标准	得分
1. 操作规范性	30	流程顺序合规性 • 样板初始化顺序 • 图框 / 图例制作步骤 • 文件保存格式	优秀（27～30 分）：严格按"单位—界限—图层—图框—图例—保存"流程操作 良好（24～26 分）：步骤正确但图层未在作图前设置 及格（18～23 分）：关键步骤跳序（如先作图后设单位） 不及格（0～17 分）：流程颠倒导致模板失效	
2. 技术参数正确性	40	核心参数精准度 • 单位：小数制 / 精度 0/ 毫米 • 图形界限：A1 图幅（594×841） • 线宽：外框 0.7 mm/ 内线 0.35 mm • 图层命名逻辑	优秀（36～40 分）：全部参数符合 GB/T 50001—2017（如单位＝毫米） 良好（32～35 分）：图幅误差≤2 mm 或线宽偏差 0.05 mm 及格（24～31 分）：单位未设毫米或关键线宽错误 不及格（0～23 分）：参数错误致模板无法使用	
3. 模板质量	20	图框 / 标题栏 / 图例表 • 外轮廓完整性 • 文字标注清晰度 • 填充图案准确性 • 图层隔离有效性	优秀（18～20 分）：标题栏字段完整，图例填充无错位（如混凝土图案正确） 良好（16～17 分）：局部文字重叠或填充微偏 及格（12～15 分）：图框线未闭合或图层混淆 不及格（0～11 分）：缺失核心组件	

评价维度	分值	评价要点	评分标准	得分
4. 职业素养	10	标准化执行力与优化意识	9～10分：主动优化图层体系（如增加"BIM_协作"层）或开发智能标题栏 7～8分：改进图例表结构提升可读性 5～6分：严格按教材步骤操作无自主调整 0～4分：拒绝使用标准化模板	
5. 创新拓展	附加分≤10	模板工程实用性提升	+8～10分：编写脚本自动生成动态图框（根据图幅缩放） +3～7分：创建材料库快速调用填充图案 +1～2分：优化标题栏信息布局	
总分	100+10		注：创新拓展为额外附加分，总分可超过100分	

项目 2　绘制建筑一层平面图（一）

思政元素

本项目将安全责任意识与人文关怀等思政元素有机融入专业课程教学，旨在培养学生的职业责任感、规范意识及"以人为本"的理念。

在案例 2-1 中，课程以工程设计文件管理规范和数据安全为切入点，通过剖析英国 Crossrail 工程因文档管理混乱导致工期延误和巨额成本超支的典型案例，使学生深刻认识到工程规范的重要性，帮助学生树立严谨求实的工作作风和职业道德操守，更通过"责任重于泰山，规范操作保平安"的职业箴言，强化其"工程安全无小事"的专业认知，使学生真正理解工程设计中的每个细节都直接关系到人民生命财产安全。在案例 2-2 着重强调工程设计应体现人文关怀和社会公平，通过汶川地震后 CAD 技术赋能水磨镇灾后重建的典型案例，生动展示如何利用数字化设计手段优化方案、提升效率，同时兼顾居民生活需求和地域文化特色，引导学生深入思考工程技术与社会发展、环境保护的多维关系，培养他们"以人民为中心"的设计理念和可持续发展的社会责任意识。

通过融入这些思政元素，使学生不仅掌握工程技术工具的应用能力，更能深刻理解工程设计对社会发展的深远影响，从而建立起完整的工程师职业认知体系和社会使命感。

思政案例

案例 2-1：英国伦敦 Crossrail 之殇——文件管理失序的代价

在英国伦敦，Crossrail 项目是一项耗资巨大的铁路基础设施项目，旨在建设一条横贯伦敦东西的铁路线，连接雷丁和希思罗机场到埃塞克斯郡的申菲尔德。然而，这个耗资巨大的项目却因文件管理混乱而陷入泥潭。设计图纸版本失控，文件丢失和损坏，施工方案审批流程不规范，导致错误频发，返工不断。最终，项目成本超支数十亿英镑，开通时间推迟 4年，成为工程建设史上因文件管理不善而付出惨痛代价的典型案例。

Crossrail 项目的教训是深刻的，它警示我们：文件管理无小事，细微之处见真章。任何工作都离不开严谨细致的作风，文件管理更是如此。一份文件的缺失、一个数据的错误，都可能酿成无法挽回的损失。文件管理要注重细节，从文件编号、版本控制到归档保存，都要做到一丝不苟，才能确保项目顺利推进。

案例 2-2：震后水磨镇重建的数字密码——CAD 赋能

汶川地震中，水磨镇遭受重创。重建过程中，建筑师李晓东团队秉持"尊重历史、传承文化、以人为本"的理念，将水磨镇打造成了一个"活着的古镇"。CAD 技术作为建筑设计的利器，在这场重建中发挥了至关重要的作用，将人文关怀融入数字模型，为古镇注入新的活力。

精准测绘，留住乡愁。CAD 技术对古镇进行三维测绘，完整保存街巷格局和建筑风貌，为重建提供精准数字底图，避免误差，留存历史。

参数化设计，传承文化。利用 CAD 软件，将羌族文化元素转化为数字参数，融入新建筑设计，确保文化基因准确延续。

虚拟仿真，优化体验。通过 CAD 构建三维模型，模拟光照和人流动线，优化采光和公共空间布局，提升居民生活体验。

协同设计，共建共享。CAD 平台支持多专业协同，提高设计效率；居民可通过模型参与设计，实现共建共治共享。

水磨镇重建展现了 CAD 技术与人文关怀的结合，体现了科技的温度。作为工程专业学生，我们应学习专业知识，将"以人为本"融入设计，用科技创造更美好的生活。

2.1 任 务 工 单

2.1.1 任务描述

根据提供的"梓智·未来坊综合楼平面图".pdf 文件及 IFC 模型，独立运用中望建筑 CAD 软件，规范绘制梓智·未来坊一层平面图，参考样图（见图 2-1）。最终成果需满足以下要求。

（1）完成的一层平面图 .dwg 文件，图层管理清晰规范。

（2）图纸内容完整、表达清晰（轴线、墙体、柱子、门窗、装饰、家具、填充、图名）。

（3）绘制精度标准，关键尺寸误差≤2 mm（如：门窗洞口定位）。

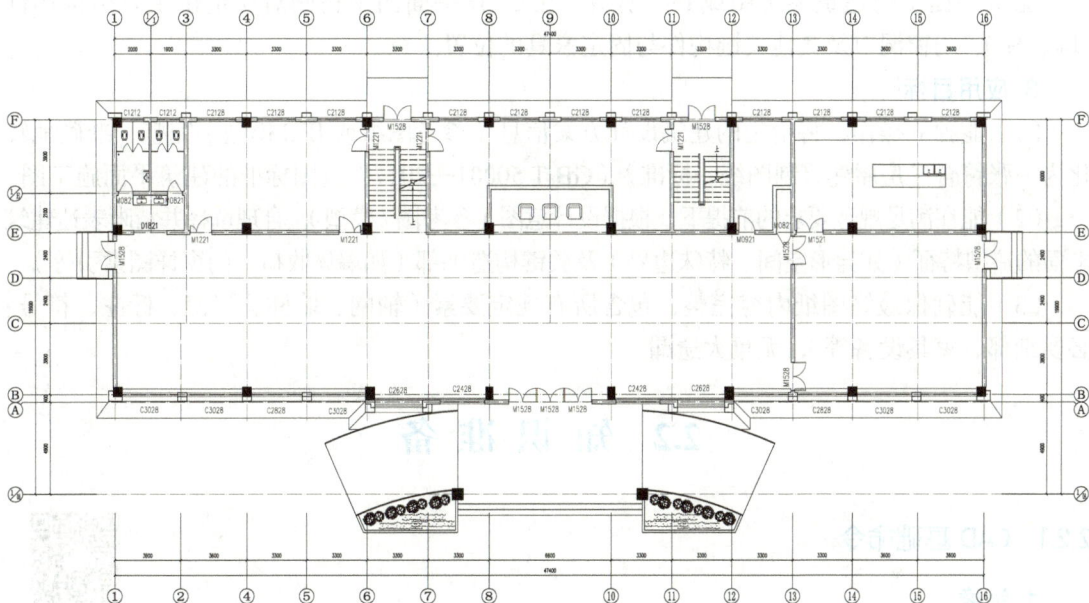

图 2-1　梓智·未来坊综合楼一层平面图

2.1.2 任务目标

1. 知识目标

（1）能列举并阐述建筑平面图必须表达的核心内容（建筑造型、主要结构构件、空间分隔构件、固定家具）。

（2）能识别并解释《房屋建筑制图统一标准》（GB/T 50001—2017）中对建筑平面图的图线类型与等级、尺寸标注规则、常用符号（如指北针、剖切符号、门窗编号）的核心规定。

2. 技能目标

1）CAD 绘图基础技能

（1）熟练应用中望 CAD 进行图层管理（创建、命名、切换、控制）。

（2）规范绘图能力如下。

①能准确绘制建筑轴网，并依据《房屋建筑制图统一标准》（GB/T 50001—2017）完成轴网编号与尺寸标注。

②能完整、无误地绘制建筑承重墙 / 非承重墙、结构柱及各类门窗洞口（位置、尺寸、类型符号准确）。

③能按设计要求添加必要的立面可见元素（如墙体造型线、台阶、坡道、散水线、花池轮廓线等）。

④能合理布置固定家具及设备，其尺寸标注符合常用人体工学尺度。

2）空间对应能力

能基于提供的平面图和模型（IFC），在平面图中准确定位墙体柱子、门窗洞口及其他构件与家具的位置。

3）空间理解与转换能力

能基于提供的建筑参考图或 IFC 模型，在 CAD 平面图中精确对应定位主要结构构件（墙、柱）、门窗洞口及其他关键构件与固定家具的位置。

3. 应用目标

（1）能独立操作，将给定的建筑设计方案信息（参考图纸或 IFC 模型）完整、准确地转化为一张符合《房屋建筑制图统一标准》（GB/T 50001—2017）制图标准的建筑平面施工图。

（2）能在满足规范要求的前提下，根据设计意图（参考图 / 模型），合理选择并清晰表达建筑平面的造型特征（如异形空间、特殊边界）及关键构造细部（如墙体收口、门窗详图索引等）。

（3）能确保最终图纸内容完整，包含所有规定要素（轴网、墙柱、门窗、标注、符号、必要细部、家具设备等），无重大遗漏。

2.2　知　识　准　备

2.2.1 CAD 基础命令

1. 镜像

1）功能

镜像（Mirror）命令可以绕指定轴翻转对象，创建关于某轴对称的图形。对于轴对称图形，可以先绘制半个对象，然后将其镜像得到整个图形，从而提高绘图效率。

2）操作步骤

（1）在"修改"工具栏中单击"镜像"命令；或者在命令行输入：Mirror 或 MI，并按空格键确定。

（2）此时命令行提示：

【选择对象：】

选择需要镜像的对象，并按空格键确定。

（3）此时命令行提示：

【指定镜像线的第一点：】

用户指定第一点，并按空格键确定。

（4）此时命令行提示：

【指定镜像线的第二点：】

用户指定第二点，并按空格键确定。

（5）此时命令行提示：

【是否删除源对象？［是（Y）/否（N）］＜否（N）＞：】

用户根据需求单击［是（Y）/否（N）］或输入（Y）/（N），并按空格键确定完成镜像。

3）相关链接

在默认情况下，MirrText 系统变量的值为 0，当镜像文字时，不更改文字的方向。如果确实需要反转文字，可在命令行输入：MirrText，确认后输入新值为 1，此时文字不可读，即可将文字进行镜像。

2. 延伸

1）功能

延伸（Extend）命令先指定一个延伸边界，然后利用此边界去延伸指定的对象。

2）操作步骤

（1）在"修改"工具栏单击"延伸"命令；或者在命令行输入：Extend 或 EX，并按空格键确定。

（2）此时命令行提示：

【选取对象来延伸边界之全选＞：】

用户选择对象作为延伸边界，并按空格键确定。用户可连续选择多个对象作为边界。如直接回车，则选中当前图形中所有对象作为延伸边界。

（3）此时命令行提示：

【选择要延伸的实体或按住 Shift 键选择要修剪的实体或［边缘模式（E）/围栏（F）/窗交（C）/投影（P）/放弃（U）]：】

3. 构造线

1）功能

构造线（Xline）也可以称为参照线，是无限长度的线条，可作为辅助线。

2）操作步骤

（1）在"绘图"工具栏单击"构造线"命令；或者在命令行输入：XL，并按空格键确定。

微课——
"延伸"命令

微课——
"构造线"命令

（2）此时命令行提示：

[指定构造线位置或［等分（B）/水平（H）/竖直图83"构造线"按银（V）/角度（A）/偏移（O）］：]

在绘图区单击一点确定构造线的位置，然后移动鼠标，构造线位置随之变动，随意单击一点确定构造线。提示中选项较多，根据绘图需要选择。

3）指定构造线的类型和位置

（1）两点方式。

当命令行提示"指定点或［水平（H）/垂直（V）/角度（A）/二等分（B）/偏移（O）］："时，此时在绘图区域指定第一点。

接着命令行提示"指定通过点："，再指定第二点，CAD 会绘制一条通过这两点的构造线。

可以继续指定通过点，绘制多条通过第一点的构造线，按回车键结束命令。

（2）水平方式（H）。

当命令行提示"指定点或［水平（H）/垂直（V）/角度（A）/二等分（B）/偏移（O）］："时，此时在绘图区域指定第一点。

接着命令行提示"指定通过点："，再指定第二点，CAD 会绘制一条通过这两点的构造线。

可以继续指定通过点，绘制多条通过第一点的构造线，按回车键结束命令。

（3）水平方式（H）。

当命令行提示"指定点或［水平（H）/垂直（V）/角度（A）/二等分（B）/偏移（O）］："时，输入"H"并回车。

指定一点，CAD 会绘制一条通过该点的水平构造线。

（4）垂直方式（V）。

当命令行提示"指定点或［水平（H）/垂直（V）/角度（A）/二等分（B）/偏移（O）］："时，输入"V"并回车。

指定一点，CAD 会绘制一条通过该点的垂直构造线。

（5）角度方式（A）。

当命令行提示"指定点或［水平（H）/垂直（V）/角度（A）/二等分（B）/偏移（O）］："时，输入"A"并回车。

可以选择两种方式来确定角度：

①输入已知角度值，然后指定一点，CAD 会绘制一条指定角度的构造线；

②选择一条参照直线，然后输入与该参照直线的夹角，再指定一点，CAD 会绘制一条与参照直线成指定夹角的构造线。

4. 门窗

1）命令组成及分类

（1）普通门。普通门的二维视图和三维视图都用图块来表示，可以从门窗图库中分别拟选门窗的二维形式和三维形式。普通门的参数设置对话框如图 2-2 所示。

微课——"门窗"命令

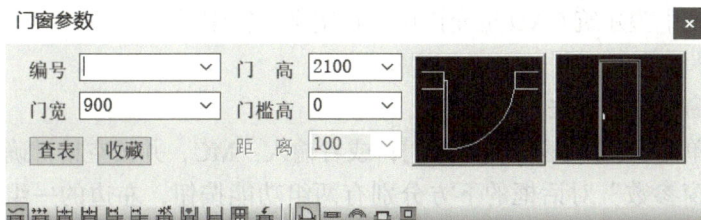

图2-2　"门窗参数"对话框——普通门

（2）普通窗。普通窗的特性参数和普通门类似，其参数设置对话框如图2-3所示，只是比普通门多了一个"高窗"属性。

图2-3　"门窗参数"对话框——普通窗

（3）矩形洞。墙上的矩形洞既可以穿透也可以不穿透墙体，有多种二维形式可选。矩形洞的参数设置对话框如图2-4所示。对于不穿透墙体的矩形洞，还可定制洞体嵌入墙体的深度。图2-5给出了平面图中各种矩形洞的表示方法。

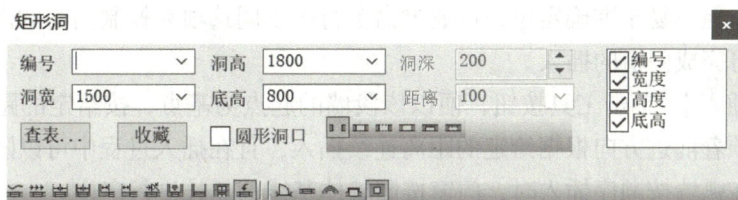

图2-4　"矩形洞"对话框

穿透/剖到/落地　　　　穿透/剖到/实线　　　　穿透/剖到/虚线

穿透/未剖到　　　　未穿透/剖到　　　　未穿透/未剖到

图2-5　平面图中各种矩形洞的表示方法

（4）门窗编号。门窗对象有一个特别的属性——门窗编号。门窗插入时的编号可以选择

"自动编号"，这样插入的门窗按"宽×高"编号，如 M0921，这样可以直观地看到插入的门窗规格。当然，中望建筑 CAD 也允许用户自定义门窗编号。

2）操作步骤

（1）启动门窗命令的方法：

屏幕菜单命令：【门窗】|【门窗】；或者输入：MC，并按空格键确定。

（2）在"门窗参数"对话框的下方分别有两组功能按钮，左边的一组控制的就是门窗的不同插入方式，右边的一组功能按钮是选择插入门窗的类型，根据需求设置参数，如图 2-6 所示。

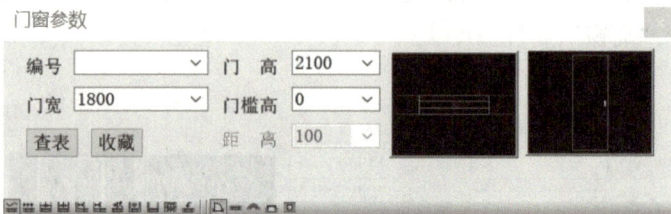

图 2-6 "门窗参数"对话框

（3）此时命令行提示：

【点取门窗插入位置或［左右翻转（D）/ 内外翻转（A）/ 图取参数（S）］＜退出＞：】，单击墙体进行放置。

功能按钮从左至右依次为【自由插入】【顺序插入】【轴线等分插入】【墙段等分插入】【垛宽定距插入】【角度定位插入】【智能插入】【满墙插入】【上层插入】【替换】等。

①【自由插入】。单击工具按钮，便可在墙段的任意位置单击插入，利用这种方式插入门窗非常快速，但不易于准确定位，可通过命令行的不同选项来控制门窗的内外、左右开启方向，单击就可完成门窗的插入。

②【顺序插入】。单击工具按钮，便以该段墙的起点为基点，按给定的距离插入选定的门窗。此后，顺着前进方向根据给定的距离连续插入，且在插入过程中可以随时改变门窗的类型和参数。在弧墙按顺序插入时，门窗按照墙体基线的弧长进行定位。

③【轴线等分插入】。单击工具按钮，可以将一个或多个门窗等分插入选定墙体两侧的两根轴线之间的墙段上，如果该墙段缺少轴线，则按该墙段的基线等分插入。门窗的开启方向控制参见【自由插入】中的介绍。

④【墙段等分插入】。单击工具按钮，可以使门窗沿该墙段等间距插入，换作与【轴线等分插入】的方式相似，该命令在一个墙段上按较短的边线等分插入若干个门窗，门窗开启方向的确定同【自由插入】。

⑤【垛宽定距插入】。单击工具按钮，系统自动选取距离目标位置最近的墙边线的顶点作为参考位置，按指定的垛宽距离插入门窗。该命令特别适合插入室内门，开启方向的确定同【自由插入】。

⑥【角度定位插入】。单击工具按钮，可以在弧墙上按照预先设定的角度插入门窗。该命令需首先选择需要插入门窗的弧墙，然后设定插入角度，按【Enter】键即可插入。

⑦【智能插入】。单击工具按钮，系统自动将一段墙体分成 3 段，两端段为垛宽定距插

入，中间段为居中插入，如图 2-7 所示。当光标处于两端段位置时，系统自动判定门开向有横墙一侧。

图 2-7　智能插入方式

⑧【满墙插入】。单击工具按钮，选择需要插入门窗的墙段，按 Enter 键确定该段墙体被门窗替换。

⑨【上层插入】。单击工具按钮，插入上层窗，即可在已有的门窗上方再加一个宽度相同、高度不同的窗，但上层窗在平面图中只显示编号。执行该命令时需要输入上层窗的编号、窗高和窗台到下层门窗顶的距离。

⑩【替换】。单击工具按钮，便可以批量修改门窗参数，包括门窗类型。用对话框内的当前参数作为目标参数，替换图中已经插入的门窗。将【替换】按钮按下，对话框右侧出现参数过滤开关，如图 2-8 所示。如果不打算改变某一参数，可清除该参数开关，对话框中的参数按原图保持不变。例如，将门改为窗，宽度不变应将宽度开关置空。

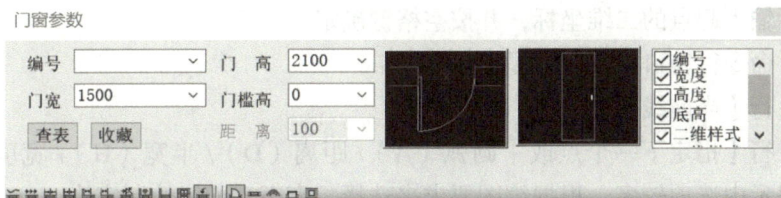

图 2-8　"门窗参数"对话框右侧的参数过滤开关

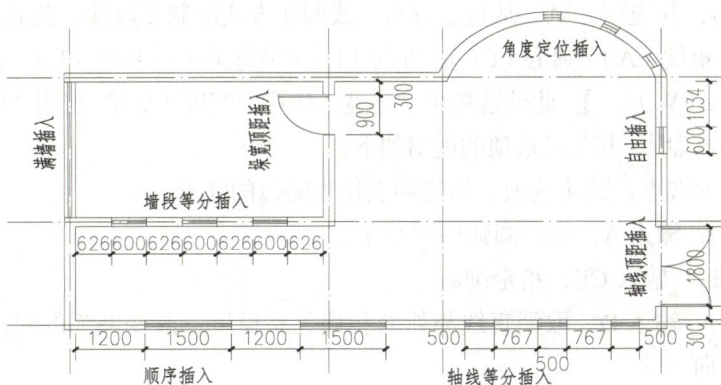

图 2-9　部分门窗插入方式

5. 门开启方向

1）功能

门开启方向（MZYF/MNWE）命令是用来调整门窗的方向。

2）操作步骤

启动门开启方向命令的方法：

（1）屏幕菜单命令：【门窗】|【门左右翻】

【门窗】|【门内外翻】

（2）右键菜单命令：〈选中门〉|【门左右翻】

〈选中门〉|【门内外翻】

本组命令既可单独应用也可批量地更改门的开启方向。

微课——
"门开启方向"命令

6. 多段线

1）功能

多段线（Polyline）命令是 CAD 中的常用命令，可绘制由若干直线和圆弧连接而成的不同宽度的曲线或折线，并且无论该多段线中含有多少条直线或圆弧，只是一个实体。

微课——
"多段线"命令

2）操作步骤

（1）启动多段线命令的方法：

在"绘图"工具栏单击【多段线】按钮；或者在命令行输入：Pline 或 PL，并按空格键确定。

（2）此时命令行提示：

【指定多段线的起点成最后点＞：】，在绘图区单击直线第一点绘制的位置，确定直线起点；或者输入起点的二维坐标，并按空格键确定。

（3）此时命令行窗口出现两行提示：

第一行【当前线宽为 0.000 0】；

第二行【指定下一个点或［圆弧（A）/距离（D）/半宽（H）/宽度（W）］：】，第二行提示中选项较多，根据绘图要求来选择，直至多段线绘制完毕。

下面分别说明各选项的含义。

①【指定下一个点】：程序默认选项，指定多段线第二点。

②【圆弧（A）】：输入：A，从直线方式改成圆弧方式绘制多段线，此时命令提示【指定圆弧的端点或［角度（A）/圆心（CE）/方向（D）/半宽（H）/直线（L）/半径（R）/第二个点（S）/宽度：（W）］：】，此处选项中"半宽（H）""宽度（W）"与刚才的同名选项含义相同，在 D、E 中说明，其余各选项的说明如下：

a.指定圆弧的端点：默认选项，指定端点作为圆弧的终点。

b.角度（A）：输入 A，指定圆弧的圆心角。

c.圆心（CE）：输入 CE，指定圆心。

d.方向（D）：输入 D，取消直线与弧的相切关系设置，改变圆弧的起始方向，重定圆弧的起点切线方向。

e.直线（L）：输入 L，从圆弧方式返回直线方式绘制多段线。

f.半径（R）：输入 R，指定圆弧的半径。

g. 第二个点（S）：输入 S，绘制圆弧为三点画弧方式，指定三点画弧的第二点。

③【距离（D）】：输入 D，用输入距离和角度的方法绘制下一段多段线。

④【半宽（H）】：输入 H，指定多段线的半宽值，CAD 将提示输入多段线的起点半宽值与终点半宽值。在绘制多段线的过程中，每一段都可以重新设置半宽值。

⑤【宽度（W）】：输入 W，指定多段线的宽度值，CAD 将提示输入多段线的起点宽度值与终点宽度值。在绘制多段线的过程中，每一段都可以重新设置宽度值。

7. 旋转

1）功能

旋转（Rotate）命令用于将指定对象绕给定的基点和角度进行旋转。

2）操作步骤

（1）启动旋转命令的方法：

在"修改"工具栏单击【旋转】命令；或者在命令行输入：Rotate 或 RO，并按空格键确定。

（2）此时命令行提示：

【选择对象：】，选择需要旋转的图形对象，选择完毕后按空格键退出。

（3）此时命令行提示：

【指定基点：】，用户输入基点。

（4）此时命令行提示：

【指定旋转角度或［复制（C）/参照（R）］<0>：】，此处有多项操作可以选择，各选项说明如下：

①指定旋转角度：用户输入想要旋转的角度数值并按空格键结束，选定对象会绕该点旋转指定角度。

②复制（C）：以复制的形式旋转对象，即创建出旋转对象后仍在原位置保留原对象。

③参照（R）：以参照的方式旋转对象。

3）相关链接

在默认情况下，当角度为正值时沿逆时针方向旋转，反之沿顺时针方向旋转。

8. 直线

1）功能

直线（Line）命令可以绘制二维直线，该命令可以一次画一条直线，也可以连续画多条直线，各直线是彼此独立实体，直线的起点和终点通过坐标或键盘确定。

直线命令是 CAD 中使用最频繁的命令，也是最基础的绘图命令。

2）操作步骤

（1）启动直线命令的方法：

在"绘图"工具栏单击【直线】命令；或者在命令行输入：Line 或 L，并按空格键确定。

（2）此时命令行提示：

【指定第一点：】，在绘图区单击直线第一点绘制的位置，确定直线起点，此时移动鼠标，会出现一条橡皮筋线，从起点连到光标位置。橡皮筋线有助于看清要画的线及其位置，光标移动过程中始终连着橡皮筋，直到选下一点或终止绘制直线命令。或者在命令行输入起点的二维坐标，并按空格键确定。

（3）此时命令行提示：

【指定下一点或［角度（A）/长度（L）/放弃（U）］：】，或者在命令行提示下输入：终点的二维坐标，并按空格键确定。

（4）此时命令行提示：

【指定下一点或［角度（A）/长度（L）/放弃（U）］：】，如继续绘制与第一条直线相连的直线，则重复第（3）步操作，否则按空格键退出。

（5）此时命令行提示：

【命令：】，如需继续绘制独立的第二条直线，再按空格键，此时命令行提示：

【指定第一点：】，重复第（2）步起的操作，全部直线绘制完毕，按空格键退出。

下面分别说明各选项的含义。

①【角度（A）】：直线段与当前坐标的 X 轴之间角度。

②【长度（L）】：直线段两个点之间的距离。

③【放弃（U）】：撤销最近绘制的一条直线段，重新指定直线段的终点。多次在提示下输入：U，则会删除多条相应的直线，一直后退到起始第一点。

9. 删除

在介绍绘图命令前先熟悉一下几个常用命令，都是在绘图过程中难免要用到的。例如，用户在绘图过程中经常会删除一些不需要的图形，这时采用删除（Erase）命令就可以用来删除选取的对象。具体操作步骤如下。

（1）在命令行输入：Erase 或 E，并按空格键确定；或者在"修改"工具栏单击【删除】命令。

（2）此时命令行提示：【选择对象：】，用户连续选取需要删除的对象，按空格键退出。删除命令完成。

删除命令（Erase）的简化命令就是一个 E，左手点按键盘字母 E，左手大拇指点按空格键即可执行该命令，非常方便，建议采用这个操作方式。

10. 圆角

1）功能

圆角（Filet）命令就是用一段指定半径的圆弧光滑地连接两个对象。

2）操作步骤

（1）启动圆角命令的方法：

在"修改"工具栏单击【圆角】按钮；或者在命令行输入：Fillet 或 E，并按空格键确定。

（2）此时命令行出现两行提示：

第一行【当前设置：模式 =TRIM，半径 =0.0】；

第二行【选择第一个对象或［多段线（P）/半径（R）/修剪（T）/多个（MD）］：】，用户选择第一个对象。

（3）此时命令行提示：

【选择第二个对象或按住 Shift 键选择对象以应用角点】，用户选择第二个对象，系统按当前半径（默认为 0）对两个对象进行圆角处理。

以上 3 步是最常见的步骤，圆角命令（Filet）中其他选项说明如下。

①多段线（P）：对多段线的各顶点（交角处）进行圆角操作。

②半径（R）：设定圆角半径。

③修剪（T）：确定圆角的修剪状态，选择修剪圆角或者不修剪圆角。

④多个（M）：可以连续对多个对象进行圆角操作。

⑤按住【Shift】键选择对象以应用角点：快速创建零半径圆角操作。

3）相关链接

（1）直线（Line）、多段线（Polyline）可以进行圆角操作，而圆（Circle）、圆弧（Arc）、圆环（Donut）等则不能做圆角处理，多段线（Polyline）绘制的圆弧也不可以。

（2）两个平行的对象不可以做倒角操作，但是可以做圆角操作。当两个平行的对象进行圆角操作时，连接对象的圆弧为一个半圆，半径值无须输入，系统按照平行对象之间的距离自动定义，即半径为平行线间距离的一半，如图 2-10 所示。

图 2-10　对平行直线进行圆角处理

（3）当圆角半径为 0 时，圆角（Fillet）命令将延伸两条非平行直线使之相交，但不产生倒圆。

（4）默认状态下，延伸超出圆角的实体部分通常被删除。

（5）如果圆角对象在同一图层，圆角（Fillet）命令在该层中进行；如果圆角对象在不同图层，圆角命令将在当前图层进行，圆角对象的颜色、线型和线宽都随图层而变化。

11. 圆弧

1）功能

圆弧（Are）命令可以绘制圆弧。

微课——
圆弧命令

2）操作步骤

启动圆弧命令的方法：

在"绘图"工具栏单击【圆弧】命令；或者在命令行输入：Arc 或 A，并按空格键确定。

绘制圆弧有多种方式，可以在下拉菜单栏的子菜单中"圆弧"按钮看到总共有 11 种之多（见图 2-11）。

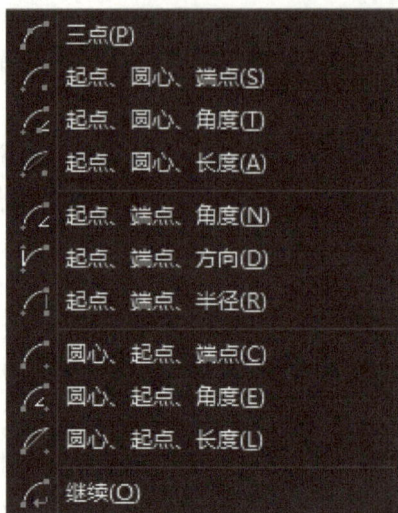

图 2-11 【圆弧】子菜单

（1）【三点（P）】。用户按顺序输入 3 个点：圆弧的起点、第二个点、端点，就可以确定一段圆弧。该圆弧通过这 3 个点，端点即圆弧的终点。在端点输入时，可以采用拖动方式将圆弧拖至所需的大小。

（2）【起点、圆心、端点（S）】。用户先输入圆弧的起点和圆心，圆弧的半径就已经确定，再输入端点，此端点只决定圆弧的长度，不一定是圆弧的终点，端点和圆心的连线就是圆弧的终点处。

（3）【起点、圆心、角度（T）】。角度指此段圆弧包含的角度，顺时针为负，逆时针为正。

（4）【起点、圆心、长度（A）】。长度指此段圆弧的弦长，即连接圆弧起点到终点的直线长度。用户只能沿逆时针方向绘制圆弧，弦长为正值绘制小于 180° 的圆弧，弦长为负值绘制大于 180° 的圆弧。

（5）【起点、端点、角度（N）】。此端点为圆弧的终点。角度同（3）中所述。

（6）【起点、端点、方向（D）】。此端点为圆弧的终点。方向指圆弧的切线方向，用户可直接指定，也可以通过输入角度值确定。

（7）【起点、端点、半径（R）】。此端点为圆弧的终点。用户只能沿逆时针方向绘制圆弧，半径为正值绘制小于 180° 的圆弧，半径为负值则绘制大于 180° 的圆弧。如图 2-12 所示，图 2-12（a）与图 2-12（b）的点 1 和点 2 相同，半径值数字相同，但是图 2-12（a）为正值，图 2-12（b）为负值。

（8）【圆心、起点、端点（C）】。与前面绘制的参数含义相同，不再重复介绍。

（9）【圆心、起点、角度（E）】。与前面绘制的参数含义相同，不再重复介绍。

（10）【圆心、起点、长度（L）】。与前面绘制的参数含义相同，不再重复介绍。

（11）【继续（O）】。还有最后一种方式"继续"需要解释一下，"继续"并不是指重复操作继续绘制圆弧，而是指系统以最后一次绘制的直线、圆弧或者多段线的最后一个点作为新圆弧的起始点，以最后所绘制线段方向或者圆弧终止点的切线方向为新圆弧的起始点处的切线方向，用户只要指定新圆弧的端点，即可确定新圆弧。

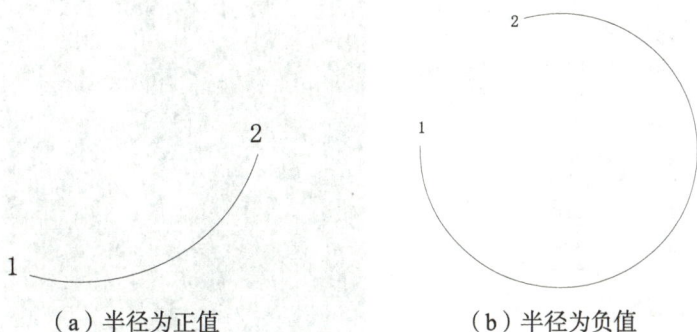

（a）半径为正值　　　　　　　　（b）半径为负值

图 2-12　半径为正值和负值下绘制的圆弧

绘制圆弧的方式很多，在绘图时要根据具体情况灵活选用。

12. 缩放

1）功能

缩放（Scale）命令就是将对象放大或缩小的命令。

2）操作步骤

（1）启动缩放命令的方法：

在"修改"工具栏单击【缩放】命令；或者在命令行输入：Scale 或 SC，并按空格键确定。

（2）此时命令行提示：

【选择对象：】，选择需要缩放的图形对象，选择完毕后按空格键退出。

（3）此时命令行提示：

【指定基点：】，用户输入基点。

（4）此时命令行提示：

【指定缩放比例或［复制（C）/参照（R）］<2.2>：】，此处有多项操作可以选择，各选项说明如下：

①指定缩放比例：用户输入想要缩放的比例数值并按空格键结束，选定对象会根据选定的基点缩放对应比例大小。

②复制（C）：以复制的形式缩放对象，即创建出缩放对象后仍在原位置保留原对象。

③参照（R）：以参照的方式缩放对象。

13. 绘制轴网

1）功能

绘制轴网（HZZM）命令可创建直线正交轴网或非正交轴网的单向轴线，完成命令后弹出如图 2-13 所示的对话框。采用该命令可同时完成开间和进深尺寸的数据设置，系统创建与绘制轴网生成直线正交轴网。

微课——
缩放命令

微课——
绘制轴网命令

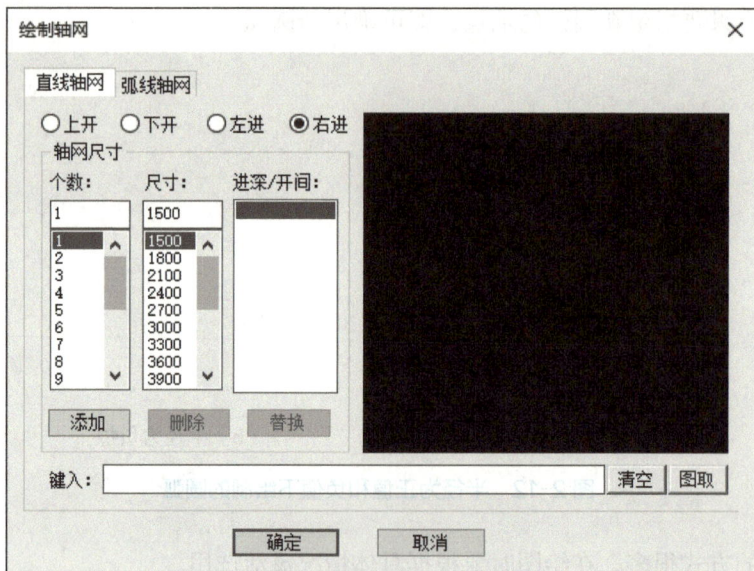

图 2-13 【直线轴网】对话框

2）操作步骤

（1）启动绘制轴网命令的方法如下。

屏幕菜单命令：【轴网柱子】|【绘制轴网】|【直线轴网】。

（2）输入轴网数据的方法如下。

①直接在"键入"栏内键入，每个数据之间用空格或英文逗号隔开，按 Enter 键生效。

②在"个数"和"尺寸"栏中键入或从下方数据栏中获取，单击【添加】按钮生效。

（3）对话框选项和操作解释如下。

①"上开"是指在轴网上方进行轴网标注的房间开间尺寸。

②"下开"是指在轴网下方进行轴网标注的房间开间尺寸。

③"左进"是指在轴网左侧进行轴网标注的房间进深尺寸。

④"右进"是指在轴网右侧进行轴网标注的房间进深尺寸。

⑤"个数"是指【尺寸】栏中数据的重复次数，在数值栏下方单击【添加】按钮或双击数值栏中数值获得，也可在"键入"栏中输入。

⑥"尺寸"是指某个开间或进深的尺寸数据，在数值栏下方单击【添加】按钮或双击数值栏中数值获取，也可在【键入】栏中输入。

⑦"进深 / 开间"显示已经生效的进深和开间的尺寸数据。

⑧【删除】是指选中"进深 / 开间"中某尺寸进行删除。

⑨【替换】是指选中"进深 / 开间"中的某尺寸后用"个数"和"尺寸"中的新数据替换。

⑩"键入"是指键入一组尺寸，用空格或英文逗号隔开，按 Enter 键输入"进深 / 开间"中。若输入"2 × 3 300"，表示添加间距 3 300 mm 的轴线 2 根。

3）命令交互

完成所有尺寸数据录入后，单击【确定】按钮，命令行显示：

点取位置或【转 90 度（A）/左右翻（S）/上下翻（D）/对齐（F）/旋转（R）/基点（T）】＜退出＞。

此时，可移动到基点直接选取轴网目标位置，或按选项提示回应其他选项。

注意：

如果下开间与上开间的数据相同，则不必选取下开间（或上开间）的按钮，左右进深也同此处理，此时中望建筑 CAD 会自动将轴线延伸至两端。输入的尺寸定位以轴网的左下角轴线交点为基准。

单向轴线：如果仅输入开间或进深的单向轴线数据，命令行会提示给出单向轴线的长度，请在图中用鼠标测量或键入。

14. 轴网标注

1）功能

轴网标注（ZWBZ）是指专门对轴网进行标注及定位的命令。

2）操作步骤

（1）选择【轴网柱子】|"轴网标注"对话框（见图 2-14），列出参数和选项。

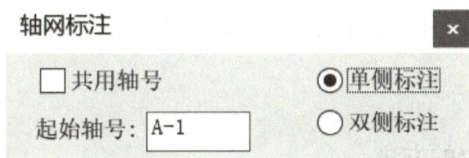

轴网标注

☐ 共用轴号　　　　　◉ 单侧标注

起始轴号：　A-1　　　○ 双侧标注

图 2-14　"轴网标注"对话框

（2）用鼠标选择起始轴线。

（3）用鼠标选择终止轴线。

3）对话框选项和操作解释

（1）"单侧标注"是指只在轴网选取的那一侧标注轴号和尺寸，另一侧不标。

（2）"双侧标注"是指轴网的两侧都标注。

（3）"共用轴号"是指勾选此复选框后，起始轴号由所选择的已有轴号的后续数字或字母决定。

（4）"起始轴号"的系统默认一般为"1"或者"A"，若不使用默认值，可以在此输入自定义起始轴号。

15. 添加轴线

1）功能

添加轴线（TJZX）命令一般在轴网标注完成后执行，以某一根已经存在的轴线为参考，根据鼠标拖动的方向和键入的偏移距离创建一根新轴线，同时标注新轴号融入已存在的参考轴号系统中。该命令对直线轴网和弧线轴网均有效。该命令操作步骤如下。

2）操作步骤

（1）启动添加轴线命令的方法：

屏幕菜单命令：【轴网柱子】|【添加轴线】。

（2）执行命令后，命令行提示：

选择参考轴线＜退出＞，此时选择参考轴线。

（3）命令行提示：

新增轴线是否作为附加轴线？【是（Y）/否（N）】＜N＞，回应"Y"，添加的轴线作为当前轴线的附加轴线，标出附加轴号；回应"N"，添加的轴线作为一根主轴线插入指定的位置，标出主轴号，其后的轴号自动更新。

（4）对于直线轴网和弧线轴网，接下来的操作提示略有不同：直线轴网提示"偏移距离"，弧线轴网提示"输入角度"。此时，拖动预览的新轴线确定偏移方向，同时键入偏移距离或角度数值，按 Enter 键完成添加轴线。

注意：

（1）参考轴线可任选，只要新插入的轴线位置明确就可以，但选择相邻轴线做参考更容易控制。

（2）添加的轴线是否自动标注轴号要依据参考轴线是否已经有轴号来判断。拖动新轴线决定添加的方向。

16. 合并区间

1）功能

合并区间（HBQJ）命令用于将相邻两个或连续多个尺寸区间合并为一个尺寸区间。

微课——
合并区间命令

2）操作步骤

（1）启动删除轴号命令的方法：

右键菜单命令：〈选中尺寸〉|【合并区间】，或者输入：HBQJ，并按空格键。

（2）此时命令行提示：

【请选取合并初始区间或尺寸界线＜退出＞：】，单击第一个需要合并的尺寸线。

（3）此时命令行提示：

【请选取待合并终止区间＜退出＞：】，单击第二个需要合并的尺寸线，按空格键完成合并。

注意：

（1）操作中既可以选取尺寸线也可以选取尺寸界线。

（2）如果首先选取起始尺寸线，则第二点必须选取终止尺寸线，两个区间所包含的全部区间合成为一个尺寸区间。

（3）如果第一次直接选取尺寸界线，则该尺寸界线相邻的两个区间合并为一个尺寸区间。

17. 删除轴号

1）功能

删除轴号（SCZH）命令可删除轴号系统中的某个轴号，其后面相关联的所有轴号均自动更新。

微课——
删除轴号命令

2）操作步骤

（1）启动删除轴号命令的方法：

右键菜单命令：【选中轴号】|【删除轴号】，或者输入：SCZH，并按空格键。

（2）此时命令行提示：

【请选择初始轴线＜退出＞：】，单击水平轴网中左侧第一条轴线（垂直轴网下侧第一条轴线）。

（3）此时命令行提示：

【请选择终止轴线＜退出＞：】，单击水平轴网中右侧第一条轴线（垂直轴网上侧第一条轴线）完成标注。

18. 过滤图层

1）功能

过滤图层（GLXZ）命令用于辅助使用者在复杂的图形中筛选出符合过滤条件的对象并建选择集，以便进行批量操作。执行该命令后弹出"过滤条件"对话框，对话框中提供5类过滤条件，只有勾选的过滤条件起作用。

2）操作步骤

（1）启动过滤图层命令的方法：

屏幕菜单命令：【工具一】|【过滤选择】，或者输入：GLXZ或2，并按空格键。

（2）在弹出的"过滤条件"对话框中设置参数。

（3）此时命令行提示：

【请选择参考对象＜退出＞：】，单击需要过滤的对象，按空格键进行过滤。

3）"过滤条件"对话框选项和操作解释（"常规"选项）

（1）"图层"的过滤条件为图层名，例如，过滤参考图元的图层名为"A"，则选取对象时只有A层的对象才能被选中。

（2）"颜色"的过滤条件为图元对象的颜色，目的是选择颜色相同的对象。

（3）"线型"的过滤条件为图元对象的线型，如删去虚线。

（4）"对象类型"的过滤条件为图元对象的类型，如选择所有的多段线。

（5）"图块名称或门窗编号"的过滤条件为图块名称或门窗编号，一般在快速选择同名图块或编号相同的门窗时使用。

每类过滤条件可以同时选择多个，即采用多重过滤条件进行选择；也可以连续多次使用【过滤选择】命令，多次选择的结果自动叠加。

4）其他选项

图2-15中的"墙体""柱子""门窗""房间"选项是将建筑数据作为过滤条件，批量选出建筑构件和房间对象。

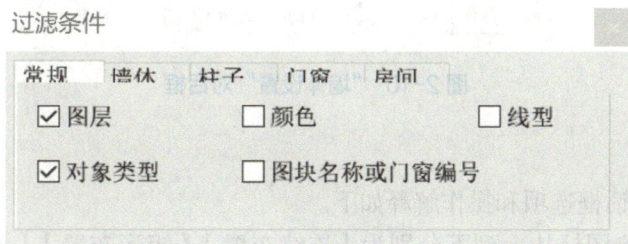

图 2-15　"过滤条件"对话框

【过滤选择】命令操作步骤如下。

（1）选择要过滤的选项，5类过滤选项同时只能有一种有效。

（2）在选择的过滤选项中勾选过滤条件，可多选。

（3）当命令行提示"请选择一个参考对象"时，选取作为过滤条件的对象。

（4）接着命令行提示"选择对象"，可在复杂图形中单选或框选对象，系统自动过滤出符合条件的对象组成选择集。

（5）命令结束后，可对选择集对象进行批量操作。

19. 特性栏

1）功能

特性栏（Ctrl+1）就是查看和修改对象的各项属性的命令。

2）操作步骤

启动特性栏命令的方法：

在"修改"工具栏单击【特性】命令，或者在命令行输入：Ctrl+1，即可打开特性栏。

3）"特性栏"的内容

"特性栏"由选择栏和多个属性栏组成。选择栏是在同时选中多个对象时可根据类别选择对象进行属性的查看和修改；选择不同的对象则由不同的属性栏组成，而每个属性栏都由若干个属性组成，且每个属性栏内的属性也是由具体选择的对象而区分的。

"特性栏"主要有："基础""视图""几何图形""数据""文字""其他"等属性栏。

其中"基础"属性栏为所有选择的对象有具有属性栏，其主要属性包括：颜色、图转层、线型、线型比例、线宽、出图比例等。每个属性都可以根据需要进行修改。

20. 墙体设置

1）功能

墙体可以直接创建图（见图2-16）或由单线转换而来，墙体的所有参数都可以在创建后编辑修改。直接创建墙体（CJQL）有4种方式：连续布置、矩形布置、沿轴布置、等分加墙；单线转换墙体有两种方式：轴网生墙和单线变墙。

图 2-16　"墙体设置"对话框

2）操作步骤

"墙体设置"对话框选项和操作解释如下。

（1）对话框左侧图标从上到下分别为【连续布置】【矩形布置】【沿轴布置】【等分加墙】【图取墙体确定参数】。

（2）【总宽】【左宽】【右宽】分别用来指定墙的宽度和基线位置，三者互动，应当先输入总宽，然后输入左宽或右宽。【中】【左】【右】【交换】按钮可以在不改变总宽的前提下快速改变左宽和右宽的分配，【中】为左右宽均分，【左】为总宽数全部给左宽，【右】为总宽数全部给右宽，【交换】为左宽和右宽交换。

（3）对于外墙、内墙和户墙，图面表现都一样，如果还不太确定，按内墙或外墙输入即可，可以在平面墙体布置完成后采用其他辅助工具（【搜索房间】和【识别内外】等）来区分。

（4）"高度"默认等于当前层高，"底高"默认为"0"。

①连续布置。

屏幕菜单命令：【墙梁板】|【创建墙梁】|【连续布置】。

执行该命令后屏幕出现墙体设置的非模式对话框，不必关闭该对话框即可连续绘制直墙、弧墙，墙线相交处可自动裁剪，墙体参数可分段随时改变。此方式可连续绘制设定的墙体，当绘制墙体的端点与已绘制的其他墙段相遇时、自动结束连续绘制并开始下一个连续绘制过程。

需要指出的是，为了更加准确地定位墙体，系统提供了自动捕捉的功能，即捕捉已有的墙体基线、轴线和柱子中心。如果有特殊需要，用户可以按下 F3 键，这样就自动关闭创建墙体的自动捕捉功能。换句话说，中望建筑 CAD 的捕捉和系统捕捉是互斥的，并且采用同一个控制键。

②矩形布置。

屏幕菜单命令：【墙梁板】|【创建墙梁】|【矩形布置】。

该命令通过给出矩形的两个角点，一次布置由 4 段墙围合的矩形空间。如有墙体重叠，可自动避免；如果与其他墙有相交，则自动在交点处裁剪。

③沿轴布置。

屏幕菜单命令：【墙梁板】|【创建墙梁】|【沿轴布置】。

这是一种快速绘墙的方式，在同一条轴线上按顺序取两个任意点，第 1 点至第 2 点为前进方向即墙体正向，并由此确定墙体的左宽和右宽方位。生成的墙体从选取的两点向外延伸，直到碰到轴线交点或墙体为止。

④等分加墙屏幕菜单命令：【墙梁板】|【创建墙梁】|【等分加墙】。

该命令用于对已有的大房间按等分的原则划分出更多的小房间。使用该命令可以选择两段已有的墙体作为始、终两端，其间添加等分墙。

打开"墙体设置"对话框后选择"等分加墙"模式，设置相关参数后单击选择始、终两端边界墙段，系统自动在两墙段之间生成若干段长度相等的墙体。

21. 倒墙角

1）功能

【倒墙角】（DQJ）功能与中望建筑 CAD 的【圆角】（Fillet）命令相似，可以使两段相交或相互平行的墙体以某一种半径的圆弧墙体连接（见图 2-17）。

微课——
倒墙角命令

2）操作步骤

（1）启动倒墙角命令的方法：

屏幕菜单命令：【墙梁板】|【倒墙角】，或者输入：DQJ，并按空格键。

图 2-17 【倒墙角】功能

（2）此时命令行提示：

【选择第一段墙或［设圆角半径：0.0（R）]＜退出＞：】，单击第一段墙体。

（3）此时命令行提示：

【选择另一段墙＜退出＞：】，单击第二段墙体，完成倒墙角。

22. 标准柱

1）功能

标准柱（BZZ）是具有均匀截面形状的竖直构件，其三维空间的位置和形状主要由底标高、柱高和柱截面参数来决定。标准柱的截面形式多为矩形、圆形或正多边形。通常柱子的创建以轴网为参照。"标准柱"对话框如图 2-18 所示。

微课——
标准柱命令

图 2-18 "标准柱"对话框

2）操作步骤

（1）启动标准柱命令的方法：

屏幕菜单命令：【轴网柱子】|【标准柱】，或者输入：BZZ，并按空格键。

（2）设置柱的参数，包括截面类型、截面尺寸和材料等。

（3）单击图 2-18 对话框的左侧图标，选择柱子的定位方式（插入方式）。

（4）根据不同的定位方式回应相应的命令行输入。

（5）重复步骤（1）～（3）或按 Enter 键结束操作。

3）对话框选项和操作解释

（1）确定插入柱子的"形状"既有常见的矩形和圆形，还有正三角形、正五边形、正六边形、正八边形和正十二边形等。

（2）确定柱子的尺寸。

①矩形柱子："横向"代表 X 轴方向的尺寸，"纵向"代表 Y 轴方向的尺寸。

②圆形柱子：应给出"直径"数据。

③正多边形柱子：应给出外圆"直径"和"边长"数据。

（3）确定"基准方向"的参考原则：

①自动：按照轴网的 X 轴（接近"WCS-X"方向的轴线）为横向基准方向。

② "UCS-X"：用户自定义的坐标 UCS 的 X 轴为横向基准方向。

（4）给出柱子的偏移量。

① "横偏"和"纵偏"分别代表在 X 轴方向和 Y 轴垂直方向的偏移量。

② "转角"在矩形轴网中以 X 轴为基准线；在弧形、圆形轴网中以环向弧线为基准线，以逆时针为正，顺时针为负。

（5）"柱子的材料"有砖、石材、钢筋混凝土和金属。

（6）图 2-7 对话框的左侧图标表达的插入方式（从上往下）：

① "交点插柱"：捕捉轴线交点插柱，如未捕捉到轴线交点，则在选取的位置插柱。

② "轴线插柱"：在选定的轴线与其他轴线的交点处插柱。

③ "区域插柱"：在指定的矩形区域内的所有的轴线交点处插柱。

④ "替换柱子"在选定柱子的位置插入新柱子，并删除原来的柱子。

（7）矩形柱对齐点的自动偏移操作。在图 2-18 对话框的预览图片上单击矩形柱的 9 个点，则插入的对齐点将自动偏移到对应的交点上（注意，此操作仅对矩形柱有效），如图 2-19 所示。

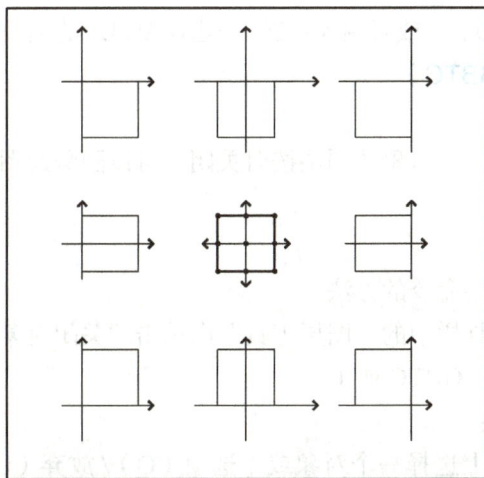

图 2-19　矩形柱对齐点自动对齐示意图

23. 柱子齐墙

1）功能

柱子齐墙（ZZQQ）命令将单个柱子或同轴一组柱子的某个边与指定墙边对齐，比中望 CAD 的移动命令更方便和准确，尤其对于弧墙而言。

2）操作步骤

（1）启动倒墙角命令的方法：

屏幕菜单命令：【轴网柱子】|【柱子齐墙】，或者输入：ZZQQ，并按空格键。

（2）此时命令行提示：

【选取待偏移的柱＜退出＞：】，单击需要偏移的柱子，按空格键确定。

（3）此时命令行提示：

【请点击取墙边（按住 Ctrl- 柱齐墙中）＜退出＞：】，单击需对齐的墙边，完成柱子齐墙。

24. 轴号隐显

1）功能

【轴号隐显】（ZHYX）命令控制轴号的显示状态，在隐藏和显示之间切换，即含有两个命令：【轴号隐藏】和【轴号显示】。使用【轴号隐藏】命令框选轴号使其隐藏起来，选中后轴号变成浅灰色，命令结束后灰色轴号就隐藏掉了。如果是双侧轴号，按住 Shift 键双侧同时隐藏。【轴号显示】命令相当于【轴号隐藏】命令的反操作，将隐藏掉的轴号显示出来，操作方法与【轴号隐藏】相同。

2）操作步骤

（1）启动倒墙角命令的方法：

右键菜单命令：〈选中轴号〉|【轴号隐显】，或者输入：ZHYX，并按空格键。

（2）此时命令行提示：

【第一个角点（按住 Shift 双侧隐藏）或［显示轴号（D）］＜退出＞：】。

①框选需要隐藏的轴号，按空格键进行隐藏。

②单击"显示轴号（D）"，或者输入：D，单击需要显示的轴号，按空格键显示出来。

25. 关闭对象图层（GBTC）

1）功能

关闭对象图层就是将选中对象的图层按时关闭，可以隐藏此图层内所有绘制的内容。

2）操作步骤

（1）启动关闭对象图层命令的方法：

①在"扩展工具"工具栏中的"图层工具"内单击"关闭对象图层"。

②或者在命令行输入：GBTC 或 1。

（2）此时命令行提示：

①【在要关闭的图层上选择一个对象或［选项（O）/放弃（U）/退出（X）]：】，选择需要隐藏的图形对象直接进行隐藏，按空格键可退出命令。

a. 选项（O）：输入"O"，此时"十"字光标处及命令提示【输入选项［块层次嵌套（B）/图元层次嵌套（E）/不嵌套（N）]＜块层次嵌套＞：】。

b. 放弃（U）：选择对象进行隐藏后输入"U"，可以撤回隐藏。

c. 退出（X）：退出命令。

②【选择样板对象：＜退出＞】。

选择需要隐藏的图形对象，选择完毕后按空格键进行隐藏，按空格键可退出命令。

26. 门口线

1）功能

当门的两侧地面标高不同或者门下安装门槛时，在平面图中需要加入门口线（MKX）来描述。"门口线设置"对话框如图 2-20 所示。

门口线设置

◉ 自动　○ 单侧添加　○ 双侧添加　○ 单侧删除　○ 双侧删除

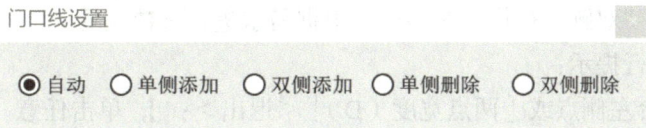

图2-20　"门口线设置"对话框

2）操作步骤

（1）启动倒墙角命令的方法：

右键菜单命令：〈选中门窗〉|【门口线】，或者输入：MKX，并按空格键。

（2）在弹出的"门口线设置"对话框中根据需求选择添加或删除类型。

（3）此时命令行提示：

【选择要增加（或消除）门口线的门窗：】，单击需进行增加（或消除）门口线的门窗，完成命令。

3）"门口线设置"对话框选项和操作解释

（1）"自动"是指单选或框选门对象，自动删除所有门口线。

（2）"单侧添加"是指单选或框选门对象，选取方向确定添加哪一侧的门口线。

（3）"双侧添加"是指单选或框选门对象，添加双侧门口线。

（4）"单侧删除"是指单选或框选门对象，选取方向确定删除哪一侧的门口线。

（5）"双侧删除"是指单选或框选门对象，删除所有门口线。此外，门口线作为门窗的一个属性，还可以在"特性表"中编辑。

27. 双跑楼梯

1）功能

双跑楼梯（SPLT）是一种最常见的楼梯形式，是由两个直线梯段、一个休息平台、一个或两个扶手和一组或两组栏杆构成的自定义对象，具有二维视图和三维视图。双跑楼梯一次分解后，将变成组成它的基本构件，即直线梯段、平板和扶手、栏杆等。

微课——
双跑楼梯命令

双跑楼梯通过使用对话框中的相关控件和参数，能够变化出多种形式，如两侧是否有扶手和栏杆、梯段是否需要边梁、休息平台的形状等。选取【双跑楼梯】命令后，系统弹出"双跑平行梯"对话框（见图2-21），其中大部分选项和参数的含义与【直线梯段】相同。

图2-21　"双跑平行梯"对话框

2）操作步骤

（1）启动倒墙角命令的方法：

屏幕菜单命令：【建筑设施】|【双跑楼梯】，或者输入：SPLT，并按空格键。

（2）在弹出的"双跑平行梯"对话框中根据需求进行参数设置。

（3）此时命令行提示：

【请点取【平台左侧点或［两点宽度（D）］＜退出＞：】，单击任意一点。

（4）此时命令行提示：

【请点取【平台、右侧点或［两点宽度（D）］＜退出＞：】，单击另一点放置楼梯。

3）"双跑平行梯"对话框部分选项和操作解释

（1）【梯间宽】是指双跑楼梯的总宽，可以在图中量取楼梯间的净宽作为双跑楼梯的总宽。

（2）"梯井宽度"是指双跑楼梯梯段之间的间隙距离。

（3）"直平台宽"是指与踏步方向垂直的休息平台的宽度，对于圆弧平台而言等于平直段宽度。

（4）"一跑步数"是指第一梯段的踏步数。

（5）"二跑步数"是指第二梯段的踏步数，【一跑步数】和【二跑步数】的数值之和等于【踏步总数】的数值。

（6）"扶手高度"扶手默认为"60×100"的矩形，扶手高度默认为900 mm。

（7）"扶手距边"是指扶手边缘到梯段边缘的距离。

（8）勾选"作为坡道"双跑楼梯按坡道生成。

4）"双跑平行梯"对话框底部图标

如图2-22所示，从左至右分别为：二维视图的样式控制区 ；休息平台的形式控制区 ；一跑步数、二跑步数不均等时梯段的对齐方式控制区 ；上楼位置选择控制区 ；扶手位置和栏杆选项控制 。

图2-22 "双跑平行梯"对话框底部图标

双跑楼梯的绘制方式有两种：固定宽度和两点定宽，可在命令行中切换。其中，两点定宽是指固定梯井宽度不变，插入时选取的第1点和第2点决定梯间总宽。

28. 图库管理

1）功能

使用【图库管理】（TKGL）工具可以调用图库管理系统的专用图库和通用图库里的各种图案及图块，图2-23显示的就是"图库管理"对话框，该对话框包括菜单栏工具栏、类别区、图块名称表和图块预览区等，在该对话框的最下端为状态栏，在工具栏中提供了部分常用图库的操作命令，光标移动到按钮上面会显示该按钮的功能。

微课——
图库管理命令

2）操作步骤

（1）启动倒墙角命令的方法：

左侧屏幕菜单：【图块图案】|【图库管理】，或者输入：TKGL，并按空格键。

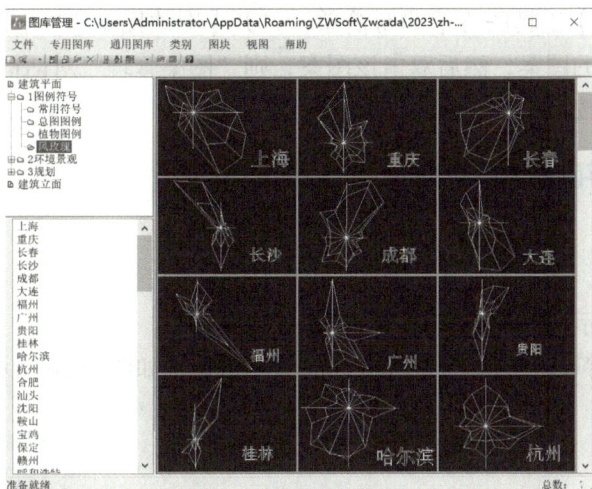

图 2-23　"图库管理"对话框

（2）在弹出的"图库管理"对话框中双击选择需求的图块。

（3）此时命令行提示：

【点取插入点［转 90（A）/ 左右（S）/ 对齐（F）/ 外框（E）/ 转角（R）/ 基点（T）/ 更换（C）］＜退出＞：】，在"图块参数"对话框中设置参数（见图 2-24）。

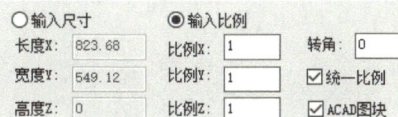

图 2-24　"图块参数"对话框

单击任意一处放置图块。

【图库管理】工具的专用图库里面有：立面阳台、立面门窗、轮廓截面、图案库、栏杆库、三维门窗、二维门窗、剖面门窗及总图图块和快速图块；【图库管理】工具的通用图库里面有：建筑图库、结构图库和室内图库三大类，在平面图绘制时经常用到的家具布置图案，大部分在室内图库大类里的家具类里，如图 2-25 所示。

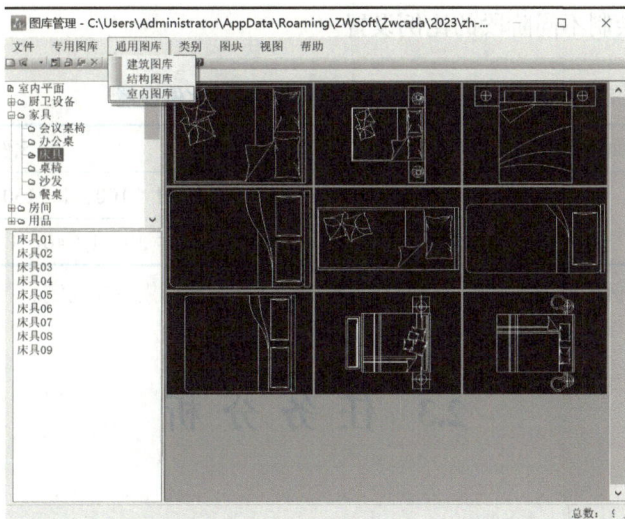

图 2-25　家具布置图案在"图库管理"对话框中的位置

使用【图库管理】工具的方法非常简单，打开【图块图案】|"图库管理"对话框，按类别选中某个待编辑的图案，然后双击该图案，则"图案管理"对话框消失并弹出"图块参数"对话框，接下来按命令行选项操作即可。

2.2.2 华艺设计院平面图制图标准

1. 制图规范

轴号符号：

①作用：用于表示轴线的定位。

②重要性：轴号符号是施工定位和放线的重要依据，如图 2-26 所示。

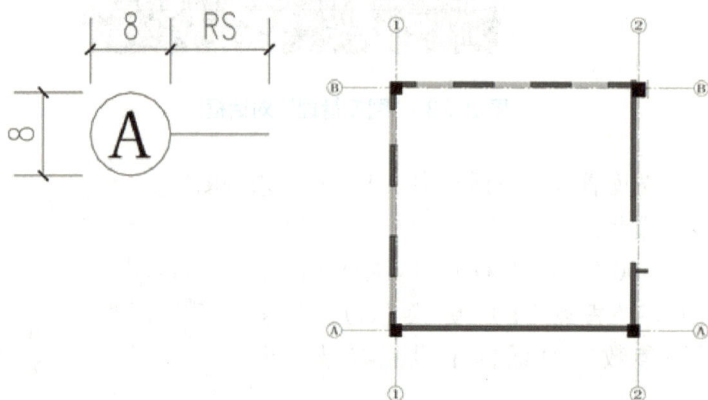

图 2-26　轴号符号示意

注意：在平面定位轴线编号时，水平方向的轴线应采用阿拉伯数字从左至右依次排序；垂直方向的轴线则使用大写英文字母，从下至上进行排序。需要注意的是，由于字母 I、O、Z 容易与数字 1、0、2 产生混淆，因此应避免使用这 3 个字母。

2. 平面比例设置

表 2-1 为图纸绘制不同阶段的比例设置。

表 2-1　图纸绘制不同阶段的比例设置

平面图纸绘制不同阶段		比例设置
平面图	总平面图	1∶100，1∶150，1∶200，1∶500
	区域平面图、小型建筑平面图	1∶30，1∶40，1∶50，1∶60，1∶75

注：实际绘图时比例的设置不可生搬硬套，需要根据实际对象简繁变化而定。

2.3　任　务　分　析

2.3.1 任务概述

建筑平面图绘制是将建筑外部形态和内部空间转化为二维图纸的核心环节，需遵循制图标准，清晰表达建筑布局、构件关系、尺寸信息及功能分区。流程需严格按照"轴网—墙柱—门窗洞口、墙体造型及窗台线—台阶坡道、散水线、楼梯及栏杆—家具及绿植"的逻辑顺序进行，并通过分层管理实现图纸的清晰表达。

2.3.2　任务流程与具体要求

1. 前期准备

仔细分析提供的《梓智·未来坊综合楼平面图》PDF 图纸及 IFC 模型，理解建筑形体、功能分区、流线组织及平面设计意图。重点核对 PDF 图纸与 IFC 模型的关键尺寸（总尺寸、轴线间距、典型门窗洞口尺寸、楼梯参数等），识别并解决差异，明确绘图依据。

2. 绘制轴网及轴网标注

（1）绘制轴网：根据核对确认后的资料，精确定位并绘制纵横轴线。

（2）轴网标注：对绘制的轴网进行开间、进深尺寸标注及轴线编号。

3. 绘制墙体及柱子

（1）绘制墙体：根据核对确认后的资料，沿轴线或指定位置绘制墙体。

（2）绘制柱子：根据核对确认后的资料，在轴线交点或指定位置精确绘制柱子轮廓。

4. 绘制墙体造型、门窗洞口及窗台线

（1）绘制墙体造型：根据核对确认后的资料，绘制墙体上的特殊构造（如壁柱、装饰垛等）。

（2）绘制门窗洞口：根据核对确认后的资料，在墙体上精确定位并绘制门窗洞口。

（3）绘制窗台线：根据核对确认后的资料，在需要表示特殊窗台的窗洞口下方绘制窗台线。

5. 绘制台阶坡道、散水线、楼梯及栏杆

（1）绘制台阶坡道：根据核对确认后的资料，绘制入口台阶、无障碍坡道等。

（2）绘制散水线：根据核对确认后的资料，在建筑物外墙外侧绘制一条线，表示散水的宽度。

（3）绘制楼梯：根据核对确认后的资料，精确绘制楼梯平面（包括折断线、休息平台、上下方向箭头及文字标注"上""下"）。

（4）绘制栏杆：根据核对确认后的资料，在楼梯梯段边缘、阳台边缘、平台边缘等位置绘制栏杆或栏板示意线。

6. 绘制家具及绿植

根据核对确认后的资料，绘制室内家具、卫生洁具及室内外绿化等，主要用于示意房间功能、空间划分和人体尺度。

2.4　任务实施

2.4.1　绘制轴网、轴网标注

1. 绘制轴网

1）初步绘制轴网

使用【HZZW】绘制轴网命令，在参数面板设置：

微课——
绘制轴网及轴网标注

- 上开间：$1 \times 3\,900$、$11 \times 3\,300$、$2 \times 3\,600$；
- 下开间：$2 \times 3\,600$、$4 \times 3\,300$、$1 \times 6\,600$、$4 \times 3\,300$、$2 \times 3\,600$；
- 左进深（右进深相同）：1×400、$1 \times 3\,800$、$2 \times 2\,400$、$1 \times 6\,000$；
- 单击【确定】按钮，在绘图区指定位置放置轴网。

2）修剪轴网

使用【TR】修剪命令，将第 4 条横向轴线选定为修剪边界，根据 PDF 图纸中的轴线分布情况，修剪掉多余的纵向轴线，如图 2-27 所示。

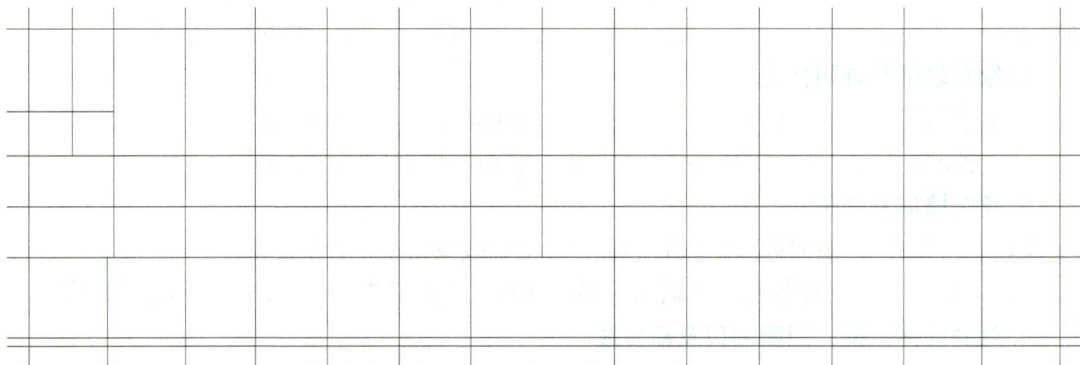

图 2-27　修剪轴网

2. 轴网标注

使用【ZWBZ】轴网标注命令，在对话框中勾选"单侧标注"。

（1）标注下开间：需沿轴网下方区域操作，依次从左至右选取左侧起始轴线（最左端）及右侧终止轴线（最右端）。完成选取后，系统将自动生成包含轴线编号与尺寸标注的下开间标注组。其中轴线编号依据《房屋建筑制图统一标准》（GB/T 50104—2017）规定，采用阿拉伯数字自左向右顺序编排。

（2）标注上开间：在轴网上方区域操作，自左向右依次选取最左端起始轴线、最右端终止轴线，生成规则同下开间。

（3）标注左进深：需沿轴网左侧区域操作，依次从下至上选取下侧起始轴线（最下端）及上侧终止轴线（最上端）。完成选取后，系统将自动生成包含轴线编号与尺寸标注的左进深标注组。其中轴线编号依据《房屋建筑制图统一标准》（GB/T 50104—2017）规定，采用大写字母自下向上顺序编排。

（4）标注右进深：在轴网右侧区域操作，自下向上依次选取最下端起始轴线、最上端终止轴线，生成规则同做进深（见图 2-28）。

3. 添加附加轴线

附加轴线用于标注主轴线以外的次要承重构件或分隔轴线，其编号按《房屋建筑制图统一标准》（GB/T 50001—2017）采用分数形式（如 1/1 表示 1 号轴线的附加轴）。

1）添加 1/1 轴（3 号轴线左侧）

使用【TJZX】添加轴线命令，系统弹出选择参考轴线的提示。选择 3 号轴线，确认在左侧添加，输入距离值"1 900 mm"，系统自动生成轴号为"1/1"的附加轴线。

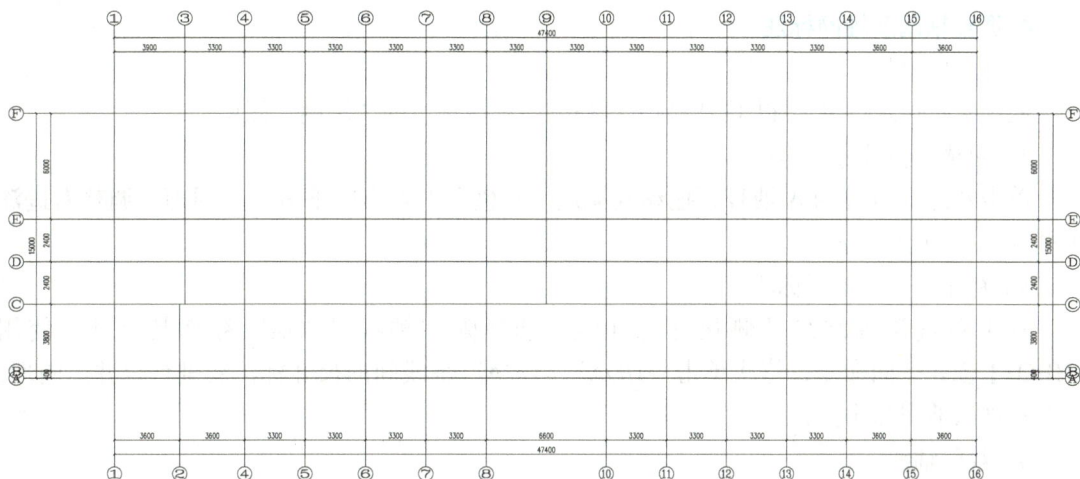

图 2-28　轴网标注

2）添加 1/E 附加轴线（F 轴线下侧）

按空格键重复"添加轴线"命令，选择"F"号轴线，确认在下方添加，输入距离值"3 900 mm"，按空格键完成操作，系统自动生成轴号为"1/E"的附加轴线。

3）移动下开间轴网标注

使用【M】移动命令，选择下开间尺寸标注线，垂直向下移动 4 900 mm。

4）添加 1/A 附加轴线（A 轴线下侧）

使用【TJZX】添加轴线命令，选择"A"号轴线，确认在下方添加，输入距离值"4 900 mm"，系统自动生成轴号为"1/A"的附加轴线（见图 2-29）。

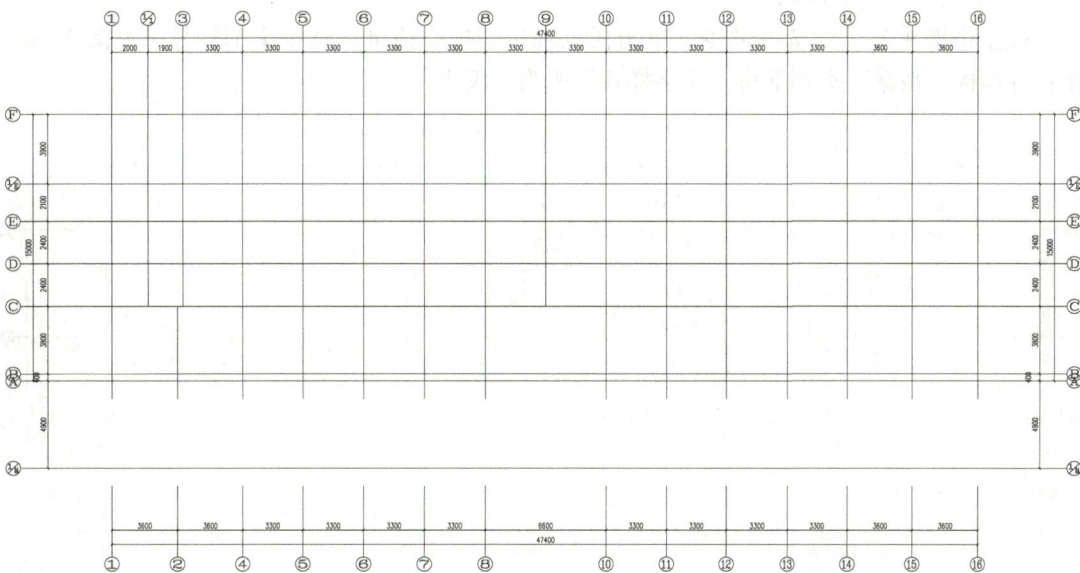

图 2-29　添加附加轴线

4. 调整轴网及轴网标注

1）修改图层

框选所有轴网对象，在图层控制下拉列表中选择预设的"轴网"图层。

2）调整重叠轴号

单击左进深重叠的 A 轴号，拖动其夹点（蓝色点）垂直向下分离。同理，调整右进深重叠的"A"轴号位置。

3）补充与合并轴网标注

双击左进深轴网最外侧尺寸标注线，选择附加轴线"1/0A"补充其尺寸。使用【HBQJ】合并区间命令，依次单击"1/0A"与"A"轴线间的尺寸标注线进行合并。同理，合并右进深轴网标注。

4）裁剪轴线

使用【TR】修剪命令，选择 3 号和 E 号轴线作为边界，根据观察 PDF 得知的轴线分布情况，修剪附加轴线"1/1"和"1/E"超出部分。

5）删除多余轴号

使用【SCZH】删除轴号命令，框选右进深中的 1/E 轴号进行删除。

6）合并右进深标注

使用【HBQJ】合并区间命令，依次单击右进深"E"与"F"轴线间的尺寸标注线完成合并。

7）修改标注样式

输入"2"执行过滤选择命令，单击轴网标注的尺寸线并按空格键，选中全部轴网标注尺寸线。按【Ctrl+1】组合键打开特性面板。在"文字"类别中将"尺寸样式"改为"轴网标注"。

8）修改轴号文字样式

按空格键重复过滤选择命令，单击任意轴号后按空格键，选中全部轴号（见图 2-30），在特性面板"数据"类别下将"文字样式"改为"汉字"。

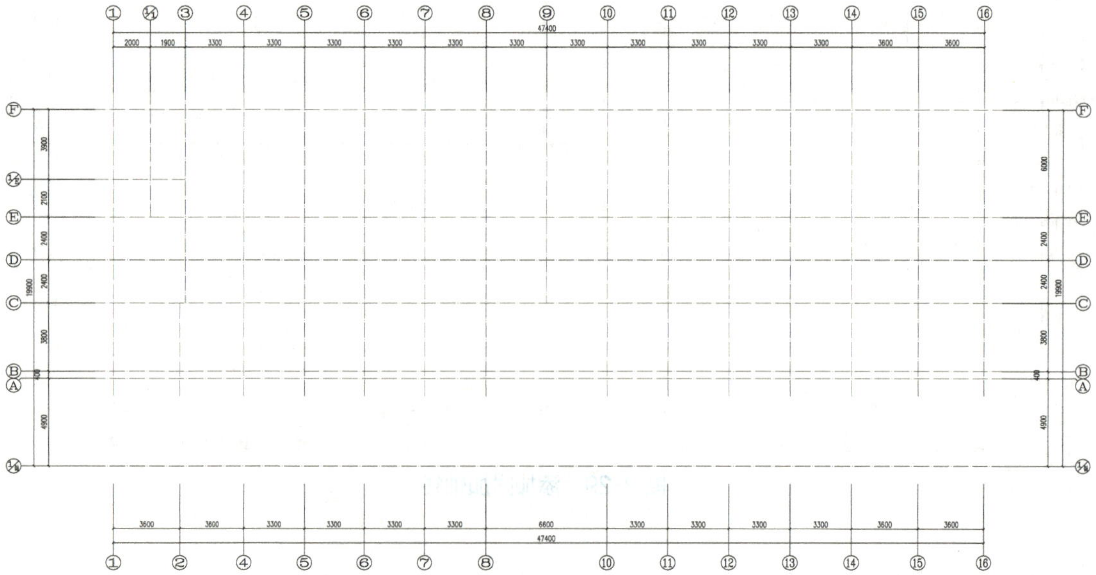

图 2-30　调整轴网及轴网标注

2.4.2 绘制墙体、柱子

1. 绘制墙体

1）绘制建筑外围墙体

使用【CJQL】创建墙梁命令，在参数面板中设置"总宽"为 200 mm，选择"连续布置"模式，开启"对象捕捉"，以轴号 1 与轴号 F 的轴线交点为起点，参照 PDF 图纸中外墙与轴网的定位关系，逆时针连续绘制外围墙体。

2）调整展厅主入口墙体

（1）使用【CO】复制命令，选择展厅主入口左侧竖向短墙，指定基点后，水平向右移动 300 mm，复制生成短墙 1。

（2）再次使用【CO】复制命令，选择新复制的短墙 1，向右移动"2 800 mm"，复制生成短墙 2。

（3）使用【O】偏移命令，选择展厅主入口横向墙体，向下偏移"200 mm"，生成横墙。

（4）使用【DQJ】倒墙角命令，依次选择短墙 1 和偏移横墙进行圆角。按空格键重复命令，依次选择偏移横墙和短墙 2 进行圆角。

（5）使用【MI】镜像命令，选择入口左侧调整好的墙体（横墙、短墙 1、短墙 2），指定 A、B 的轴网中点连线为镜像线，镜像到右侧，删除主入口右侧多余的原始墙体（见图 2-31）。

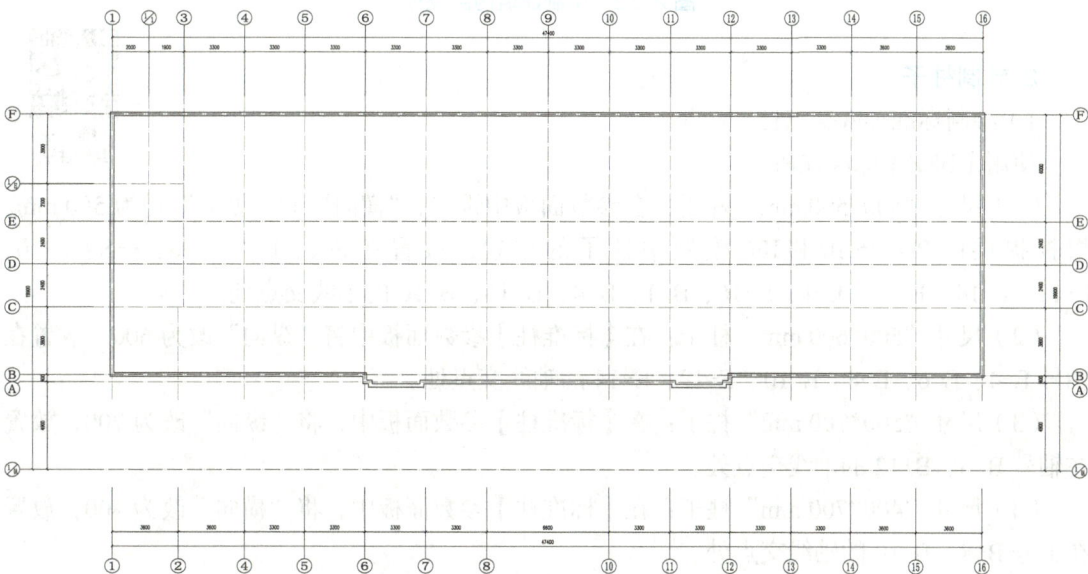

图 2-31　绘制建筑外围墙体

3）绘制建筑内部各房间的墙体

（1）使用【CJQL】创建墙梁命令，在参数面板中设置"总宽"为 200 mm，"墙体基线"为中对齐，参照 PDF 图纸，沿轴线绘制卫生间处的"200 mm"厚墙体。

（2）按空格键重复创建墙梁命令，在参数面板中设置"总宽"为 100 mm，"墙体基线"为右对齐，启用"对象捕捉"，参照 PDF 图纸，沿轴线绘制卫生间处的"100 mm"厚墙体。

（3）按空格键重复创建墙梁命令，在参数面板中设置"总宽"为 200 mm，"墙体基线"为中对齐，启用"对象捕捉"，参照 PDF 图纸，沿轴线绘制剩余房间的"200 mm"厚墙体。

（4）使用【EX】延伸命令，选择建筑南侧墙体作为边界，再单击小电间与厨房间的墙体的下端进行延长（见图 2-32）。

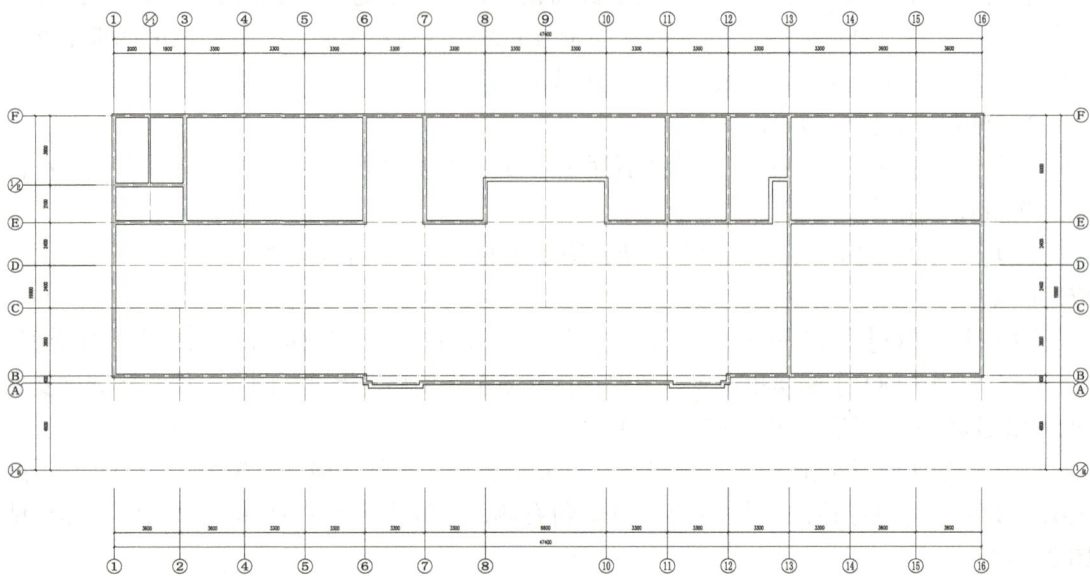

图 2-32　绘制建筑内部墙体

2. 绘制柱子

1）绘制标准轴线交点柱

使用【BZZ】标准柱命令。

（1）尺寸"500*500 mm"柱子：在参数面板中设置，"横向"和"纵向"均为 500 mm。根据提供的 PDF 图纸和 IFC 模型中柱子的位置，放置在 F-1、F-4、F-6、F-8、F-10、F-12、F-14、F-16、E-1、E-16、B-1、B-4、B-14、B-16 的轴线交点处。

（2）尺寸"500*600 mm"柱子：在【标准柱】参数面板中将"纵向"改为 600，放置在轴号 E-4、E-6、E-8、E-10、E-12、E-14 的轴线交点处。

（3）尺寸"500*700 mm"柱子：在【标准柱】参数面板中，将"纵向"改为 700，放置在轴号 B-6、B-12 的轴线交点处。

（4）尺寸"400*700 mm"柱子：在【标准柱】参数面板中，将"横向"改为 400，放置在轴号 B-8、B-10 的轴线交点处。

2）绘制主入口门厅柱子

（1）使用【XL】构造线命令，过主入口左侧第一个短墙左立面绘制垂直构造线，过主入口横向墙体下沿绘制水平构造线。

（2）使用【O】偏移命令，将水平构造线向下偏移 4 500 mm，将垂直构造线向右偏移 4 700 mm。

（3）使用【BZZ】标准柱命令，在【标准柱】参数面板中将"横向"和"纵 向"都改为 600 mm。放置在偏移后的垂直构造线与 1/0A 的轴线的交点处。

（4）使用【M】移动命令，选择"600*600 mm"柱子，指定柱子左上角端点为基点，移动至两条偏移后构造线的交点。

（5）使用【E】删除命令，删除所有辅助构造线。

（6）使用【CO】复制命令，选择"600*600 mm"柱子，水平向右移动10 000 mm，生成另一个柱子。

3）调整柱子位置

使用【ZZQQ】柱子齐墙命令，参照PDF图纸中柱子与墙体的对齐关系。

（1）单个柱子对齐：选择目标柱子，指定对齐的墙体边线。

（2）多个柱子对齐：批量选择需对齐的柱子，指定其共用的对齐墙体边线。

（3）使用【M】移动命令，调整位置有偏差的柱子。

4）隐藏轴网

使用【ZHYX】轴号隐显命令，框选全部轴号将其隐藏。使用【1】图层关闭命令，单击任意轴网标注尺寸线后按空格键，选择所有的轴网标注将其隐藏（见图2-33）。

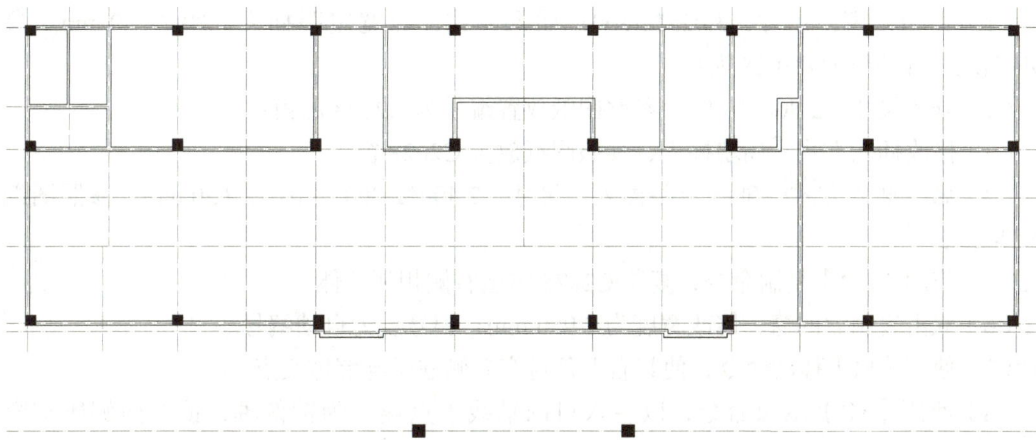

图2-33　绘制柱子

2.4.3　绘制门窗洞口、墙体造型及窗台线

1. 绘制门窗洞口

1）绘制建筑北面窗户

使用【MC】门窗命令，在"门窗参数"对话框中进行设置。

（1）类型，窗；尺寸，1 200*1 200；属性，高窗；插入方式，轴线等分插入；编号，自动编号。

（2）参照PDF图纸，在卫生间墙体放置窗户。

（3）修改尺寸，2 800*2 100；插入方式，轴线等分插入。参照图纸，在办公一空间的墙体上放置窗户。

（4）修改插入方式，轴线定距插入；距离，600 mm。参照图纸，在办公一空间的墙体放置窗户。

（5）切换回轴线等分插入，参照图纸放置北侧剩余窗户（见图2-34）。

微课——
绘制门窗洞口

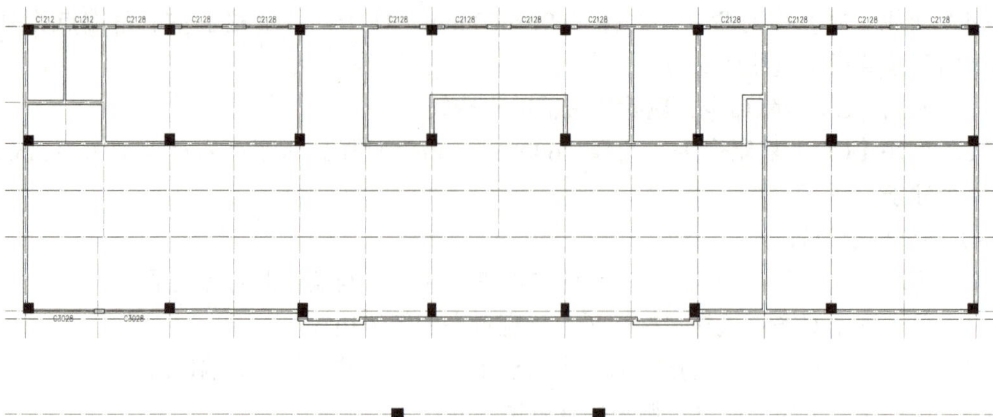

图 2-34　绘制建筑北面窗户

2）绘制建筑南面窗户

使用【MC】门窗命令，在【门窗参数】对话框中进行设置。

（1）类型，窗；尺寸，3 025*2 800；插入方式，垛宽定距插入；距离，0 mm。参照PDF图纸放置编号为 C3028 窗户。

（2）修改尺寸，2 800*2 800，参照图纸放置编号为 C2828 的窗户。

（3）修改插入方式，满墙插入，参照图纸放置 C2628 窗。

（4）修改插入方式，轴线定距插入；尺寸，2 400*2 800；距离，650 mm。参照图纸放置 C2428 窗户。

（5）使用【CO】复制命令，复制 C2828 窗至右侧相邻墙体。

（6）双击复制后的窗，修改宽度为 2 950 mm；编号设为自动编号。

（7）使用【M】移动命令，使其右上角对齐右侧柱子与墙体交点。

（8）使用【MI】镜像命令，以主入口两轴线中点连线为镜像轴，镜像南侧所有窗户（见图 2-35）。

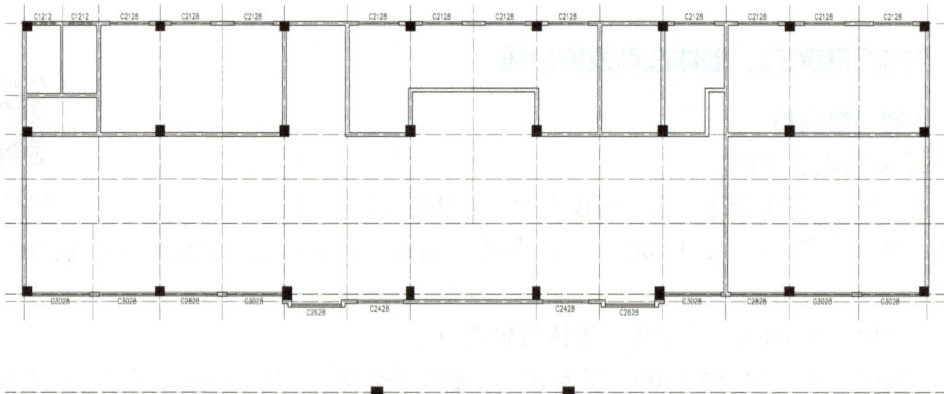

图 2-35　绘制建筑南面窗户

3）绘制建筑入户门

使用【MC】门窗命令，在"门窗参数"对话框中进行设置。

（1）类型，门；样式，双开门（Opening2D-门-平开门-第七个）；尺寸，1 500*
2 200；插入方式，轴线等分插入。参照图纸放置主入口门。

（2）使用轴线定距插入/轴线等分插入，参照图纸放置东南西三侧入户门。

（3）使用【CO】复制命令，复制南侧主入口双开门，单击双开门左下角的墙体端点后
移动鼠标，再单击双开门左下角的墙体端点完成复制。

（4）使用【MI】镜像命令，以双开门的中点为镜像轴，完成镜像复制的双开门（见
图 2-36）。

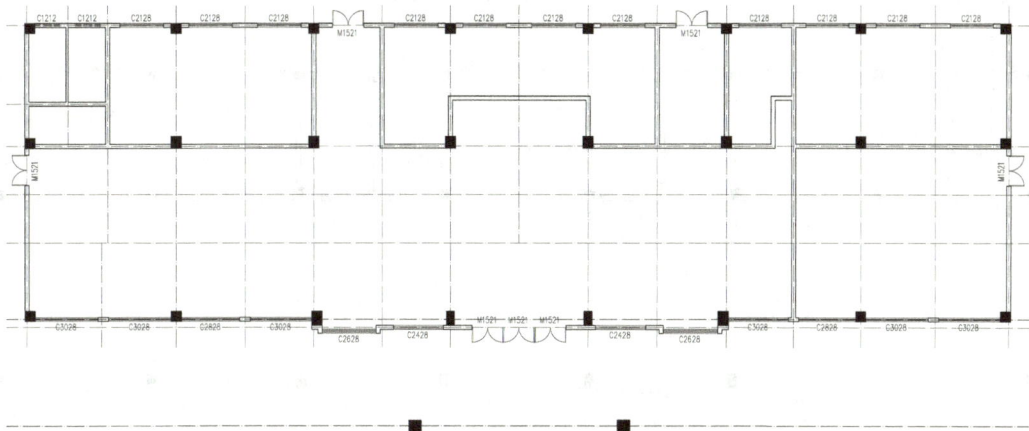

图 2-36 绘制建筑入户门

4）绘制卫生间单开门及门洞

（1）使用【MC】门窗命令，在【门窗参数】对话框中设置类型，门；样式，单开门
（Opening2D-门-平开门-第二个）；尺寸，800（宽）*2 100（高）；插入方式，轴线定距
插入；距离，200 mm；操作，左右翻转（D）。参照 PDF 图纸放置卫生间门。

（2）重复放置另一扇门，使用翻转调整方向。

（3）使用【MC】门窗命令，在【门窗参数】对话框中设置类型，矩形洞；尺寸，
1 800*2 100；插入方式，轴线等分插入。参照 PDF 图纸放置门洞（见图 2-37）。

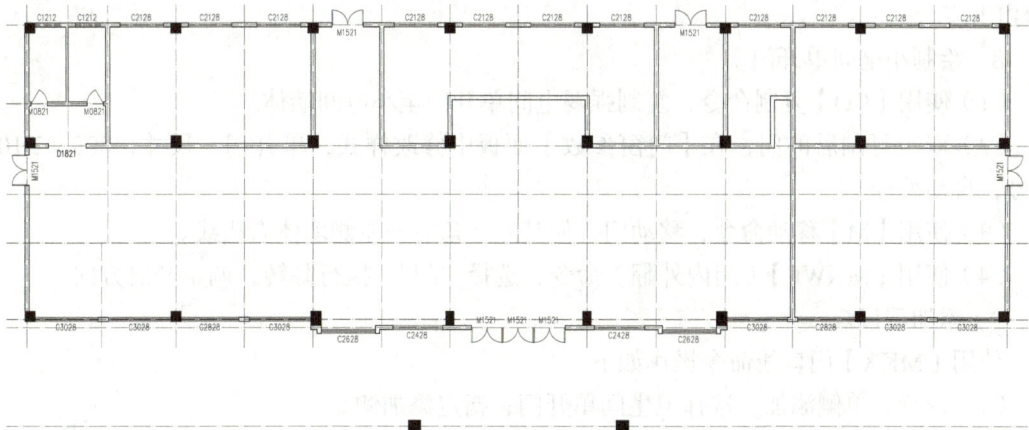

图 2-37 绘制卫生间门及门洞

5）绘制办公区域子母门

（1）使用【MC】门窗命令，在【门窗参数】对话框中设置类型，门；样式，子母门；尺寸，1 200×2 100；插入方式，轴线定距插入；距离，200 mm。参照图纸放置办公一子母门。

（2）修改距离，350 mm；操作，左右翻转（D）。参照图纸放置另一扇子母门（办公一）。

（3）修改距离，500 mm；操作，参照图纸放置竖向子母门（办公一）；操作，左右翻转（D）。参照图纸放置竖向子母门（办公二），如图2-38所示。

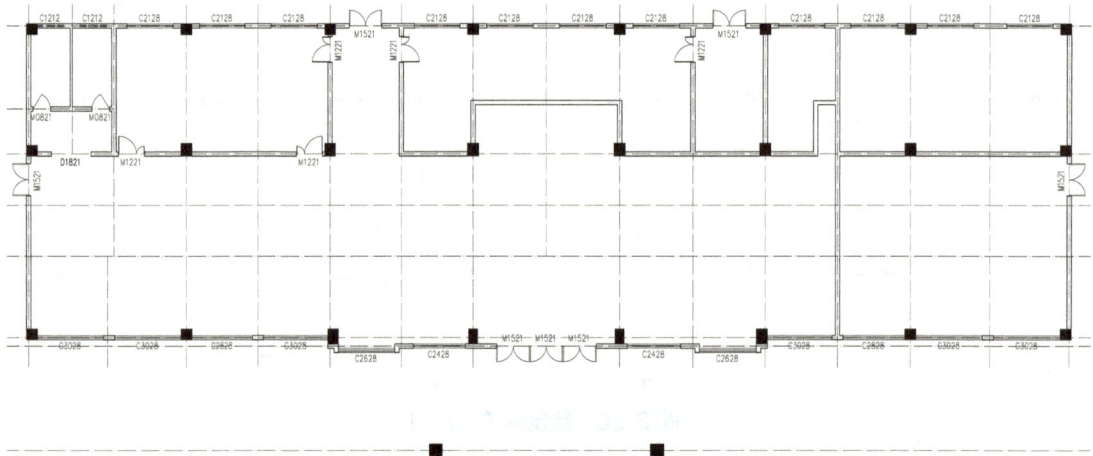

图 2-38　绘制办公区域子母门

6）绘制强弱电间单开门

使用【MC】门窗命令，在"门窗参数"对话框中设置类型，门；样式，单开门；尺寸，900×2 100；插入方式，轴线定距插入；距离，350 mm。参照 PDF 图纸放置。

7）绘制厨房和餐厅双开门

使用【MC】门窗命令，在【门窗参数】对话框中设置类型，门；样式，双开门；尺寸，1 500×2 100；插入方式，轴线定距插入；距离，200 mm/300 mm。参照图纸分别放置厨房、餐厅门。

8）绘制小电间单开门

（1）使用【CO】复制命令，复制强弱电间单开门至小电间墙体。

（2）双击复制后的门，在【门窗参数】面板中修改样式，单开门，尺寸，800×2 100；编号，自动编号。

（3）使用【M】移动命令，移动门，使其左下角对齐左侧墙体右边线。

（4）使用【MNWF】（门内外翻）命令，选择"门"，执行翻转，调整开启方向。

9）添加门口线

使用【MKX】门口线命令操作如下。

（1）设置，单侧添加；选择卫生间单开门；指定添加侧。

（2）重复命令，添加卫生间门洞及北侧双开门门口线（见图2-39）。

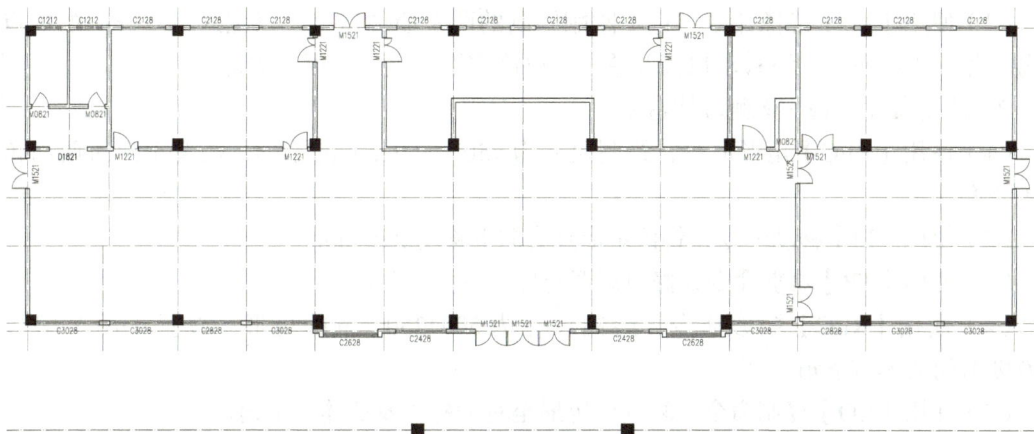

图 2-39　绘制强弱电间单开门

10）调整门窗编号

选择门窗编号的蓝色夹点，拖动至合适位置，避免与构件重叠（见图 2-40）。

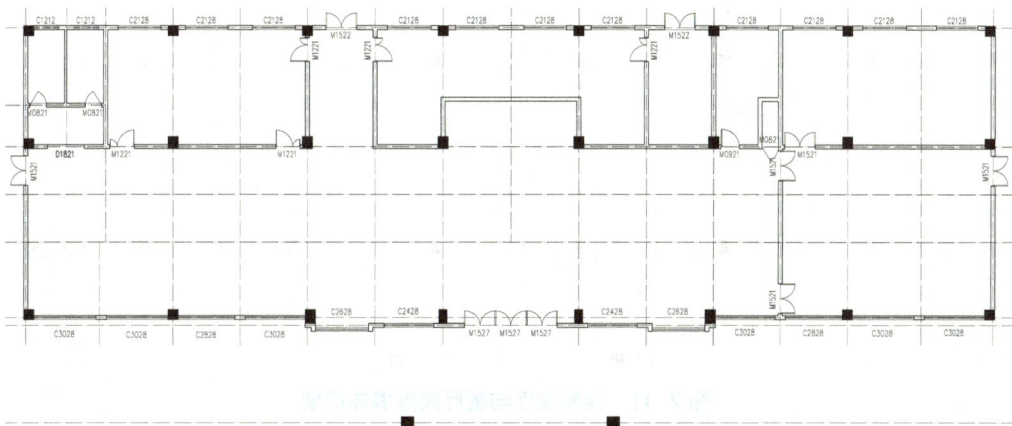

图 2-40　调整门窗编号

2. 绘制墙体造型

1）绘制展厅主入口处两侧墙体造型

（1）将当前图层切换至"建－墙－砖"图层。使用【PL】多段线命令，以建筑南侧主入口左侧尺寸为 500×700 mm 的柱子下方墙体的左下角作为起点，先垂直向下绘制一条长度为 450 mm 的直线，接着水平向右绘制一条长度为 500 mm 的直线，然后向上移动鼠标，单击上方编号为 C2628 的窗户的左下角端点，完成多段线的绘制。

（2）按空格键重复执行【PL】多段线命令。首先，单击编号为 C2628 的窗户右下角端点作为新多段线的起点。接着，再次按空格键确认操作，此时将鼠标预瞄至左侧已绘制墙体造型的右下角端点，随后鼠标水平向右沿着系统生成的虚线移动，直至到达编号 C2628 窗户右下角端点的正下方位置，单击确定该点。之后，鼠标继续向右移动，在合适位置输入长度值 500，然后按空格键确认。最后，鼠标向上垂直移动，单击墙体完成当前多段线的绘制。

微课——
绘制墙体造型

（3）使用【MI】镜像命令，选中刚刚绘制的两个墙体造型，以主入口双开门的中点为镜像线第一点，垂直向下移动鼠标并单击，以确定第二点，即可完成镜像。

2）绘制展厅与餐厅南侧墙体造型

（1）使用【REC】矩形命令，绘制尺寸为 750×550 mm 的矩形，放置于建筑西南角柱子右下角。

（2）使用【M】移动命令，将该矩形垂直向下移动 250 mm。

（3）使用【TR】修剪命令，修剪矩形与柱子重叠部分。

（4）使用【REC】矩形命令，绘制尺寸为 500*250 mm 的矩形，放置于两个编号为C3028 窗间墙体右下角。

（5）使用【CO】复制命令，复制该矩形至右侧柱子及墙体右下角。

（6）使用【MI】镜像命令，选择南侧所有墙体造型，以主入口双开门中心线为镜像轴，镜像至左边，如图 2-41 所示。

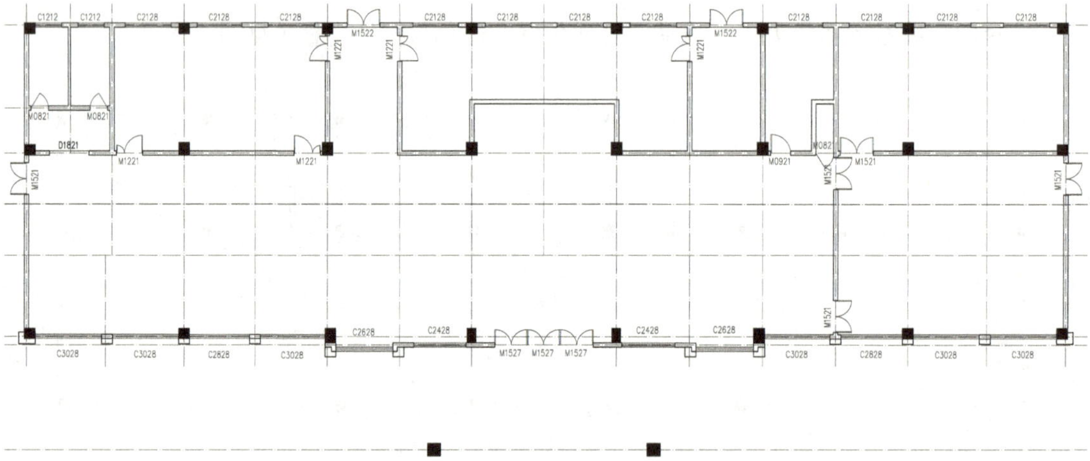

图 2-41 绘制展厅与餐厅南侧墙体造型

3）绘制建筑东西侧墙面墙体造型

（1）使用【CO】复制命令，复制建筑南侧尺寸为 500×250 mm 矩形至建筑西侧双开门附近。

（2）使用【RO】旋转命令，将复制的矩形造型旋转 90°。

（3）使用【M】移动命令，移动该矩形，使其右下角对齐双开门上边线与墙体交点。

（4）使用【CO】复制命令，复制移动后的造型至双开门下边线与墙体交点。

（5）使用【MI】镜像命令，以主入口双开门中心线为镜像轴，镜像西侧造型至东侧，如图 2-42 所示。

4）绘制建筑北侧墙面墙体造型

（1）使用【CO】复制命令，复制南侧 500*250 mm 矩形造型至建筑北侧。

（2）选择该矩形，拖动左侧边线中点夹点，水平向左拉伸 250 mm。

（3）使用【M】移动命令，移动调整后的造型，使其右下角对齐卫生间柱子右下角。

（4）使用【XL】构造线命令，过西北角造型左立面绘制垂直构造线。

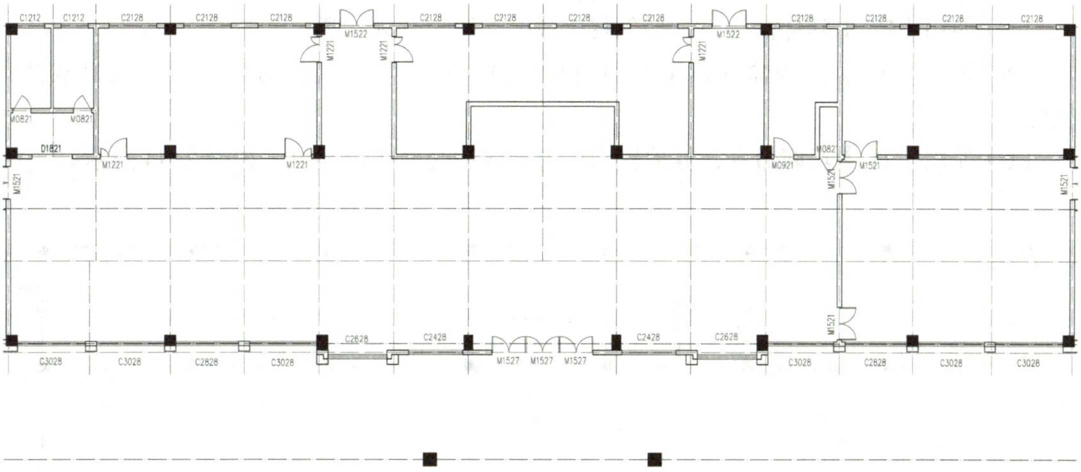

图 2-42　绘制建筑东西侧墙面墙体造型

（5）使用【CO】复制命令，水平向右复制构造线，间距依次为：4 000、7 300、10 600、13 900、17 200、20 500、23 800 mm。

（6）使用【CO】复制命令，以左下角为基点，将 500*250 mm 矩形复制至北侧墙体与各造线交点处。

（7）使用【E】删除命令，删除所有辅助构造线及多余造型。

（8）使用【MI】镜像命令，镜像北侧左半部造型至右半部（镜像轴，水平方向，过中间造型上下边中点），如图 2-43 所示。

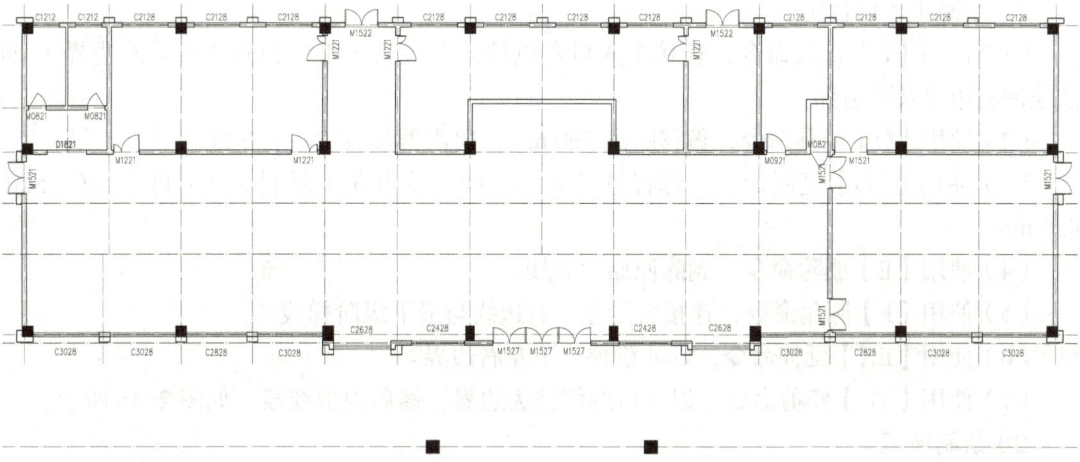

图 2-43　绘制建筑北侧墙面墙体造型

3. 绘制窗台线

（1）将该图层切换至"装饰轮廓线"图层。

（2）使用【L】直线命令，连接建筑西南侧各墙体造型外侧下角点。

（3）使用【O】偏移命令，偏移距离 650 mm，向上偏移第五段、第二段、第四段窗台线。

微课——
绘制窗台线

（4）使用【EX】延伸命令，延伸偏移生成的线段至相邻边界。

（5）使用【MI】镜像命令，镜像所有窗台线（镜像轴：垂直方向，过主入口双开门中点）。

（6）使用【TR】裁剪命令，修剪镜像后窗台线相交或多余部分，如图 2-44 所示。

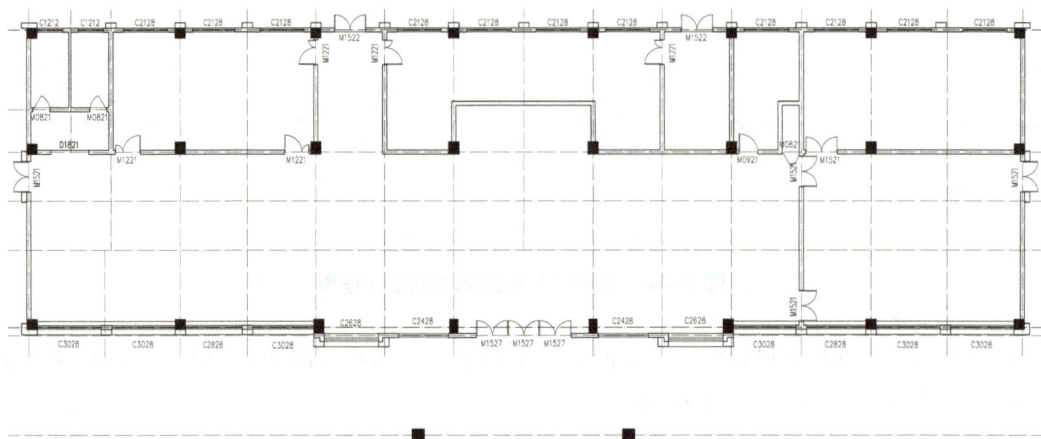

图 2-44　修剪窗台线

2.4.4　绘制台阶坡道花池、散水线、楼梯及栏杆

1. 绘制台阶、坡道及花池

微课——
绘制台阶、坡道及花池

1）绘制主入口台阶

（1）使用【L】直线命令，连接主入口左侧柱外上端点至上方窗角（台阶左边界），同法绘制右边界及下边界。

（2）使用【O】偏移命令，偏移距离 300 mm，向内偏移台阶左右边线。

（3）使用【CO】复制命令，选择柱子间水平线，垂直向下复制 3 级（间距 220，520，820 mm）。

（4）使用【E】删除命令，删除原始边界线。

（5）使用【F】圆角命令，连接台阶左、右边线与最下级阶梯线。

（6）使用【EX】延伸命令，延伸阶梯线至左右边界。

（7）使用【TR】修剪命令，以入口两侧柱为边界，修剪内部线段，如图 2-45 所示。

2）绘制坡道

（1）使用【O】偏移命令，将台阶左边线向左偏移 7 220 mm，台阶底边线向上偏移 3 843 mm、5 580 mm。

（2）使用【F】圆角命令，连接 7 220 mm 偏移线与 3 843 mm 偏移线。

（3）使用【A】弧线命令（三点画弧），以 5 580 mm 偏移线与台阶左边线交点为起点，以上方适当位置（控制弧度）为第二点，7 220 mm 偏移线与 3 843 mm 偏移线交点为终点，完成弧线绘制。

（4）使用【O】偏移命令将坡道上边线向下偏移 4 240 mm。

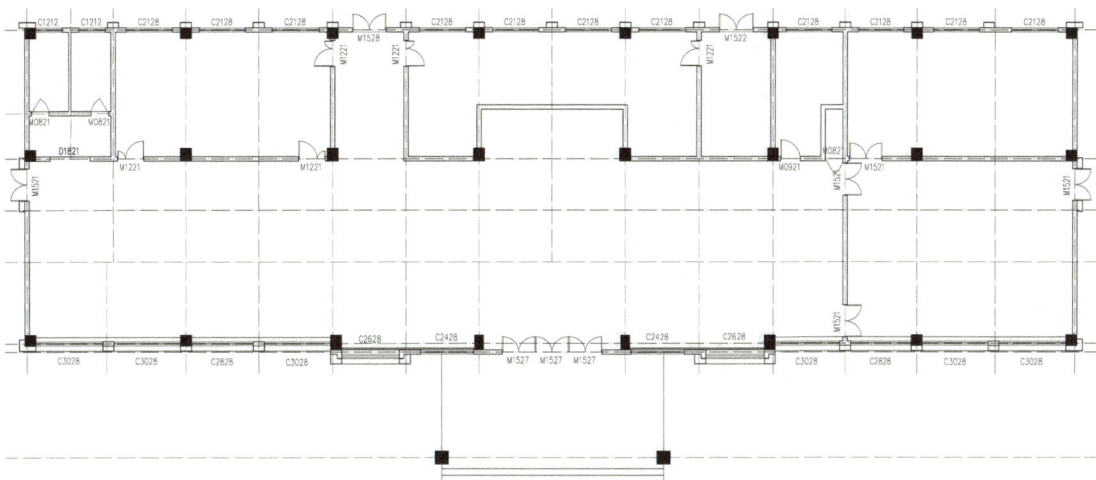

图 2-45 绘制主入口台阶

（5）使用【TR】修剪命令，以柱子为边界修剪偏移弧线右端。

（6）使用【L】直线命令，连接坡道左右边线下端点。

（7）使用【O】偏移命令将坡道两边线向内偏移 40 mm（生成坡道边沿）。

（8）使用【MI】镜像命令将镜像左坡道至右侧（镜像轴：台阶阶梯中线），如图 2-46 所示）。

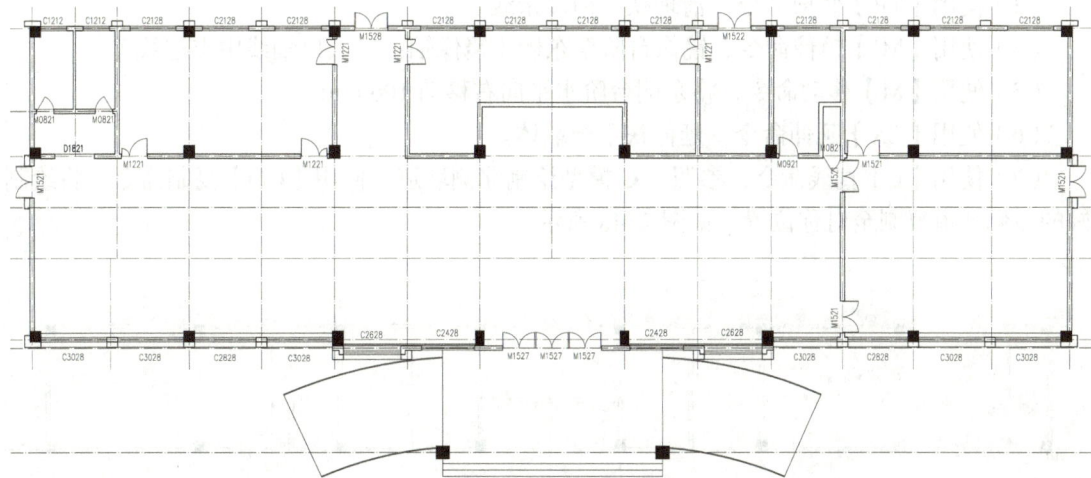

图 2-46 绘制坡道

3）绘制花池

（1）使用【O】偏移命令将台阶最下级边线向下偏移 912 mm。

（2）使用【F】圆角命令，连接偏移线至坡道左边线及台阶左边线。

（3）使用【O】偏移命令将花池外边线向内偏移 120 mm。

（4）使用【TR】修剪命令和【F】（圆角）命令，修整花池轮廓。

（5）执行【MI】镜像命令：镜像花池至右侧（镜像轴：台阶阶梯中线），如图 2-47 所示。

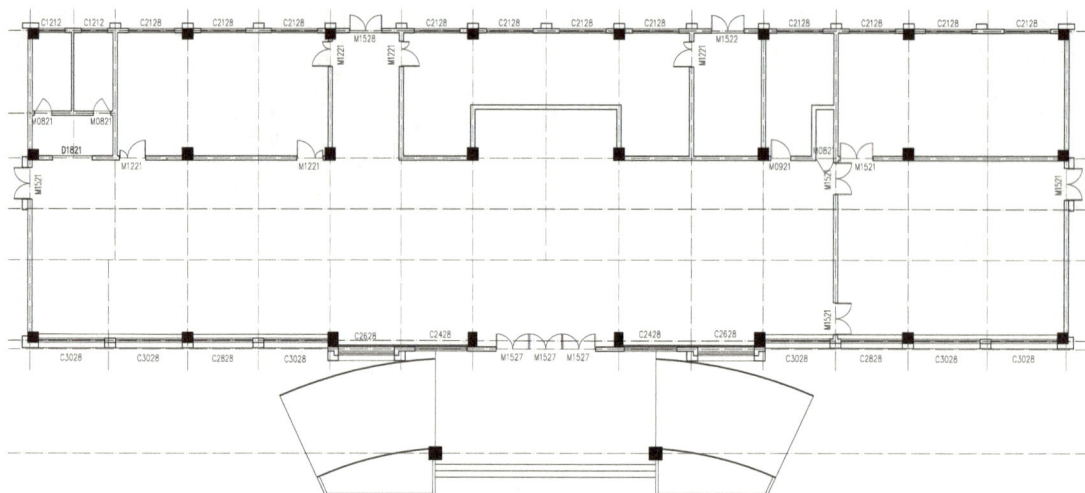

图 2-47　绘制花池

4）绘制建筑东西北三侧侧门的台阶

（1）使用【L】直线命令，单击西侧侧门上墙体左上角，左移鼠标输入 1 700，空格画线。预瞄下墙体左下角，左移至绿虚线单击，再单击该点完成。

（2）使用【O】偏移命令，将外边线向右偏移 300 mm 两次，生成阶梯线。再将台阶上边线和下边线向内偏移 50 mm，生成扶手。

（3）使用【TR】修剪命令，清理扶手内多余线。

（4）使用【MI】镜像命令，镜像台阶至东侧（镜像轴：主入口轴线中点连线）。

（5）使用【M】移动命令，将东侧台阶水平向右移动 100 mm。

（6）使用【EX】延伸命令，延伸扶手至墙体。

（7）使用【L】直线命令，参照 IFC 模型绘制北侧坡道。使用【CO】复制命令，将绘制好的左侧坡道复制至对称位置，如图 2-48 所示。

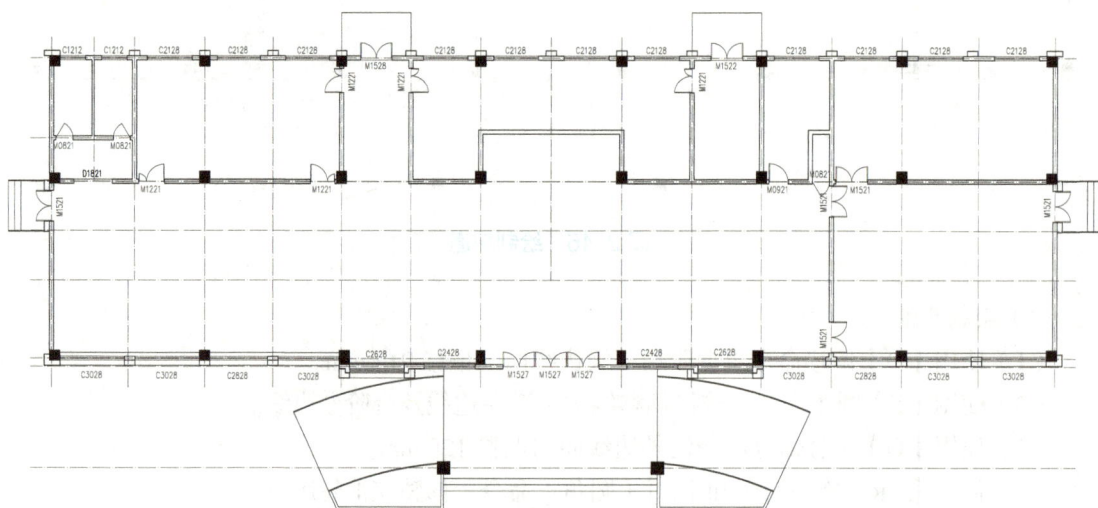

图 2-48　绘制建筑东西北三侧侧门的台阶

2. 绘制散水线

（1）使用【PL】多段线命令，顺次连接建筑外围墙体转角端点。

（2）使用【O】偏移命令，将多段线向外偏移 650 mm、900 mm。

（3）使用【X】分解命令，分解两条散水多段线。

（4）使用【F】圆角命令（模式：多个），连接西南角及东南角内外散水线。选中多余的线段，按 Delete 键进行删除。

（5）使用【TR】修剪命令，以坡道上边线为界，修剪主入口处散水线；同法处理其他三面台阶及坡道处散水线。

（6）使用【L】直线命令，连接散水线端点到对应墙体端点（封闭转角），如图 2-49 所示。

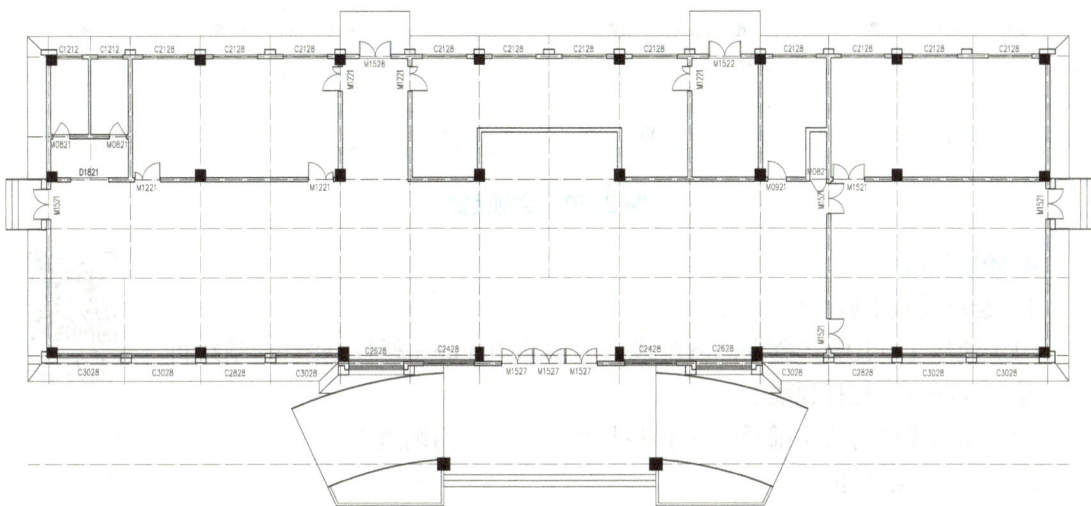

图 2-49　绘制散水线

3. 绘制楼梯

1）绘制左侧楼梯

输入"SPLT"执行双跑楼梯命令，在对话框中进行以下设置。

（1）参数：楼梯高度设为 4 200 mm，梯间宽设为 3 100 mm，梯段宽设为 1 475 mm，直平台宽设为 1 500 mm。

（2）样式：下剖断 。

（3）定位：捕捉左楼梯间左上柱角，水平向右延伸至右侧墙体放置。

（4）使用【M】移动命令将楼梯向上移动至墙体上，参见图 2-49。

2）绘制右侧楼梯

输入【SPLT】（双跑楼梯）命令，在对话框中进行以下设置。

（1）参数：楼梯高度设为 3 000 mm，梯间宽设为 3 100 mm，梯段宽设为 1 475 mm，直平台宽设为 1 500 mm。

（2）样式：下剖断 。

（3）定位：捕捉右楼梯间左下墙端点，延伸至左侧墙边线放置。

（4）使用【M】移动命令将楼梯向右移动至墙体上，如图 2-50 所示。

3）图层调整

使用【MA】格式刷命令将台阶、坡道、花池对象归入"楼梯"图层，如图2-50所示。

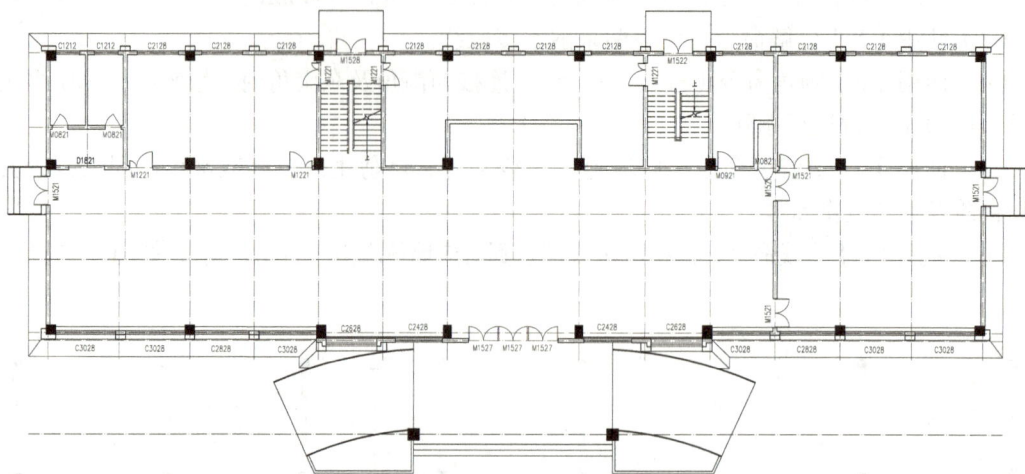

图2-50　绘制楼梯

4. 绘制栏杆

1）绘制建筑南侧栏杆

（1）使用【O】偏移命令，窗台线向上偏移40 mm（栏杆基线），基线再向上偏移50 mm（栏杆顶线）。

（2）使用【EX】延伸命令，延伸栏杆线至主入口两侧边界。

2）建筑北侧栏杆

（1）使用【L】直线命令，依次绘制北侧办公一、二、强弱电间房间的左右墙脚辅助线。

（2）使用【M】移动命令，将辅助线垂直下移140 mm。

（3）使用【O】偏移命令，将移动后的辅助线向下偏移50 mm（生成栏杆线）。

（4）使用【TR】修剪命令，以柱子为边界修剪穿柱栏杆线，如图2-51所示。

微课——
绘制栏杆

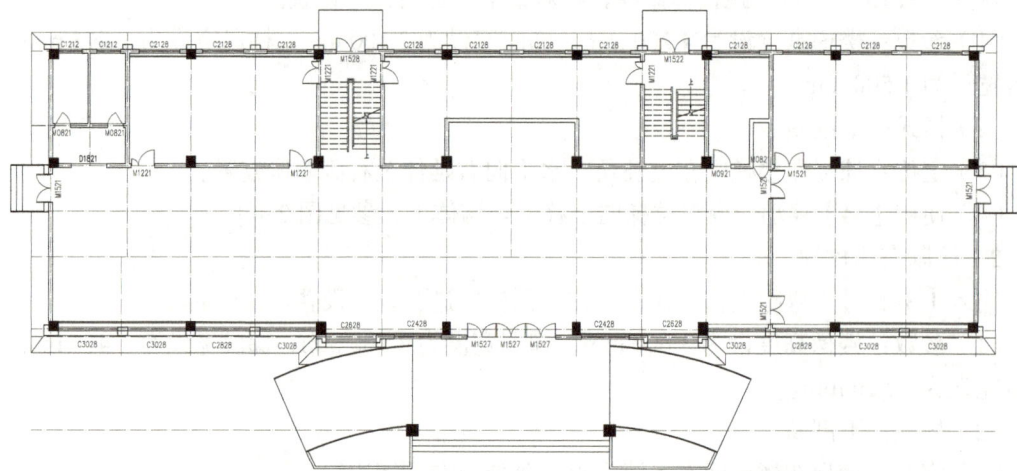

图2-51　绘制栏杆

2.4.5 绘制家具

1. 绘制卫生间家具

1）辅助线定位

（1）切换至"固定家具"图层。使用【L】直线命令，沿男卫北墙、西墙绘制辅助线。

（2）使用【O】偏移命令，将垂直辅助线向右偏移 887 mm，再向右偏移 25 mm；将水平辅助线向下偏移 1 575 mm，再向下偏移 25 mm；将左侧墙上辅助线向右偏移 362 mm，再将每次偏移后的辅助线依次向右偏移 500 mm、75 mm 和 500 mm。

2）修整辅助线

（1）使用【EX】延伸命令，将男卫中间横向辅助线左端和竖向辅助线上端延长至墙体上。

（2）使用【TR】修剪命令裁剪隔断门洞轮廓，删除多余线段。

（3）使用【F】圆角命令，优化门洞边角，删除墙体辅助线。

3）添加隔断门

（1）使用【CO】复制命令，将卫生间右侧单开门复制至左隔断门洞。

（2）选择单开门，拖动门左侧夹点调整宽度。

（3）双击隔断门，在【门窗参数】面板中删除"门窗编号"数据。

（4）使用【MI】镜像命令，以隔断上下边中点为镜像轴，镜像生成右门。

4）布置洁具

（1）输入"TKGL"执行图库管理命令，依次单击"通用图库"—"室内图库"—"室内综合图库"—"卫生间综合图块"—"蹲便器（平）"，选择第 5 个蹲便器，单击隔断内中间区域进行放置。

（2）使用【CO】复制命令，将男卫的蹲便器复制至女卫。

5）添加小便池与配件

（1）使用【TKGL】图库管理命令，在"图库管理"面板中单击"小便池（平）"后双击第一个蹲便器。在"图块参数"面板中取消勾选"统一比例"，将尺寸改为 450×300 mm，单击男卫内任意一处进行放置。

（2）使用【RO】旋转命令，将小便池旋转 270°。

（3）使用【M】移动命令，将小便池移动至男卫右下角，再向上移动 500 mm。

（4）使用【REC】矩形命令，绘制尺寸为 300×50 mm 的隔断。

（5）使用【M】移动命令，将隔断移动至小便池右上角，再向上移动 100 mm。

（6）使用【C】圆命令，绘制直径为 30 mm 的地漏。

（7）使用【H】填充命令，在【填充】面板中，选择"ANS131"图案，将"比例"改为 50，填充地漏。

6）布置洗漱台

（1）使用【TKGL】图库管理命令，在"图库管理"面板中选择"洗漱台（平）"中的第 5 个洗漱台。在"图块参数"面板取消勾选"统一比例"，将尺寸改为 1 900×550 mm。

（2）使用【M】移动命令，将洗漱台移动至对应位置，如图 2-52 所示。

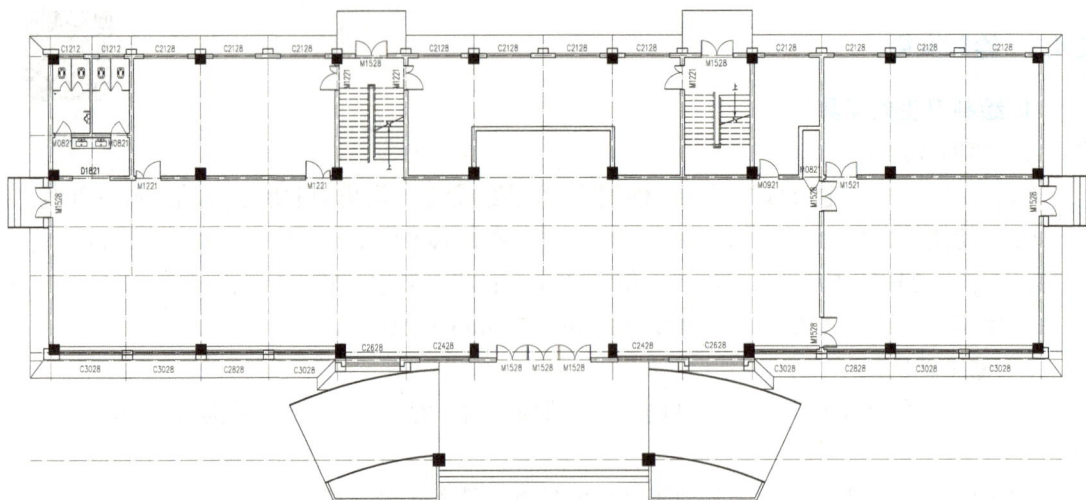

图 2-52　绘制卫生间家具

2. 绘制展厅前台家具

（1）使用【TKGL】（图库管理）命令，在"图库管理"面板中单击"洗漱台（平）"后双击第 5 个洗漱台，在"图块参数"面板中勾选"输入尺寸"，取消勾选"统一比例"后将长度和宽度改为 1 900 和 550 并进行放置，使用移动命令将洗漱台移动至对应位置。

（2）使用矩形命令绘制 6 100 × 500 mm 的台面并放置出来。

（3）使用移动命令将台面移动至前台处与两边柱子的下侧面平齐。

（4）使用【TKGL】（图库管理）命令，在"图库管理"面板中单击"家具综合图库"|"单人沙发（平）"，并双击第 7 个单人沙发，单击台面中点放置单人沙发并将单人沙发的图层改为活动家具图层。

（5）使用移动命令将沙发移动至台面收边线上后再向上移动 300。

（6）使用复制命令将沙发向左复制，复制距离为 1 300，并使用镜像命令绘制另一边的沙发，如图 2-53 所示。

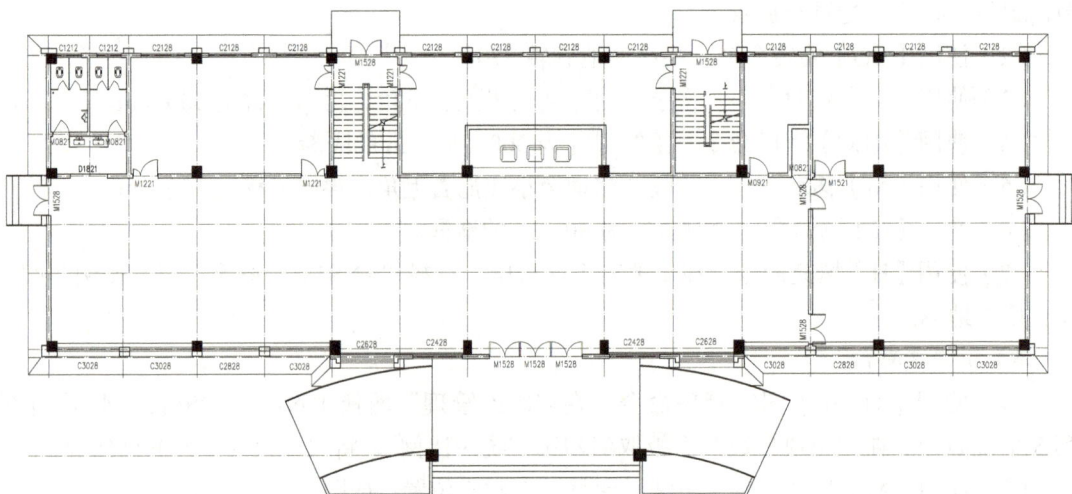

图 2-53　绘制展厅前台家具

3. 绘制厨房家具

1）辅助线定位

（1）使用【L】直线命令，在厨房上侧和右侧墙壁上绘制辅助线。

（2）使用【M】移动命令，将辅助线向内移动1 000 mm。

（3）使用【F】圆角命令，裁剪辅助线多余部分。

（4）使用【EX】延伸命令，将辅助线延伸至墙上。

2）绘制岛台

（1）使用【REC】矩形命令，绘制尺寸为4 000×1 200 mm的岛台。

（2）使用【M】移动命令将岛台移动至台面转角处，再将岛台向下移动1 295，向左移动1 000 mm。

（3）使用【L】直线命令，绘制岛台分割线。

3）添加洗漱池

（1）使用【TKGL】图库管理命令，在"图库管理"面板中选择"卫生间综合图块"-"洗漱台（平）"中的第15个洗漱台，取消勾选"统一比例"，将尺寸改为600×600 mm。

（2）使用【RO】旋转命令将洗漱池旋转180°。

（3）使用【M】移动命令将洗漱池移动至岛台右上角。

（4）使用【CO】复制命令，向左复制生成另一个洗漱台。

4. 调整家具外轮廓线图层

1）手动绘制家具轮廓线调整

将手动绘制的家具外轮廓线切换至"家具外轮廓线"图层。

2）图库家具修改

双击图块进入块编辑器，使用【2】过滤选择命令，在对话框中只勾选"颜色"选项，选择轮廓线，将其图层切换至"家具外轮廓线"图层，关闭块编辑器，并单击【保存】按钮。使用此方法调整其他的图库家具。

5. 绘制花池绿植

1）放置植被

（1）使用【TKGL】图库管理命令，在"图库管理"面板中选择"通用图库"—"建筑平面"—"环境景观"—"花草"中的第9个植被。在"图块参数"面板中，调整尺寸大小，随后单击花池内任意几处进行放置。

（2）按空格键重复图库管理命令，选择倒数第10个植被进行放置。

2）调整植被

（1）使用【SC】缩放命令，选择相应的植被，输入比例因子0.2进行缩放。

（2）单击植被蓝色夹点，移动至花池合适位置。

（3）使用【CO】复制命令，将植被均匀填充至花池区域。

（4）使用【MI】镜像命令，镜像生成对称花池内的植被，如图2-54所示。

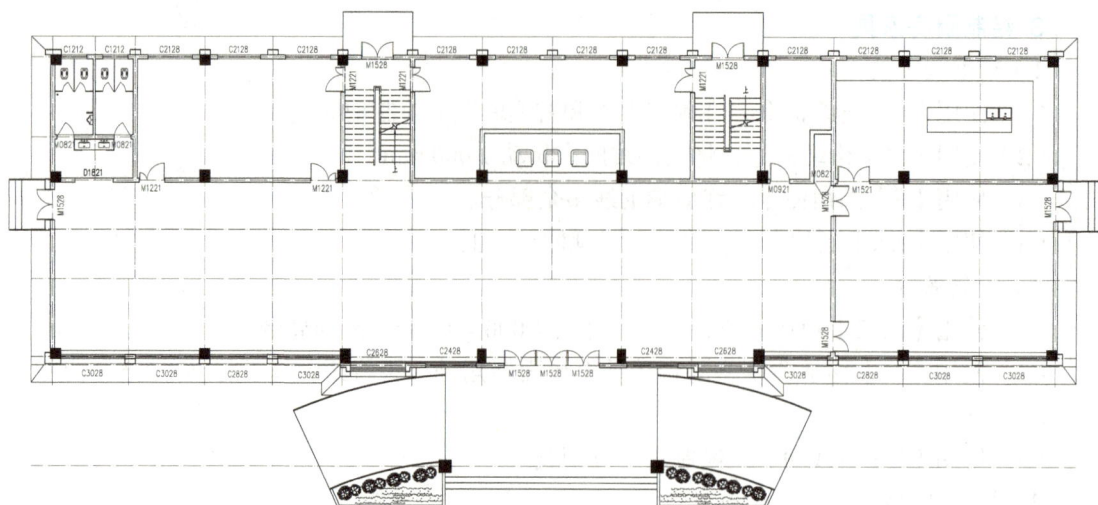

图 2-54　绘制花池绿植

2.5　任务评价

表 2-2　绘制建筑平面图—任务评价表

评价维度	分值	评价要点	评分标准	得分
1. 操作规范性	30	软件操作流程 • 图层管理规范性 • 命令使用熟练度 • 文件命名与保存规范	• 27～30分：完全符合CAD制图规范，图层分清晰，命令高效准确，文件管理严谨 • 24～26分：基本符合规范，存在1～2处操作瑕疵 • 18～23分：操作流程混乱，图层管理不当，命令使用错误≥3处 • 0～17分：严重违反操作规范，影响任务完成	
2. 技术参数正确性	40	轴网及轴网标注 • 轴网定位准确性 • 轴网标注完整性，建筑构件及家具 • 墙体柱子及其余构件准确性与完整性 • 家具准确性与完整性	• 36～40分：所有轴线及轴网标注、构造件及其参数完全准确，无遗漏 • 32～35分：大体构造构件及核心参数正确，局部构造构件及次要参数误差≤2处 • 24～31分：关键构造构件错误≥3处，构造构件表达不清晰 • 0～23分：参数严重失实，影响图纸可行性	
3. 平面图绘制质量	20	图纸完整性 • 轮廓线等级清晰 • 细部构造表达充分，美学与可读性 • 线型/线宽区分合理 • 图面整洁度	• 18～20分：图面层次分明，细节精准，符合制图美学标准 • 16～17分：主体表达完整，局部细节模糊或线型混乱 • 12～15分：轮廓缺失/错误，图面杂乱影响识图 • 0～11分：无法表达设计意图	

评价维度	分值	评价要点	评分标准	得分
4.职业素养	10	流程规范性 • 按任务书步骤操作 • 及时保存备份协作与责任 • 按时提交成果 • 接受修改意见	• 9～10分：严格遵循流程，主动备份，准时提交并积极优化 • 7～8分：流程基本合规，提交延迟≤1天 • 5～6分：多次未保存导致文件丢失，拒绝修改 • 0～4分：未按时提交或抄袭	
5.创新拓展	附加分≤10	技术优化 • 高效绘图技巧应用设计提升 • 合理创新构造细节 • 可持续设计融入	• +8～10分：创造性解决技术难点，显著提升图纸质量或设计合理性 • +5～7分：应用进阶技巧优化流程，细节体现创新思维 • +1～4分：尝试创新但效果有限 • 0分：无创新体现	
总分	100+10		注：创新拓展为额外附加分，总分可超过100分	

项目 3 绘制建筑一层平面图（二）

本项目通过将职业素养与工匠精神的思政元素系统化融入专业教学，着力培育学生"敬畏规范、追求卓越"的职业品格与文化传承的使命担当。在教学实践中，不仅注重操作技能的传授，更致力于培育学生文化传承的使命意识。

在案例 3-1 中，通过港珠澳大桥工程案例的剖析，展示工程师们凭借毫米级制图精度和标准化符号系统，实现这一超级工程的完美对接，生动诠释了"规矩成方圆"的工匠哲学，让学生深刻领悟到，唯有恪守标准、追求精益求精，方能铸就经得起时间检验的工程典范。在案例 3-2 中，以李冰修建都江堰的千年工程为典范，通过"石人水尺"测量技术实现鱼嘴分水堤等核心工程毫米级误差控制，凸显古代工匠"数据即责任"的职业伦理，引导学生以"毫厘必究"的工匠精神践行测绘规范，将"分水如治世"的系统思维融入现代建筑测绘实践。案例 3-3 将职业素养提升至文化传承的维度，通过隋朝李春在赵州桥石料上精确标注尺寸的经典案例，向学生展示"标注见匠心"的深刻内涵，建筑图纸不仅是施工依据，更是连接古今的文化载体，这种对精度的极致追求，正是中华营造智慧生生不息的基因密码，激励着当代工程人接续这份文化传承的使命。

本项目通过专业技术与思政教育的有机融合，深刻揭示了建筑施工图绘制的多维价值——在方寸图纸间，既要以严谨的职业素养守护工程品质，更要以执着的工匠精神赓续文明薪火。以制图标准为专业准绳，阐释图幅、图框等制图要素，这不仅是技术操作的基础，更是职业态度的具象体现，每一个规范符号都凝结着职业操守、每一处尺寸标注都承载着人文情怀，这正是新时代"工匠精神"最生动的诠释，也是培养德艺双馨工程人才的价值追求。

案例 3-1：毫米级精度铸就世纪工程——港珠澳大桥施工图的标准化设计与完美对接

港珠澳大桥作为全球最复杂的跨海集群工程，其成功关键在于施工图中毫米级精度的制图体系与标准化符号系统的协同应用。工程师采用 1:500 等高精度比例尺，将 55 km 长的三维曲线桥体分解为数万个预制构件单元，每个钢箱梁节段的对接缝允许误差仅 ±1 mm。通过 BIM 建模与 CAD 协同平台，所有构件均以统一坐标系定位，海底隧道沉管段的 33 节巨型混凝土管（每节重 8 万 t）在图纸中以 0.005 弧度角精度标注了水下对接参数。

标准化符号系统确保中港澳三地施工团队精准解读图纸：用 258 种行业符号规范标注了 197 个桥墩的斜度、68 万 ㎡ 钢结构的焊缝等级、7 km 海底隧道的防水节点。特别是穿越伶仃洋航道的斜拉桥段，主缆索股定位图采用 0.01° 的角度符号标注，使 270 根平行钢丝索的架设误差控制在 3 cm 内。这种精密制图技术最终实现桥-岛-隧三位一体结构的无缝衔接，其中 6.7 km 沉管隧道的水下对接精度达到 3 cm，创造世界跨海工程奇迹。

案例 3-2：以自然为师——战国都江堰的精准测量与生态治水之道

战国时期，蜀郡太守李冰主持修建都江堰，以精准的地形测量与巧妙的水利设计，造就了一座沿用 2 000 余年的伟大工程。面对岷江洪水肆虐与成都平原旱涝不均的难题，李冰采用"水则"（水位标尺）测量地势高差，确定"深淘滩，低作堰"的治水原则。其核心工程"鱼嘴分水堤"利用江心天然沙洲，以竹笼卵石构筑分水尖嘴，将岷江一分为二：外江泄洪排沙，内江引水灌溉。通过精确控制分流比例（旱季六四分水、汛期四六分流），既避免涝灾，又保障灌溉。

为稳定水流，李冰在宝瓶口凿穿玉垒山，利用坚硬的砾岩山体约束内江水量，并设计"飞沙堰"二次分洪排沙，使泥沙通过涡流自然外排。这一系列基于地形高差与流体动力学的设计，使成都平原成为"水旱从人"的天府之国。至今，都江堰仍灌溉超千万亩良田，其"乘势利导、因时制宜"的智慧，堪称世界水利工程的永恒典范。

案例 3-3：毫厘千载——从石刻标记看赵州桥的永恒建筑密码

隋朝匠师李春在建造赵州桥时，以一套严密的石料标记体系突破了当时桥梁工程的极限。他在每块重达吨余的石灰岩构件上刻凿深度 0.5 cm 的尺寸编号，如"左三列第二拱石"等阴文标记，配合榫卯误差不超过 3 mm 的 28 道纵向拱肋。桥体采用"纵向并列砌筑"工艺，通过石刻数据确保 1 200 余块拱石拼装时压力均匀分布，使 37 m 跨度的主拱在 1 400 年荷载后仍保持 0.02 弧度的完美曲率。

桥面两侧的 44 块栏板更暗藏测量基准，每块均以"寸、分"为单位标注加工余量，使镂空浮雕与承重结构精准契合。这种将工程数据直接镌刻于建材的做法，令桥体在历代洪灾冲击下始终维持 72% 原始构件完好率。2019 年，通过激光扫描显示，全桥关键节点仍符合最初设计的 1:5 矢跨比，李春的石刻数字系统成为中国古代最持久的"建造备忘录"，诠释了"数据即永恒"的工程哲学。

3.1 任 务 工 单

3.1.1 任务描述

在已完成的"梓智·未来坊综合楼平面图一"模型空间图纸基础上，需进一步将图纸转化为符合设计院出图标准的生产级施工图（见图 3-1）。最终成果需满足以下要求。

（1）布局空间构建：创建 A1 幅面图框，按 1：80 比例布置主平面图视口。

（2）标注系统深化：添加第三道尺寸链，标注房间名称、面积及使用功能，并绘制关联详图的索引符号。

（3）打印输出优化：配置 DWG to PDF.pc3 虚拟打印机，应用 Monochrome.ctb 打印样式表输出 PDF 文件。

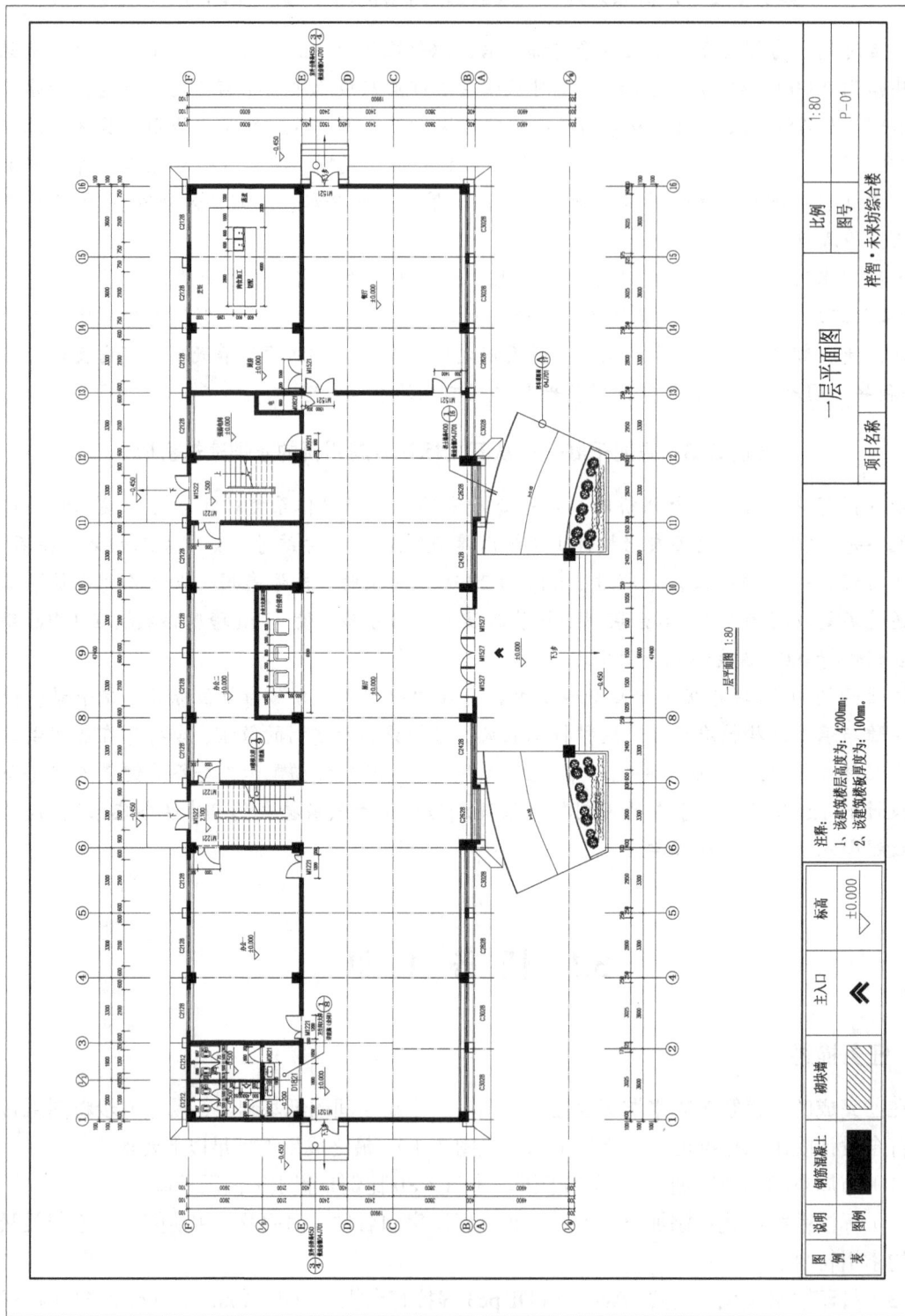

图 3-1 梓智·未来坊综合楼轴网及轴网标注图

3.1.2 任务目标

1. 知识目标

（1）理解布局空间（Layout）与模型空间（Model）的逻辑关系。

（2）掌握《房屋建筑制图统一标准》（GB/T 50001—2017）对索引符号、文字高度的规定。

（3）熟悉 CAD 打印参数（图纸尺寸 / 比例 / 线宽映射）的技术原理。

2. 技能目标

（1）熟练创建多比例视口并锁定显示范围。

（2）准确绘制详图索引符号。

（3）配置打印样式实现线宽分级控制。

3. 应用目标

（1）完成符合甲级设计院出图标准的施工图。

（2）确保索引符号与详图 100% 对应。

（3）建立企业级 CAD 出图工作流（模型—布局—PDF）。

3.2　知　识　准　备

3.2.1 CAD 基础命令

微课——
拉伸命令

1. 拉伸

1）功能

拉伸（Stretch）命令用于拉伸或压缩指定对象，使其长度和形状发生变化。

2）操作步骤

（1）在【修改】工具栏单击【拉伸】按钮；或者在命令行输入：Stretch 或 S，并按空格键确定。

（2）此时命令行提示：

【选择对象：】，以交叉窗口或交叉多边形的方式选择需要拉伸的图形对象，选择完毕后按空格键退出。

（3）此时命令行提示：

【指定基点或［位移（D）］＜位移＞：】，用户输入基点。

（4）此时命令行提示：

【指定第二个点或＜使用第一个点作为位移＞：】，用户输入第二个点后，对象将沿着基点与第二个点的方向拉伸。如果在该提示下沿某一方向拉伸任意距离，并输入指定数值，对象将沿该方向拉伸该指定数值的长度，如图 3-2 所示。

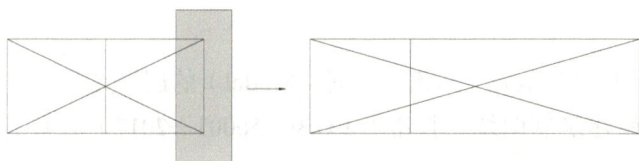

图 3-2　拉伸对象

2. 快速引线

1）功能

快速引线（Qleader）命令用于引线操作。

2）操作步骤

（1）启动关闭对象图层命令的方法：

在【标注】工具栏中单击【快速引线】，或者在命令行输入：Qleader 或 LE。

（2）此时命令行提示：

【选择第一个引线点或［设置（S）］＜设置＞：】，单击【设置（S）】会退出"引线设置"对话框，如图 3-3 所示。

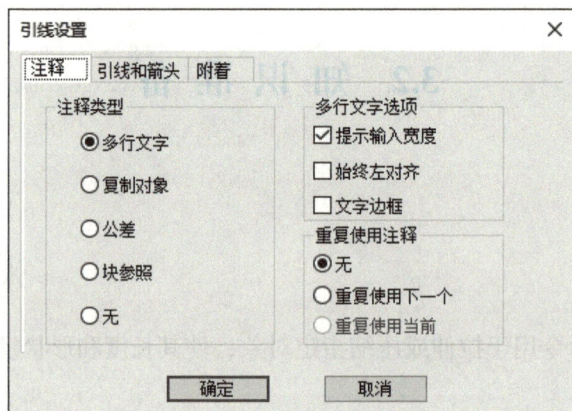

图 3-3　"引线设置"对话框

在"引线设置"对话框中设置好参数后在绘图区单击引线第一点绘制的位置，确定引线起点。

（3）此时命令行提示：

【指定下一点：】，在绘图区单击引线第二点绘制的位置，确定引线转折点。

（4）此时命令行提示：

【指定下一点：】，在绘图区单击引线第三点绘制的位置，确定引线终点。

（4）此时命令行提示：

【指定文字宽度＜0.0＞：】，输入文字宽度后按空格键。

（5）此时命令行提示：

【输入注释文字的第一行：】，输入注释内容后按空格键，可进行下一行文字的输入，如果注释内容输入完成双击空格键即可退出命令。

3. 打开图层

1）功能

打开图层（DKTC）命令就是将隐藏的图层显现出来，可以进行选择性的操作。

2）操作步骤

（1）启动打开图层命令的方法。

①菜单命令：【扩展工具】|【图层工具】|【打开所有图层】。

②在命令行输入：DKTC，并按空格键确定。

（2）此时会弹出"打开图层"对话框（见图3-4），勾选需要的图层或者勾选全部图层，单击【确定】按钮完成命令。

微课——
打开图层命令

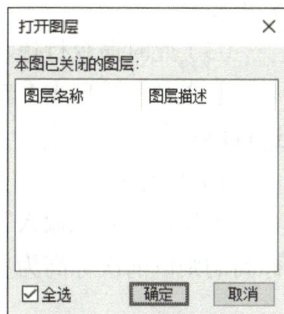

图 3-4 打开图层

4. 快速插块

1）功能

快速插块（KSCK）命令提供比【图库管理】命令更加便捷的插入图块的方式，采用了浮动对，可在多种图块来回切换操作的同时即换即插（见图3-5与图3-6）。

微课——
快速插块命令

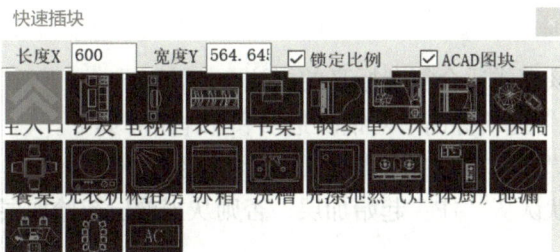

图 3-5 "快速插块"对话框

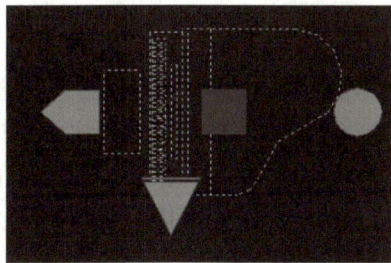

图 3-6 浮动的对话框模式

2）操作步骤

（1）启动打开图层命令的方法：

屏幕菜单命令：【图块图案】|【快速插块】，或者在命令行输入：KSCK，并按空格键确定。

（2）此时会弹出"快速插块"对话框，选择需要的图块并设置参数。

（3）此时命令行提示：

【点取插入位置［转90（A）/左右（S）/上下（D）/转角（R）/基点（T）］<退出>：】，单击需要放置的位置进行放置。

微课——
标高标注命令

5. 标高标注

1）功能

标高标注（BGBZ）命令用于在建筑图中标出一系列给定点的标高符号，包括平面标高符和立面标高符号，支持自动标注和人工输入多层标高。

2）操作步骤

（1）启动打开图层命令的方法：

屏幕菜单命令：【图块图案】|【快速插块】，或者在命令行输入：BGBZ，并按空格键

确定。

（2）此时会弹出"标高标注"对话框，在左侧选择需要使用的标高标准类型，右侧修改具体参数。

（3）此时命令行提示：

【请点取标高或［新建基准（N）/选择基准（S）］＜退出＞：】，单击需要放置的位置进行放置。

3）自动标注

不勾选"手工输入"为自动标注模式。首次进行自动标注时以原点为参考点，图中已有标高的则以前次标高为参考点，系统自动计算当前标注点的 Y 为标高值，如图 3-7 所示。

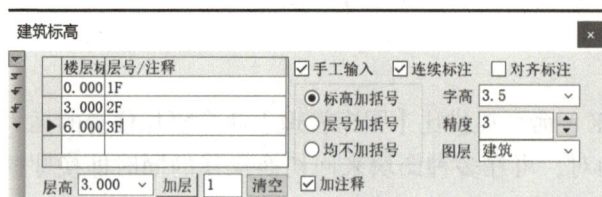

图 3-7 "建筑标高"对话框——人工输入

4）人工输入

勾选"手工输入"为人工输入模式，该模式适合复杂标高的标注。

当使用人工输入模式标注多层标高时，"建筑标高"对话框选项和操作解释如下。

（1）在"层高"栏中设置层高值，在"加层"栏中输入一次加入的层数。

（2）如果标高表内为空白内容，系统默认从"1F"起始加层，否则从当前层起始加层。

6. 逐点标注

1）功能

逐点标注（ZDBZ）命令是一个通用的灵活标注工具，对选取的一串给定点沿指定方向和选定的位置标注尺寸。该命令适用于需要取点定位标注的情况，以及其他标注命令难以完成的尺寸标注。逐点标注如图 3-8 所示。

微课——
逐点标注命令

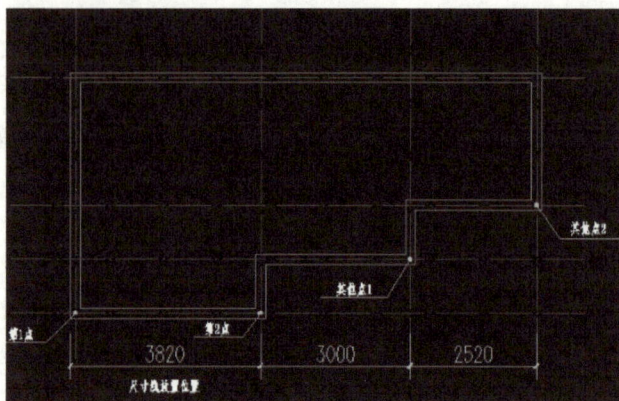

图 3-8 逐点标注

2）操作步骤

（1）启动打开图层命令的方法：

屏幕菜单命令：【尺寸标注】|【逐点标注】，或者在命令行输入"ZDBZ"，并按空格键确定。

（2）此时会弹出"逐点标注"对话框：根据需求设置具体参数。

（3）此时命令行提示：

【起点［切换样式（Q）］＜退出＞：】，单击需要标注的对象上的一点作为起点。

（4）此时命令行提示：

【第二点［切换样式（Q）］＜退出＞：】，单击需要标注的对象上的第二点作为终点。

（5）此时命令行提示：

【请点取尺寸线位置或［更正尺寸方向（D）］〈退出〉：】，此时动态拖动尺寸线，选取尺寸线就位点，或者键入"D"通过选取一条线或墙来确定尺寸线方向。

移动鼠标并单击固定尺寸线位置。

（6）此时命令行提示：

【请输入其他标注点或［撤销上→标注点（U）］〈结束〉：】，单击需要标注的对象添加尺寸点。

7. 箭头引注

1）功能

箭头引注（JTYZ）命令用于在图中以国家现行标准规定的样式标出箭头文字符号。执行该命令后弹出"箭头文字"对话框，如图3-9所示。

微课——
箭头引注命令

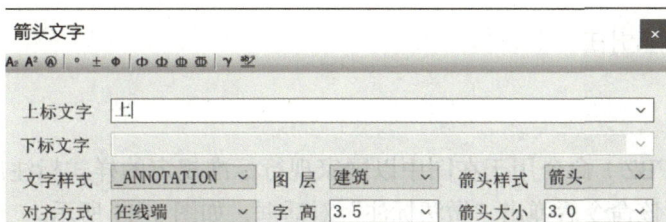

图3-9 "箭头文字"对话框

【箭头文字】对话框选项和操作解释如下。

（1）"上标文字""下标文字"是指箭头文字符号中的说明文字内容，特殊符号可选取对话框上方的图标输入。

（2）"字高"是指说明文字打印输出的实际高度。

（3）"箭头样式"是指采用何种箭头样式。

（4）"箭头大小"是指箭头的打印输出尺寸。

箭头文字符号由箭头、连线和说明文字组成，标注样式如图3-10所示。

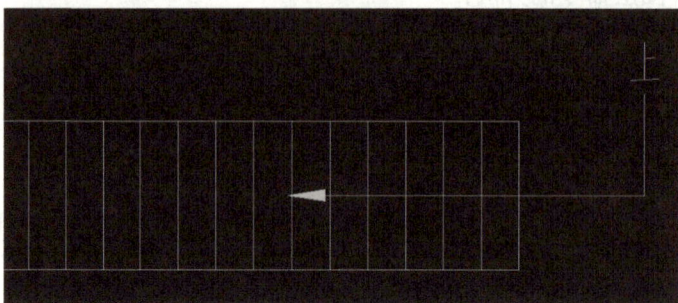

图 3-10　箭头引注

2）操作步骤

（1）启动打开图层命令的方法：

屏幕菜单命令：【文表符号】|【箭头文字】，或者在命令行输入：JTYZ，并按空格键确认。

（2）此时会弹出"箭头文字"对话框，根据需求设置具体参数。

（3）此时命令行提示：

【起点［图取文字（X）］＜退出＞：】，单击需要引注的对象上的一点作为起点。

（4）此时命令行提示：

【下一点或［弧段（A）］＜退出＞：】，移动鼠标单击固定并调整尺寸线位置和长度。

（5）此时命令行提示：

【下一点或［弧段（A）/回退（U）］＜退出＞：】，移动鼠标单击固定并调整尺寸线位置和长度。

双击空格键完成引注。

8. 做法标注

1）功能

做法标注（ZFBZ）命令用于在图中以国家现行标准规定的样式标注出做法标注符号。执行该命令后弹出"做法标注"对话框，如图 3-11 所示。

微课——
做法标注命令

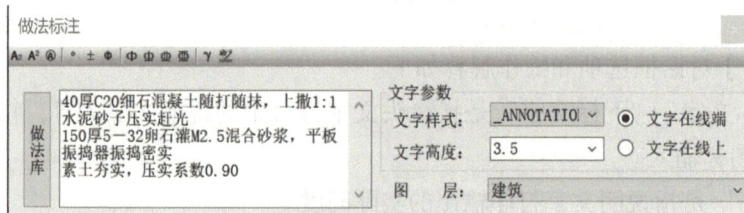

图 3-11　做法标注

2）操作步骤

（1）启动打开图层命令的方法：

屏幕菜单命令：【文表符号】|【做法标注】，或者在命令行输入"ZFBZ"，并按空格键

确认。

（2）此时会弹出"做法标注"对话框，根据需求设置具体参数。

（3）此时命令行提示：

【请给出标注第一点＜退出＞：】，单击需要引注的对象上的一点作为起点。

（4）此时命令行提示：

【请给出标注第二点＜退出＞：】，移动鼠标并单击固定引注线位置。

（5）此时命令行提示：

【请给出文字线方向和长度＜退出＞：】，移动鼠标并单击调整固定文字线方向和长度。

【做法标注】对话框选项和操作解释如下。

（1）输入框内按行输入做法说明文字，特殊符号可选取对话框上方的图标输入，也可进入【做法库】提取系统给定的做法。

（2）【做法库】为开放管理，用户可自行维护。

9. 打印设置（Ctrl+P）

在打印输出图形之前，最好先对打印页面进行设置（当然也可单击【打印】按钮设置各种参数），操作方法是选择【文件】|【打印（P）】菜单选项，打开"打印设置"对话框，下面以虚拟打印为例，"打印设置"对话框的参数设置如图3-12所示。

微课——
打印设置

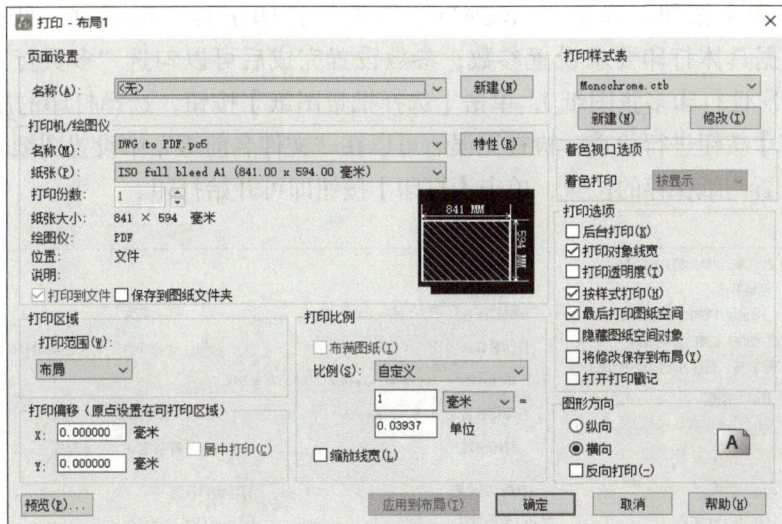

图 3-12　"打印设置"对话框

其他参数设置完成后，在"打印样式表"内选择"Monochr.ctb"后单击【修改】按钮，弹出"打印样式编辑器"对话框，如图3-13所示，将"8"号色的淡显改为60，"45"和"200"号色的淡显改为70，"250-255"号色的淡显改为50，调整淡显是为了使施工图画面层次分明。

所有参数设置好后单击【应用到布局】按钮后再单击【取消】按钮，退出"打印设置"对话框。

图 3-13 "打印样式编辑器"对话框

10. ZWCAD 智能批量打印工具

页面设置完成以后就可以开始打印图纸了，单击工具栏上的【文件】|
【智能批量打印】按钮，弹出"ZWCAD 智能批量打印工具"对话框（见
图 3-14）。根据具体打印要求设置参数，参数设置完成后可以勾选"多页打
印"（需要一次性打印多张图纸），单击【选择批量图纸】按钮，选择打印的施工图按空格
键单击【预览】按钮进行检查，检查无误后可以在"文件名前缀"中设置图纸名称，在"保
存位置"中设置图纸保存的位置，单击【打印】按钮即可开始打印。

微课——
ZWCAD 智能批量
打印工具

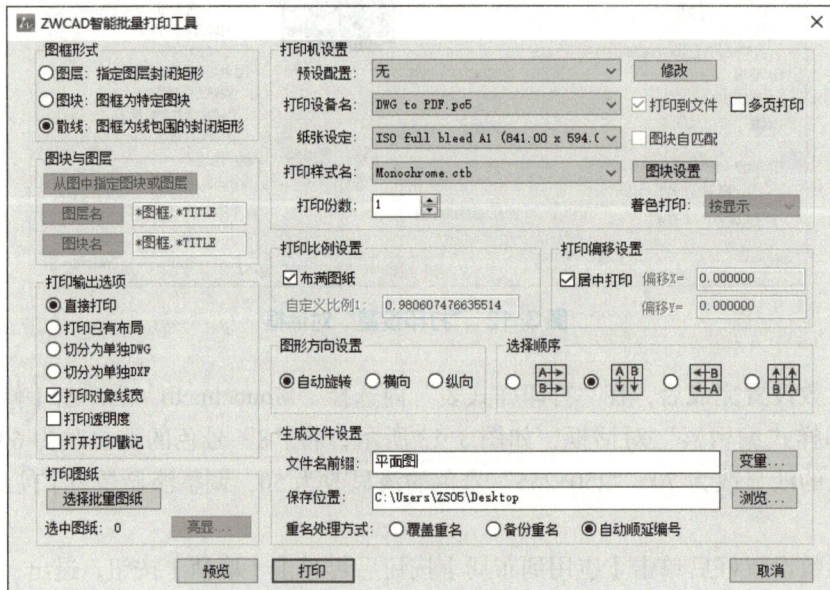

图 3-14 "ZWCAD 智能批量打印工具"对话框

11. 布局

1）定义

布局视口的主要功能是用于显示模型空间的视图对象。在每个布局页面中，用户可以创建一个或多个布局视口，并根据需要，以任意比例显示或缩放模型空间中的对象。

2）布局的优势

布局功能的出现主要解决了以下 3 个比较核心的问题。

（1）任意比例视口查看编辑物体。模型空间中绘制的图形默认比例为 1∶1，在没有布局的情况下，如果需要放大某个部分，通常的做法是将该部分复制出来，并对其进行比例调整。这种方法不仅烦琐，而且在图纸需要修改时会导致工作量成倍增长。通过在布局中创建不同比例的视口，可以轻松地放大或缩小物体，实现不同大小比例的展示，这是布局的一项核心功能。

（2）图层管理的改进。在模型空间中，由于图层管理的不完善，不同专业的设计师往往通过复制底图进行绘制，这导致了图层概念的模糊使用。一旦底图发生变更，所有基于该底图的图纸都需要进行相应修改，工作量巨大且错误率上升。而布局功能通过整合所有视图和标注，实现了图层管理的集中化，大大简化了图层维护的难度（见图 3-15）。

图 3-15　中望建筑 CAD 2023 模型窗口和布局窗口

（3）布局显著提升了图纸的表达和输出效率：所有关于造型的标注和符号都被集中放置在布局中，这使得读图更为便捷。此外，相比直接从模型内部输出图纸，使用布局进行输出更为简便高效。虽然在模型中也可以按比例输出图纸，但操作过程较为复杂，且比例换算和图框内容的缩放容易出错。相比之下，在布局中按 1∶1 的比例输出图纸，极大程度地提高了输出的准确性和速度。

3）布局的使用步骤

（1）单击操作界面中的"布局 1"（见图 3-16），复制一个所需的绘图图框。

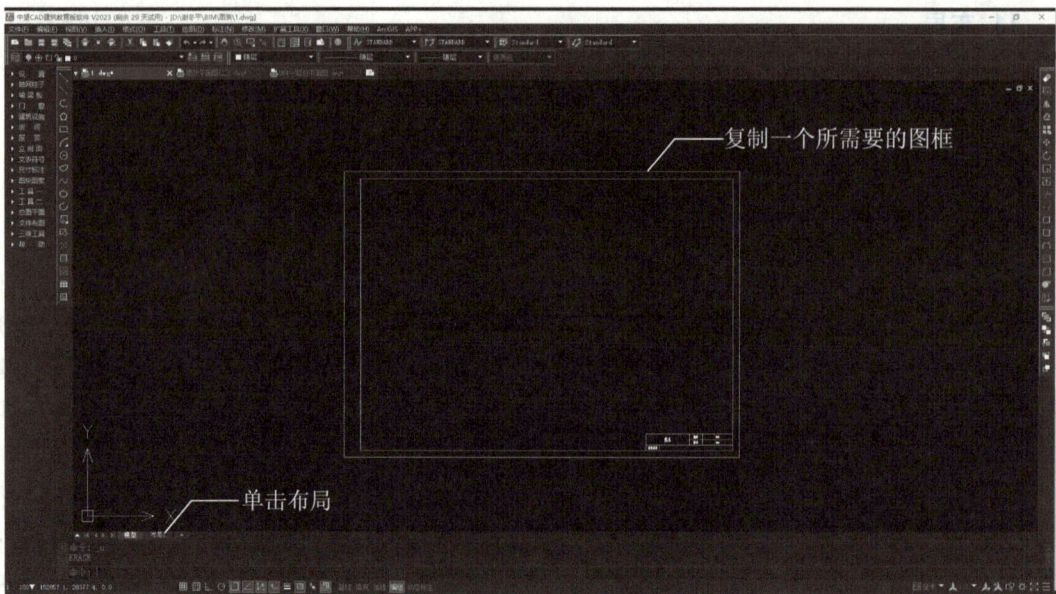

图 3-16　中望建筑 CAD 2023 布局界面

（2）使用【MV】命令来创建视口。这样一来，模型空间中绘制的所有物体都将显示在该视口中。值得注意的是，创建的视口是可以进行选择、移动或复制操作的，如图 3-17所示。

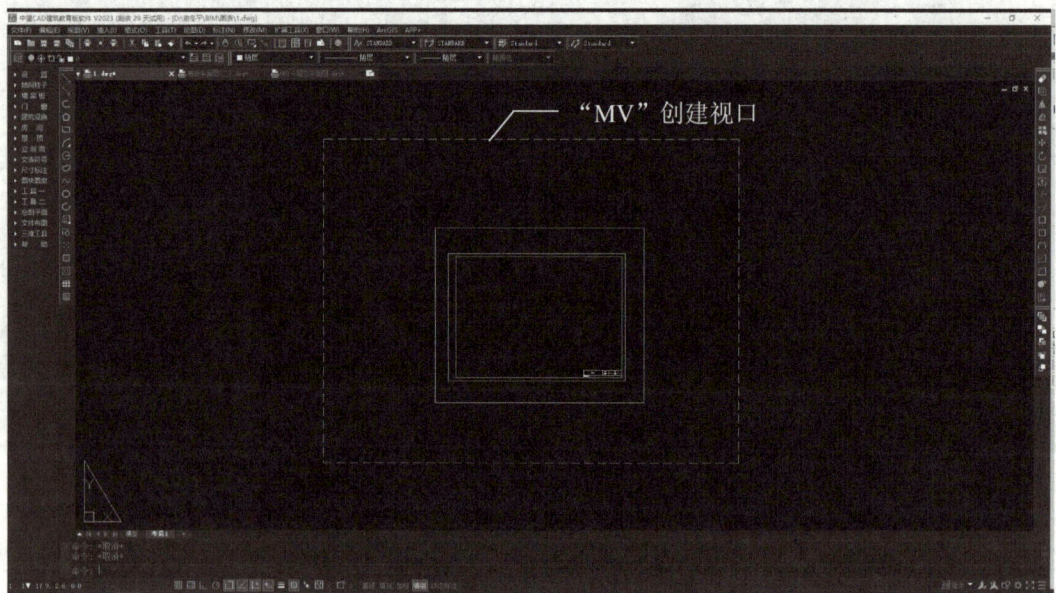

图 3-17　创建视口

（3）双击进入视口内，单击左下角。请注意，在此过程中不要滚动鼠标，因为这可能会导致图纸比例发生改变。最后，双击视口外部的任意空白区域，视口创建即完成，如图 3-18 所示。

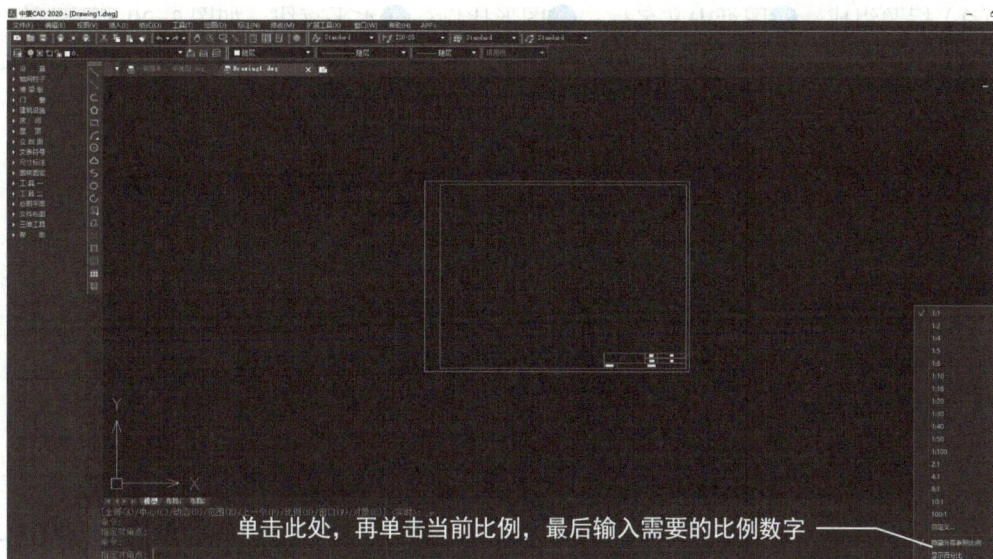

图3-18 视口创建完成

（4）双击视口进入模型空间后，单击右下角"小锁"图标，参见图1-37，以锁定视口。此时再次双击进入视口，比例将保持不会。如果需要调整比例，可以解锁"小锁"图标，然后进行比例设置，如图3-19所示。

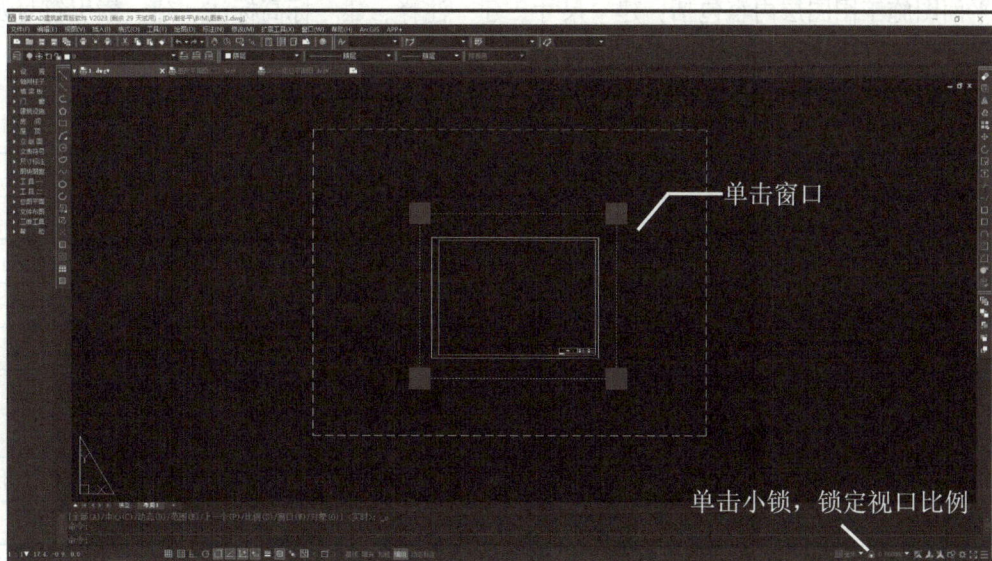

图3-19 布局比例设置

3.2.2 华艺设计院平面图制图标准

1. 平面图标题

（1）作用：依据图纸名称，可识别图纸的类型及所展示的图形内容；根据比例数值，可确定当前图形在相应图幅中的缩放比例。

（2）标题组成：①图纸中文名称；②图形比例；③水平直线，如图 3-20 所示。

$$\text{① 一层平面图 } 1:80 \text{ ②}$$

③

①图纸中文名称：用来表示当前图纸类型及图形名称。

A0～A1 图幅字体，仿宋；字高，7。A2～A3 图幅字体，仿宋；字高，5。

②图形比例：用来表示当前图形在相应的图幅中的图形比例。

A0～A1 图幅字体，仿宋；字高，4。A2～A3 图幅字体，仿宋；字高，3。

图 3-20　标题示意

2. 平面比例设置

表 3-1 为图纸绘制不同阶段的比例设置。

表 3-1　图纸绘制不同阶段的比例设置

平面图纸绘制不同阶段		比例设置
平面图	总平面图	1：100，1：150，1：200，1：500
	区域平面图、小型建筑平面图	1：30，1：40，1：50，1：60，1：75

注：实际绘图时比例的设置不可生搬硬套，需要根据实际对象简繁变化而定。

3. 平面图施工图图层的设定

平面图施工图图层内容包括：建—尺寸、建—注释、建—标高标注、建—索引符号及索引图名等（详见表 3-2 图层设定说明表）。

表 3-2　图层设定说明表

类别	图层名称	色号	线型	线宽	说明
平面图信息类	填充	8	Solid line	0.05	图例填充
	公—图框	4	Solid line	1.00	图框、图例
	建—尺寸	3	Solid line	0.09	尺寸标注
	建—注释	3	Solid line	0.09	引线注释说明
	建—标高标注	3	Solid line	0.09	标高标注
	建—索引符号及索引图名	3	Solid line	0.09	索引与图名
	0	7	Solid line	0.05	除特定图层外的其他线、图形
	Defpoints	7	Solid line	0.05	不可打印图层

3.3　任　务　分　析

3.3.1　整体任务概述

建筑平面图排版标注是对绘制的平面施工图进行深化加工的核心环节，需按"布局排版—文字说明及标注索引—打印出图"流程完成。

3.3.2 任务流程与具体要求

1. 布局排版

（1）调整视口：调整视口比例使施工图大小合理。

（2）完善图名标注、标题栏及图例表：根据项目要求填写正确的标题栏、图例表及图名标注内容。

（3）调整比例及轴网标注：根据比例调整绘图比例及轴网标注的尺寸线。

2. 文字说明及标注索引

（1）文字说明：根据提供的《梓智·未来坊综合楼平面图》PDF 准确绘制房间名称等文字说明。

（2）绘制主入口指示符号与标高标注：根据提供的《梓智·未来坊综合楼平面图》PDF 准确绘制主入口指示符号与标高标注。

（3）绘制尺寸标注：根据提供的《梓智·未来坊综合楼平面图》PDF 准确绘制门窗洞口及家具的尺寸标注。

（4）绘制台阶及坡道的指示符号：根据提供的《梓智·未来坊综合楼平面图》PDF 准确绘制台阶及坡道的指示符号。

（5）绘制前台背景墙标注：根据提供的《梓智·未来坊综合楼平面图》PDF 准确绘制前台背景墙标注。

（6）绘制打样索引符号：根据提供的《梓智·未来坊综合楼平面图》PDF 准确绘制卫生间大样标注、楼梯大样标注、建筑左右两侧侧门索引标注及建筑南侧右坡道索引标注。

3. 打印出图

（1）调整施工图及设置图层：调整墙体及门窗洞口比例，调整图层线宽。

（2）设置打印参数并出图：设置正确的打印参数并进行预览基础和出图。

3.4　任务实施

3.4.1 布局排版

1. 调整视口

1）图层控制

（1）输入【DKTC】执行打开图层命令，将轴网标注尺寸线显示出来。

（2）输入【ZHYX】轴号隐现命令，选择"隐藏轴号（D）"，框选灰色的轴号使其可见。

2）图框与视口

（1）进入布局空间，放置 A1 图框，移动视口至图框中心。

（2）选中视口边框，设置视口比例。单击【视口比例】，选择"自定义"，在"编辑比例列表"参数面板中，添加比例 1∶80。

（3）双击视口内部，双击鼠标中键居中图纸，双击视口外部，退出视口。

（4）调整视口大小（拖动夹点）及位置。

（5）将视口锁定，防止在后续操作中，误修改视口内容和比例。

微课——布局排版

（6）单击视口边框，将视口边框图层切换至"Defpoints"图层（默认的不可打印图层），如图 3-21 所示。

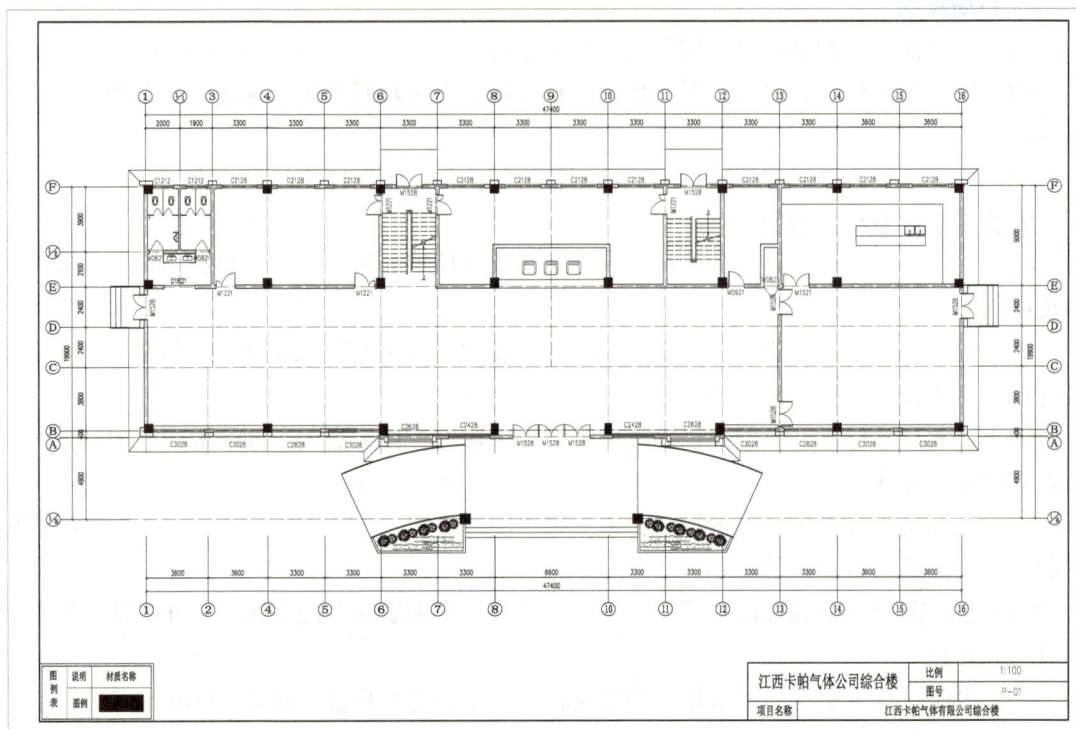

图 3-21　调整视口

2. 完善图名与图例

1）修改标题栏

（1）在图框右下角的标题栏中将"图名"修改为"梓智·未来坊一层平面图"。

（2）将"项目名称"修改为"梓智·未来坊综合楼"。

（3）将"比例"修改为 1∶80。

2）修改图名标注

双击图名标注，打开对话框，输入"一层平面"，比例修改为 1∶80。

3）修改图例栏

（1）使用【CO】复制命令，将"材质名称"的图例框向右复制 3 个。

（2）将 4 个"材质名称"图例说明分别修改为：钢筋混凝土、砌块墙、主入口、标高标注。

（3）使用【M】移动命令调整文字的位置。

（4）补充注释：该建筑楼层高度为 4 200 mm；该建筑楼板厚度为 100 mm。

（5）删除"主入口"和"标高标注"的填充图例。将"砌块墙"的填充样式修改为"ANSI31"，比例为 1∶10。

（6）使用【KSCK】快速插块命令，选择主入口图块，将长度改为 6，放置对应图例框。

（7）使用【BGBZ】标高标注命令，放置对应图例框，将标高数值改为 ±0.000，如图 3-22 所示。

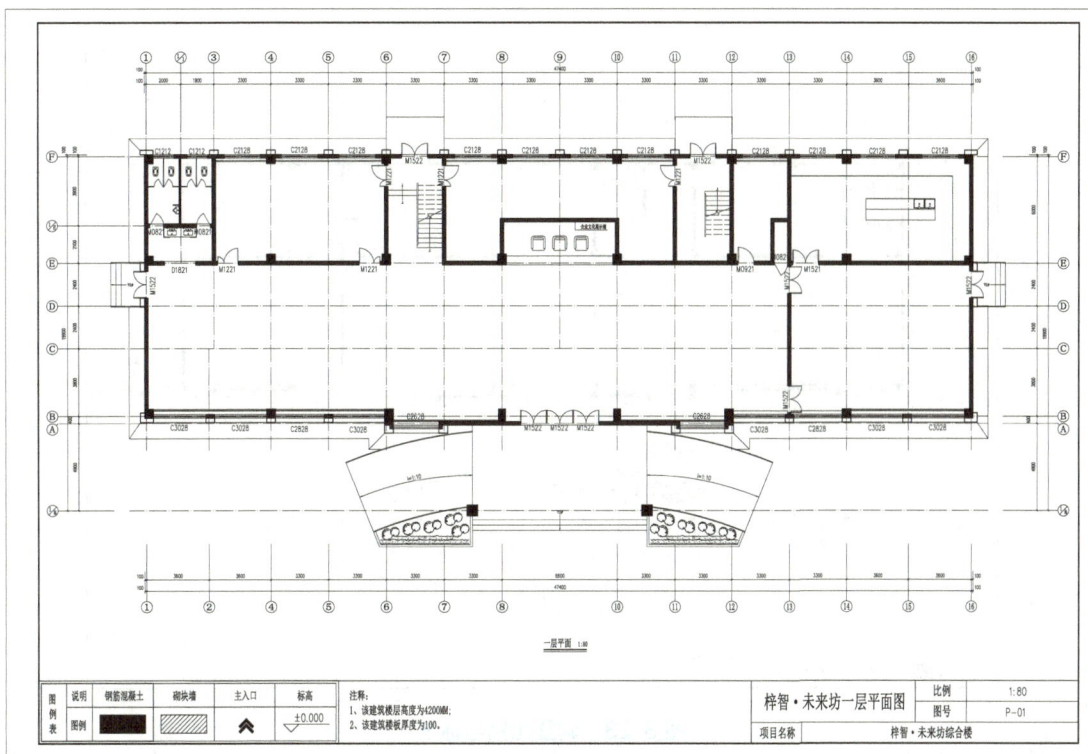

图 3-22　完善图名与图例

3. 调整比例与标注

1）全局比例设置

（1）进入模型空间，使用【2】过滤选择命令全选轴网标注及轴号，在特性栏中修改出图比例为 1∶80。

（2）将"当前比例"修改为 1∶80。

2）绘制第三道尺寸线

使用【CO】复制命令，选中上开间第二道轴网标注尺寸线，向下复制生成第三道尺寸标注线。重复此操作，绘制出其余 3 个方向的第三道轴网标注尺寸线。

3）调整轴网标注

（1）使用【XL】构造线命令，在东、西、北三侧门台阶及花池的外边线上绘制辅助线。

（2）使用【O】偏移命令，将辅助线向外偏移 1 200（比例 80×15 的数值）。

（3）使用【S】拉伸命令，选取上开间轴网标注整体（含尺寸线及轴号），指定最内侧第三道尺寸线为拉伸基点，拖拽至预绘制的偏移辅助线位置完成对齐。保持相同操作逻辑，依次调整左／右／下三向轴网标注，最后删除全部辅助线以清理图纸。

（4）选择上开间轴网标注最内侧第三道尺寸线，对门窗及柱子进行尺寸标注；选择第二道及第三道尺寸线并对两侧最外侧的柱子进行标注，保持相同操作逻辑，完善其余 3 个方向的轴网标注的尺寸线。

4）布局检查

进入布局中，检查视口内的轴网标注是否被视口边框剖切及施工图是否在图框中央，如果轴网标注被视口边框剖切或施工图不在图框中央，则进行调整，如图 3-23 所示。

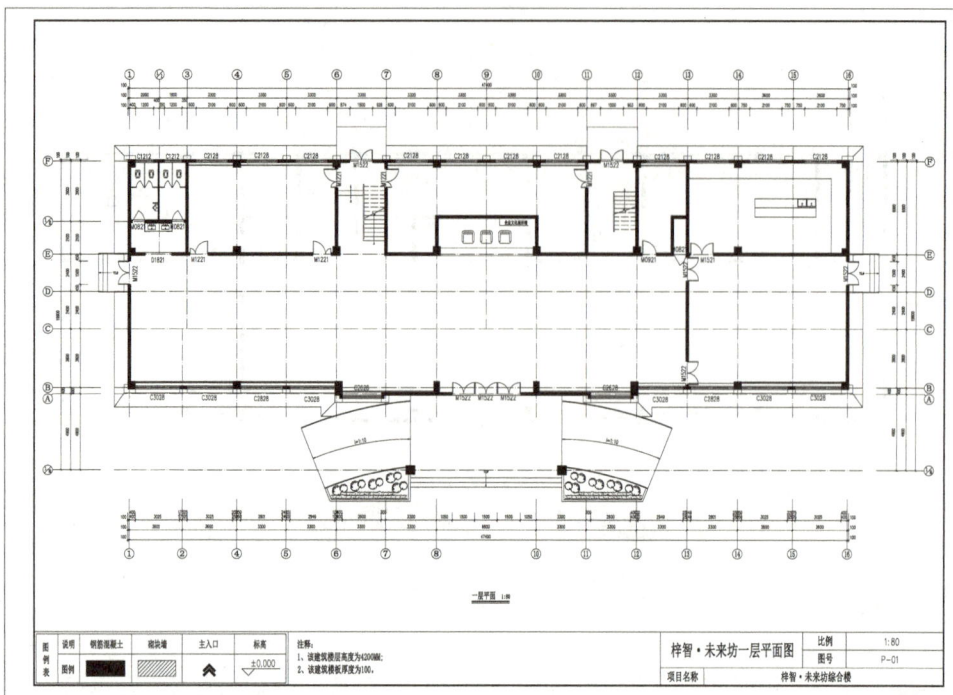

图 3-23 调整比例与标注

3.4.2 文字说明及标注索引

微课——
文字说明及标注索引

1. 尺寸与符号标注

1）房间标注

切换至布局空间，使用【CO】复制命令，复制图例文字至各房间，修改名称（如办公室一、展厅等）。

2）绘制标高与主入口标记

（1）使用【CO】复制命令，将图例栏中的标高符号复制至对应位置，并根据 PDF 图纸对标高标注的数据进行修改。

（2）使用【CO】复制命令，将图例栏中的主入口图例复制至门厅位置。

3）标注门窗与家具尺寸

（1）使用【ZDBZ】逐点标注命令，对家具进行定形、定位尺寸标注。

（2）重复逐点标注命令，对门及门洞进行定形、定位尺寸标注。

4）标注台阶及坡道

（1）使用【JTYZ】箭头引注命令，在对话框中的"上标文字"中输入"下"，对建筑北侧坡道 1 进行标注。

（2）使用【CO】复制命令，将北侧坡道 1 的箭头引注复制至北侧坡道 2 处。

（3）使用【JTYZ】箭头引注命令，在对话框中的"上标文字"中输入"下 3 步"，对建筑西侧台阶进行标注。重复此方法，对建筑东侧台阶和南侧台阶进行标注。

5）主入口坡道坡度标注

使用【LE】引线命令，按以下流程配置并绘制。

（1）命令行输入 S 进入引线设置，在"引线和箭头"选项卡中启用"样条曲线"样式。

（2）指定标注路径，首先选取左侧坡道边线作为起点，在坡道中心区域单击确定曲线控制点，最后选取右侧边线完成路径定义。

（3）选中生成的引线对象，激活中心夹点（蓝色控制点），通过鼠标拖拽夹点调整至合适标注位置。

（4）使用【CO】复制命令，将房间名称复制至引线上，将文字改为 i=1：10。

（5）使用【MI】镜像命令，将绘制好的左侧箭头及文字标注镜像至右侧坡道。

（6）使用【MA】格式刷命令，选取台阶箭头标注作为属性源对象，依次单击坡道箭头标注作为目标对象。

6）前台背景墙标注

使用【JTYZ】箭头引注命令，在对话框中的"上标文字"中输入"企业文化展示墙"，"文字样式"改为汉字，"文字高度"改为 2.5，箭头样式改为圆点，对企业文化墙进行标注，如图 3-24 所示。

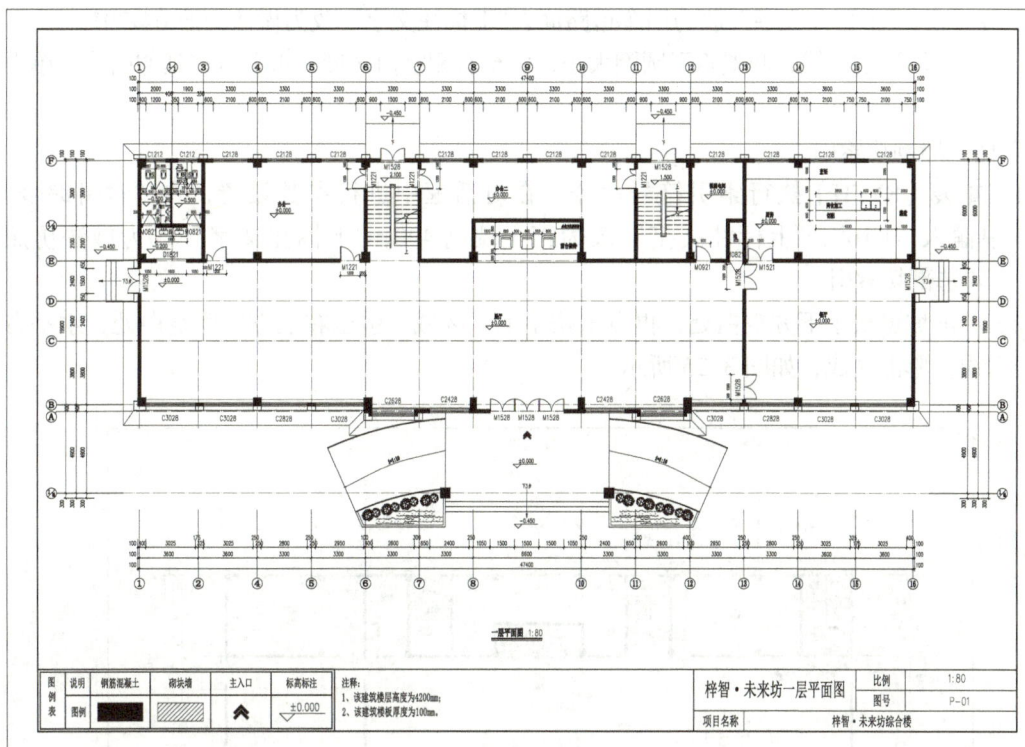

图 3-24　尺寸与符号标注

2. 大样索引

1）卫生间大样索引

（1）输入【SYFH】执行索引符号命令，在对话框中进行参数设置，文字样式改为汉字，在"索引编号/图号"中输入"1/8"，"上标注文字"改为卫生间1大样，"下标注文字"改为详建施（余同）。

（2）单击卫生间前室区域，调整索引圆圈大小，移动至右下方展厅空白处，水平向右延伸引线，单击完成。

2）楼梯大样索引

输入【SYFH】执行索引符号命令，在对话框中进行参数设置，在"索引编号 / 图号"中输入"1/9"，"上标注文字"改为 1# 楼梯，"下标注文字"改为详建施。单击 1# 楼梯区域，调整索引圆圈大小，移动至右下方空白处，水平向右延伸引线，单击完成。

3）侧门台阶索引

（1）重复【SYFH】执行索引符号命令，在对话框中进行参数设置，在"索引编号 / 图号"中输入"3/4"，"上标注文字"改为室外台阶高 450，"下标注文字"改为做法仿照 04J701。

（2）单击左侧台阶区域，调整索引圆圈大小，引至左上方空白处，水平左移延伸引线，单击完成。

（3）单击右侧台阶区域，调整索引圆圈大小，引至右上方空白处，水平右移延伸引线，单击完成。

4）坡道路面索引

（1）重复【SYFH】执行索引符号命令，在对话框中进行参数设置，在"索引编号 / 图号"中输入"A/17"，"上标注文字"改为回车道路面，"下标注文字"改为做法仿照 04J701。

（2）单击坡道右边线，调整索引圆圈大小，引至右侧空白区域，水平右移延伸引线，单击完成。

5）挡土墙剖切索引

（1）重复【SYFH】执行索引符号命令，在对话框中进行参数设置，在"索引编号 / 图号"中输入"1/16"，"上标注文字"改为挡土墙高 400，"下标注文字"改为做法仿照 04J701，勾选剖切索引。

（2）单击坡道扶手下方空白处，再点击扶手上方区域，引至右上方展厅空白处，水平右移延伸引线，单击完成，如图 3-25 所示。

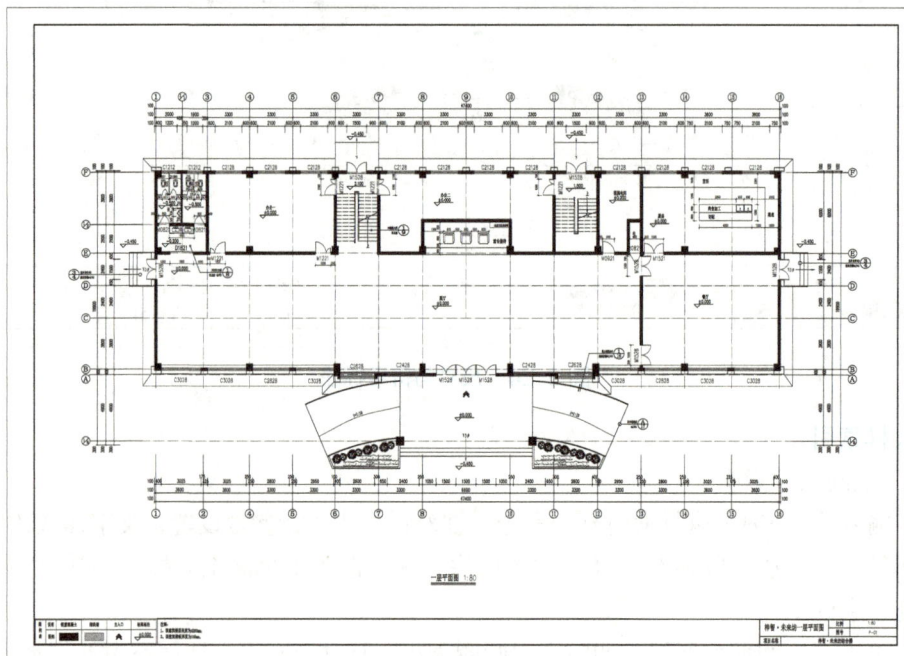

图 3-25　大样索引

3.4.3 打印出图

1. 打印前调整

（1）使用【2】图层过滤选择命令选择所有墙体，在特性栏中修改"出图比例"为1∶10。

（2）重复图层过滤命令选择所有门窗及洞口，在特性栏中修改"出图比例"为1∶80。

2. 设置图层线宽

进入布局空间，打开【图层特性管理器】。将标注索引图层及门洞图层线宽修改为0.09 mm，其余默认线宽图层，线宽改为0.05 mm。

设置打印环境

在完成图纸的绘制、排版、标注及文字说明后，需对打印环境进行恰当设置，以确保图纸能清晰、准确地输出。以下是具体的设置步骤。

①在CAD软件中，按【Ctrl + P】快捷键，打开"打印"对话框，如图3-26所示。

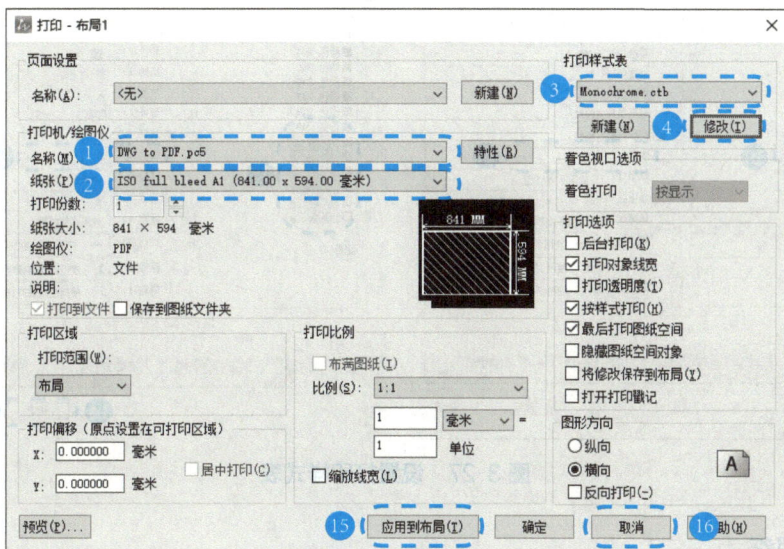

图3-26 设置打印样式表

②打印机/绘图仪：在"名称"下拉列表中选择"DWG to PDF.pc5"。

③图纸尺寸：在"纸张大小"下拉列表中选择"ISO full bleed A1（841.00 × 594.00毫米）"。

④编辑打印样式：单击"Monochrome.ctb"右侧的【编辑】按钮，在打开的"打印样式表编辑器"中，选中颜色8，在"淡显"属性框中将其值修改为60，选中颜色45和200，在"淡显"属性框中将其值修改为70，颜色250至255，在"淡显"属性框中将其值修改为50。编辑完成后单击【保存并关闭】按钮，如图3-27所示。

⑤应用设置：返回"打印"对话框，单击【应用到布局（L）】按钮，将当前的打印设置保存到当前布局。

⑥退出设置：单击【取消】按钮关闭"打印"对话框。此时打印设置已保存到当前布局，但暂不执行打印操作。

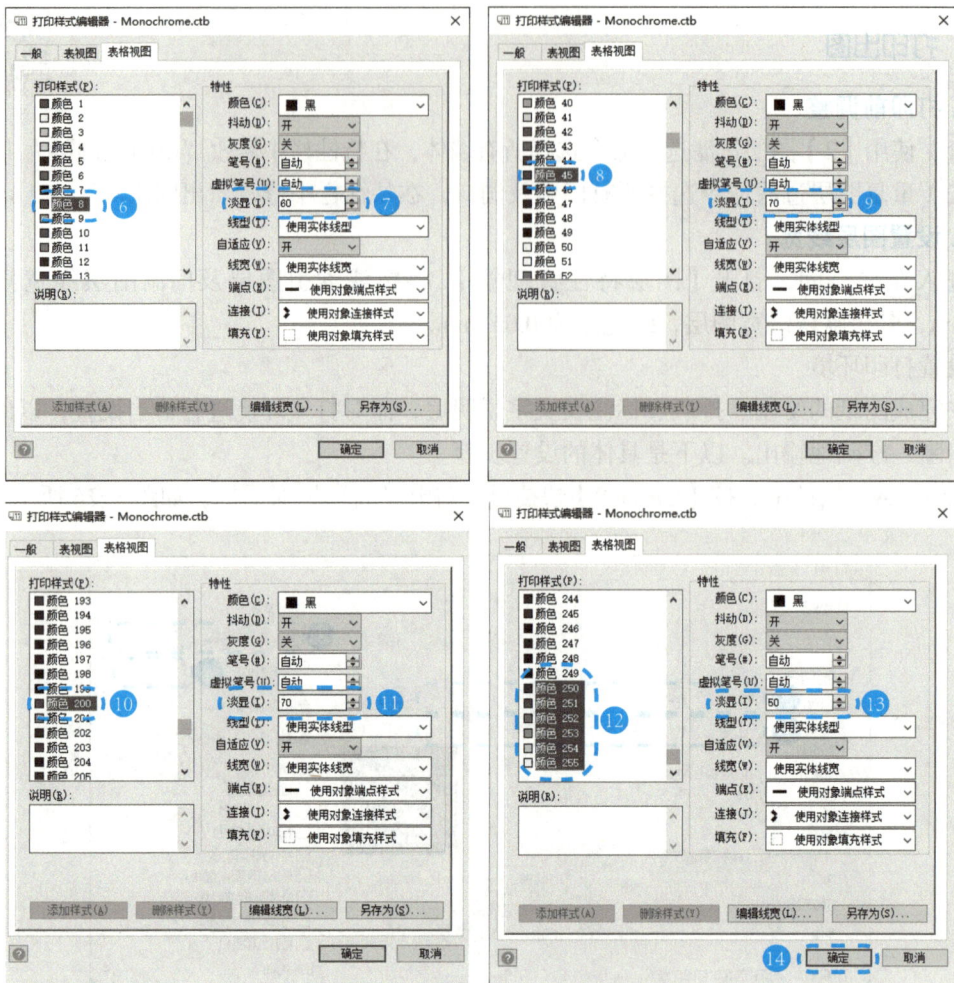

图 3-27　设置打印样式表

3. 打印图纸

在完成打印环境设置后，即可使用 ZWCAD 的智能批量打印工具进行图纸输出。该工具能自动识别图纸中的图框进行批量打印。具体操作步骤如下。

①启动批量打印工具：在 CAD 命令行输入【ZWP】并按回车键，启动"ZWCAD 智能批量打印"工具对话框，如图 3-28 所示。

②配置打印参数：

• 打印机 / 绘图仪：在下拉列表中选择"DWG to PDF.pc5"。

• 图纸尺寸：在下拉列表中选择"ISO full bleed A1（841.00 × 594.00 毫米）"。

• 打印样式表：在下拉列表中选择 Monochrome.ctb（单色打印样式）。

• 图框形式（可选 / 根据工具界面）：如果工具提供"图框形式"选项，根据图纸中图框的构成方式选择。例如，如果图框是由普通线段构成的封闭矩形，则选择"散线"选项。

③选择要打印图纸：单击工具对话框中的【选择批量图纸】按钮。在绘图区域中，通过窗选或其他选择方式，框选包含需要打印图纸的所有图框。选择完成后按回车键确认返回工具对话框。

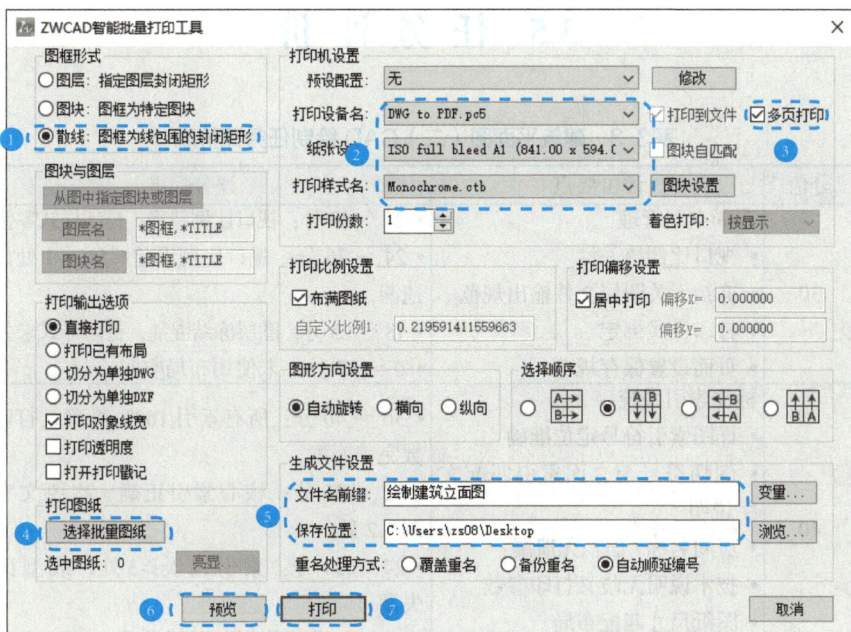

图 3-28　ZWCAD 智能批量打印工具

　　④单击【预览】按钮。系统将显示所选图纸的模拟打印效果。仔细检查每张图纸的布局、内容、比例和打印样式是否符合要求。

　　⑤执行打印输出：确认预览效果无误后，关闭预览窗口，返回批量打印工具对话框，单击【打印】按钮。所选图纸将按设定参数进行打印输出，如图 3-29 所示。

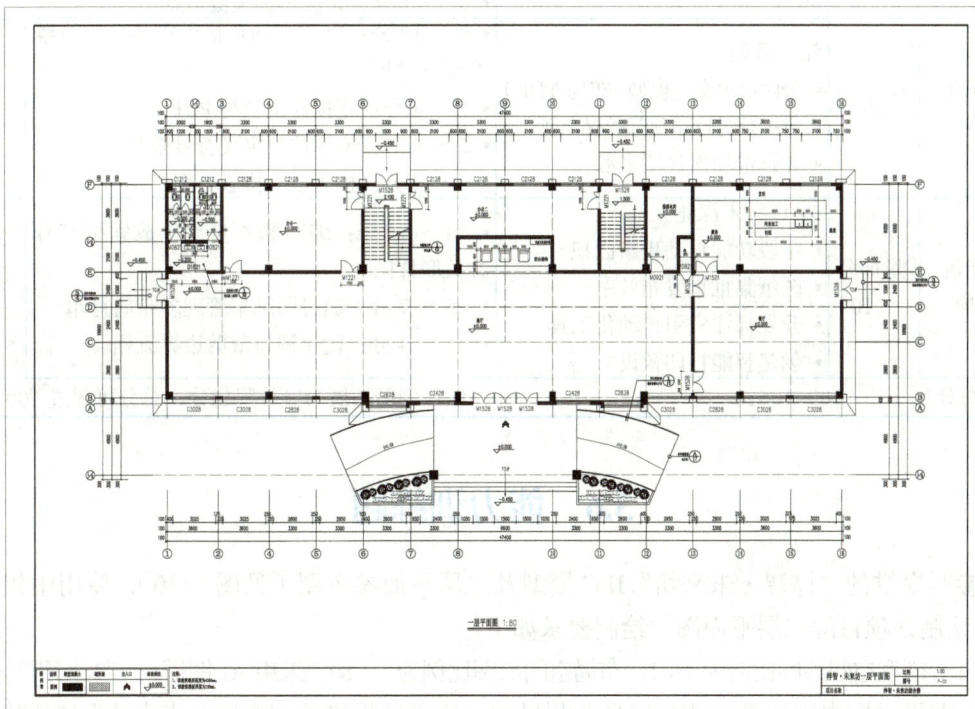

图 3-29　梓智·未来坊综合楼轴网及轴网标注图

123

3.5 任 务 评 价

表 3-3　建筑平面图（二）CAD 绘制任务评价表

评价维度	分值	评价要点	评分标准	得分
1. 操作 规范性	30	**布局空间管理** • 视口比例统一性 • 冻结无关图层文件输出规范 • 打印样式绑定 • 页面设置保存规范	• 27～30分：视口比例精确，打印样式零错误 • 24～26分：视口比例误差≤5%，1处设置遗漏 • 18～23分：图层冻结混乱，打印样式未关联 • 0～17分：未使用布局空间	
2. 技术 参数 正确性	40	**标注索引系统** • 详图索引符号定位准确 • 剖切符号与立面索引匹配文字说明 • 房间名称/面积无遗漏 • 技术说明无歧义打印参数 • 图纸尺寸匹配布局 • 线型比例适配出图	• 36～40分：所有索引100%准确，打印参数完美匹配 • 32～35分：核心索引正确，次要文字遗漏≤2处 • 24～31分：索引错误≥3处，线型比例失调 • 0～23分：索引与图纸矛盾	
3. 图面 综合质量	20	**排版合理性** • 图面均衡无空白 • 标注避让关系清晰出图效果 • 线宽分级可见（0.5 mm/0.25 mm/0.13 mm） • 文字清晰度（≥3 mm 高度）	• 18～20分：排版专业如出版物，所有元素清晰可辨 • 16～17分：局部排版拥挤，1～2处文字模糊 • 12～15分：大面积空白或重叠，线宽未区分 • 0～11分：无法识别关键信息	
4. 职业 素养	10	**流程管理** • 分阶段提交（模型/布局/PDF） • 自主校对打印预览版权合规 • 非标准图例注明来源	• 9～10分：提交布局草稿供审核，记录线宽调整过程 • 7～8分：直接提交最终 PDF • 5～6分：未标注自定义符号来源 • 0～4分：抄袭他人排版方案	
5. 创新 拓展	附加分 ≤10	**CAD 技术深化** • 字段功能自动更新面积 • 图纸集批量发布效率 • 开发标注索引自动化工具 • 创建智能打印预设	• +8～10分：编写脚本自动生成索引符号并关联详图 • +5～7分：通过图纸集管理多布局打印 • +1～4分：优化视口裁剪边界流程	
总分		100+10	注：创新拓展为额外附加分，总分可超过 100 分	

3.6 能力训练题

参照提供的"梓智·未来坊"IFC 模型及二层平面参考图（见图 3-30），使用中望建筑 CAD 绘制该项目的二层平面图，绘制要求如下。

（1）模型空间绘图比例为 1∶1，布局空间出图比例为 1∶80，采用 A1 图框；字体采用仿宋体。

（2）平面图中未明确标注的门窗分割尺寸，应参照提供的"梓智·未来坊"IFC 模型提取相应尺寸。

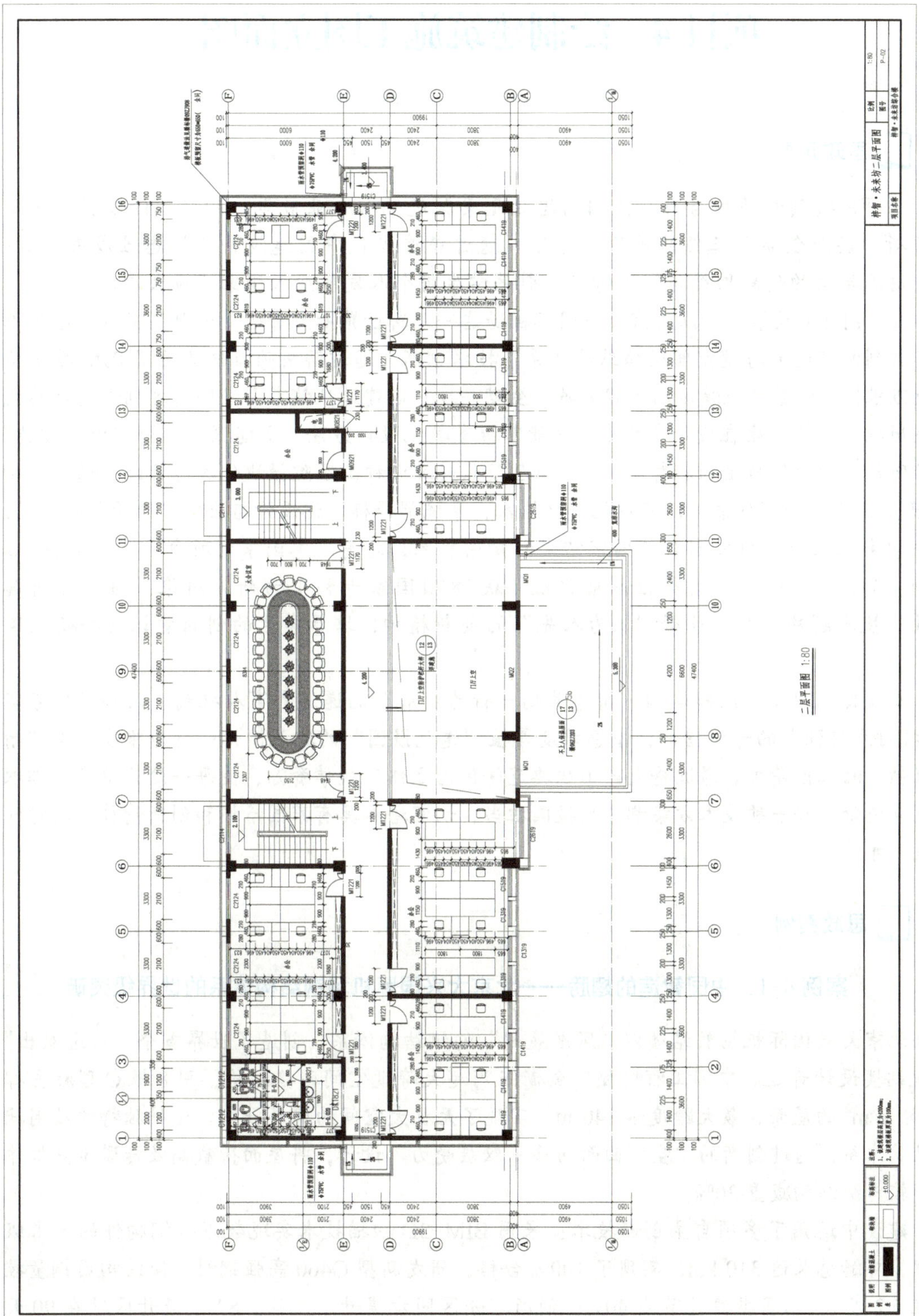

图3-30　梓智·未来坊综合楼二层平面图

项目4　绘制建筑施工图立面图

本项目将创新精神与科技报国的思政元素深度融入专业教学，构建"价值引领－案例解析－实践创新"三维协同育人体系。通过精选当代中国建筑科技标志性成果案例，系统培养学生的创新思维与家国情怀，引导学生将个人发展融入国家建设大局。

在案例4-1教学中，以北京大兴国际机场这一"新世界七大奇迹"为典型案例，深度剖析其首创的"超大跨度空间网格结构体系"技术创新，通过解析项目团队运用BIM技术实现数万根钢构件毫米级精度的工程突破，生动展现中国建造从技术引进到自主创新的跨越式发展历程，引导学生在设计实践中，既能掌握参数化设计方法，更能深刻领悟"中国智造"背后所蕴含的科技自主创新智慧。案例4-2聚焦武汉火神山医院模块化建造奇迹，通过解构"三天完成上千门窗安装"的模块化建造技术，系统阐释标准化设计与应急建造的创新范式，引导学生深入理解科技创新与国家需求的紧密联系，培育"急国家之所急"的使命意识。案例4-3以上海中心大厦柔性幕墙系统（获28项国家专利）为研究对象，通过分析其突破性技术解决方案，诠释"敢为人先"的创新精神，培养学生的创新意识与科研报国情怀。

本项目构建了"认知建构－情感共鸣－行为养成"的递进式育人机制。认知维度夯实"科技自立自强"的专业信仰；情感维度厚植"建筑报国"的职业情怀；行为维度锻造"精益求精"的工匠精神。通过将大国工程典范转化为立体化教学资源，使每一处构造设计都承载创新使命，每一项技术方案都彰显报国担当，切实培养具有家国情怀和创新精神的新时代建设人才。

案例4-1：中国智造的翅膀——北京大兴国际机场钢结构体系的世界级突破

北京大兴国际机场航站楼以"凤凰展翅"的钢结构体系，创造了世界首个"双进双出"的航站楼设计奇迹。中国工程师团队创新采用超大跨度空间网格结构，用8根C型柱支撑起18万 m^2 的屋面，最大跨度达140 m，实现了无柱大空间的建筑壮举。这种独特的放射状钢结构体系，通过创新的"空间曲面网格＋双层受力"设计，将屋面荷载高效传递至支撑体系，较传统结构减重30%。

建设中运用了多项自主创新技术：采用BIM+3D扫描技术实现数万根钢构件的毫米级拼装，焊缝总长达310 km，实现了100%合格；研发新型Q460高强钢材，使结构用钢量控制在5.2万 t，比同类建筑节省40%；创新"分区同步提升"工法，82个提升区段在90天内完成总装。航站楼中央的"六芒星"采光顶，由1.2万块不同形状的玻璃组成，通过参数化设计实现自然光精确调控，年节电300 kW·h。

这一工程突破不仅体现了中国建造的技术实力，更展现了"复杂问题简单化"的工程智慧。其创新的结构体系获得 27 项专利，被国际桥梁与结构工程协会评为"21 世纪最具挑战性工程"，作为新时代中国工程师对世界建筑技术的卓越贡献。

案例 4-2：模块化建造的极限突破——武汉火神山医院门窗系统的中国速度

2020 年新冠疫情暴发期间，武汉火神山医院在 10 天内建成交付，其创新采用的模块化门窗系统创造了工程建设史上的奇迹。面对严峻的疫情形势，建设团队突破传统施工模式，将门窗工程分解为"标准化设计－工厂预制－快速组装"三大模块化阶段。

设计阶段采用 BIM 技术，在 24 h 内完成所有门窗的模块化设计，统一为 6 种标准尺寸，实现 100% 工厂预制。生产环节，全国 30 家供应商联动，运用汽车生产线工艺批量制造门窗单元，单个模块集成框体、玻璃、密封条等全部组件，误差严格控制在 ±1.5 mm 以内。现场安装创新采用"吊装即完成"的工法，每个门窗单元预装专用连接件，像"搭积木"一样与箱式房快速对接，安装时间压缩至 12 min/ 樘。

火神山门窗系统展现的不仅是"中国速度"，更是中国建造在重大公共卫生事件中的技术创新能力与责任担当，为全球防疫工程建设提供了宝贵范本。

案例 4-3：螺旋之舞——上海中心大厦柔性幕墙系统的创新突破

作为中国第一高楼，上海中心大厦 632 m 高的螺旋形玻璃幕墙系统创造了超高层建筑抗风抗震技术的世界典范。面对台风频繁的东海之滨，中国工程师团队突破性研发"柔性悬挂式幕墙技术"，通过 120° 旋转上升的独特造型，将风荷载降低了 24%，解决了超高层建筑"风振效应"这一世界性难题。

建设过程中，团队攻克了"玻璃冷弯成型工艺""动态风压模拟"等 12 项关键技术，获得 28 项国家专利。特别研发的 BIM 协同平台，实现了每块玻璃的"身份证"管理，安装精度达 ±2 mm。美国建筑师学会评价："这一设计重新定义了超高层建筑与环境的关系。"

该案例生动诠释了"敢为人先"的创新精神：从跟随国际标准到制订中国方案，从引进技术到自主创新。其技术突破不仅保障了建筑安全，更推动了中国幕墙产业的技术升级，为全球超高层建筑提供了"中国智慧"的范本。

4.1　任 务 工 单

4.1.1　任务描述

根据提供的《梓智·未来坊综合楼平面图》.DWG 文件、《梓智·未来坊综合楼南立面图》PDF 参考图及 IFC 模型，独立运用中望建筑 CAD 软件，规范绘制梓智·未来坊综合楼南立面施工图，参考样图如图 4-1 所示。最终成果需满足以下要求。

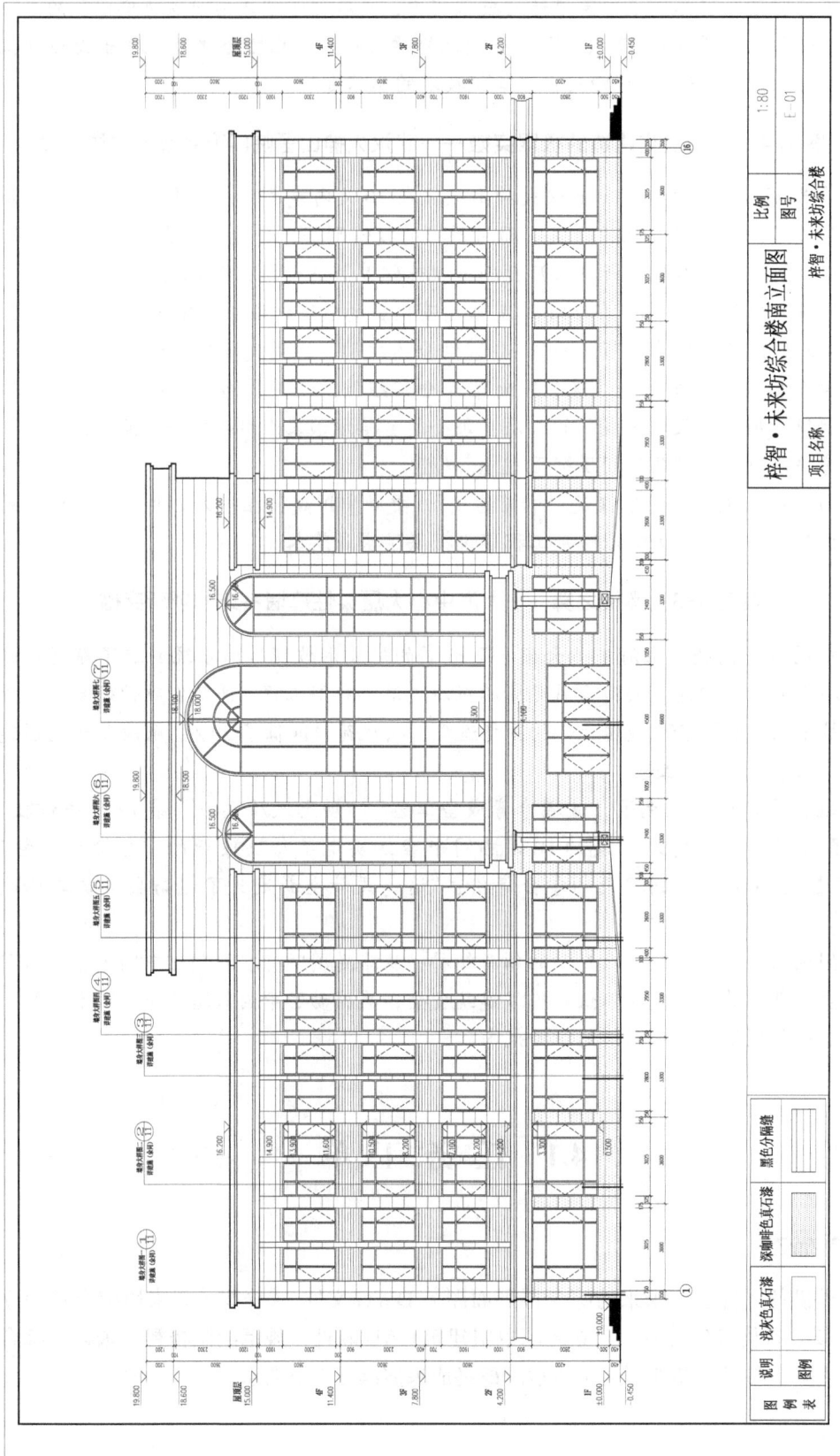

图 4-1 梓智·未来坊综合楼南立面图

（1）完成的南立面图 DWG 文件，图层管理清晰规范。

（2）输出排版规范、包含完整图框图签的 A1 幅面 PDF 图纸。

（3）图纸内容完整、表达清晰（轴线、轮廓、门窗、装饰、填充、标注、文字、图名）。

（4）严格遵守《房屋建筑制图统一标准》（GB/T 50001—2017）关于线型、线宽、标注、文字、图例等所有相关规定。

（5）绘图精准，投影关系正确，尺寸标注无误。

4.1.2　任务目标

1. 知识目标

（1）能清晰描述建筑立面图应表达的核心内容（造型、构件、材料、尺寸）。

（2）能阐述立面图与平面图之间的空间投影对应关系原理。

（3）能识读并说明《房屋建筑制图统一标准》（GB/T 50001—2017）中对立面图线型、标注、符号的核心规定。

2. 技能目标

（1）CAD 操作能力：熟练应用中望 CAD 进行图层管理（创建、命名、切换、控制）。

（2）空间对应能力：能基于提供的平面图（DWG）和参考图（PDF）/模型（IFC），在立面图中准确定位门窗洞口及其他构件的水平位置。

（3）规范绘图能力，具体如下。

①能使用符合国标的线型绘制地坪线、建筑外轮廓线。

②能按设计要求区分绘制不同类型的立面门窗（如平开窗、弧形窗）及其基本造型。

③能添加必要的立面装饰元素（如台阶、坡道、装饰线脚、分隔缝、装饰柱等）。

④能按国标要求进行关键尺寸标注（总高、层高、洞口尺寸等）。

（4）成果输出能力：能按标准设置图框、标题栏，合理布局图面元素，并规范输出为 A1 幅面 PDF 文件。

3. 应用目标

（1）能独立、准确地将给定的建筑信息（平面图、参考图/模型）转化为符合国家制图标准的完整建筑立面施工图。

（2）能在绘图全过程中有效处理平面图与立面图的空间逻辑关系，确保投影一致性。

（3）能根据设计意图（参考图/模型）和规范要求，合理选择并表达建筑立面的造型特征、材质划分及关键细部。

（4）能确保最终图纸内容完整无遗漏、图面表达清晰易读、尺寸标注规范齐全、整体符合施工图深度要求。

4.2　知　识　准　备

4.2.1　CAD 基础命令

1. 圆

1）功能

圆（Circle）命令可以绘制圆。

微课——绘制圆

2）操作步骤

绘制圆有6种方式，分别为指定圆心和半径绘圆、指定圆心和直径绘圆、指定3点绘圆、指定2点绘圆、绘制指定两个实体和指定半径的公切圆、绘制指定3个实体的公切圆。绘制圆时前面4种方式用得较多，后面两种方式用得较少，下面分别介绍。

（1）指定圆心和半径绘圆。

第1步：单击下拉菜单栏【绘图】，移动光标到【圆】，选取【圆心、半径】；或者在"绘图"工具栏单击"圆"按钮（见图4-2）；或者在命令行输入：C或Circle，并按空格键确认。

第2步：此时命令行提示：

【指定圆的圆心或［三点（3P）/两点（2P）/相切、相切、半径（T）]：】，鼠标点取或输入坐标确认圆心。

图4-2 "圆"按钮

第3步：此时命令行提示：

【指定圆的半径或［直径（D）]＜默认值＞：】，输入半径数值1 000，并确认；或用鼠标点取圆弧上的任一点，如图4-3（a）所示。圆绘制完成。

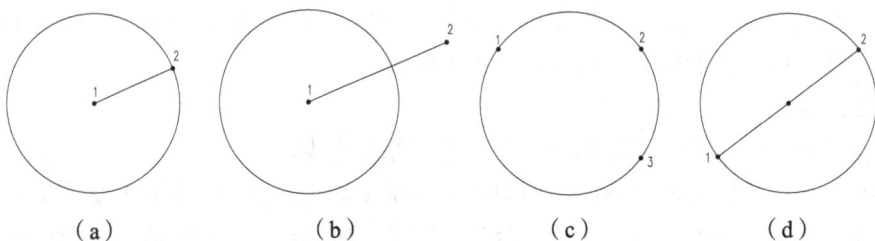

图4-3 绘制圆

（a）指定圆心和半径；（b）指定圆心和直径；（c）指定3点；（d）指定2点

（2）指定圆心和直径绘圆。

第1步：命令行输入：C，并按空格键确认。

第2步：此时命令行提示：

【指定圆的圆心或［三点（3P）/两点（2P）/相切、相切、半径（T）]：】，用鼠标点取或输入坐标确认圆心。

第3步：此时命令行提示：

【指定圆的半径或［直径（D）]＜默认值＞：】，在命令行输入：D，并确认。

第4步：此时命令行提示：

【指定圆的直径＜默认值＞：】，输入直径数值2 000，并确认；或用鼠标点取一点，该点到圆心的距离即为直径，如图4-3（b）所示。圆绘制完成。

（3）指定3点绘圆。

第1步：命令行输入：C，并按空格键确认。

第2步：此时命令行提示：

【指定圆的圆心或［三点（3P）/两点（2P）/相切、相切、半径（T）]：】，在命令行输入：3P，并按空格键确认。

第3步：此时命令行提示：

【指定圆上的第一个点：】，用鼠标点取或输入坐标确认第一点。

第4步：此时命令行提示：

【指定圆上的第二个点：】，用鼠标点取或输入坐标确认第二点。

第5步：此时命令行提示：

【指定圆上的第三个点：】，用鼠标点取或输入坐标确认第三点，如图4-3（c）所示。圆绘制完成。

（4）指定2点绘圆。

第1步：命令行输入：C，并按空格键确认。

第2步：此时命令行提示：

【指定圆的圆心或［三点（3P）/两点（2P）/相切、相切、半径（T）］：】，在命令行输入：2P，并按空格键确认。

第3步：此时命令行提示：

【指定圆直径的第一个端点：】，用鼠标点取或输入坐标确认第一个端点。

第4步：此时命令行提示：

【指定圆直径的第二个端点：】，用鼠标点取或输入确认第二个端点，如图4-3（d）所示。圆绘制完成。

（5）相切、相切、半径绘圆。

相切、相切、半径绘圆是用来绘制指定两个实体和指定半径的公切圆。

第1步：命令行输入：C，并按空格键确认。

第2步：此时命令行提示：

【指定圆的圆心或「三点（3P）/两点（2P）/相切、相切、半径（T）]：】，在命令行输入：T，并按空格键确认。

第3步：此时命令行提示：

【指定对象与圆的第一个切点：】，用鼠标点取第一个切点，相切对象应为圆、圆弧或直线。

第4步：此时命令行提示：

【指定对象与圆的第二个切点：】，用鼠标点取第二个切点。

第5步：此时命令行提示：

【指定圆的半径＜默认值＞：】，输入半径数值800，并确认；或用鼠标点取两个点，该两点的距离即为半径，如图4-4（a）所示。圆绘制完成。

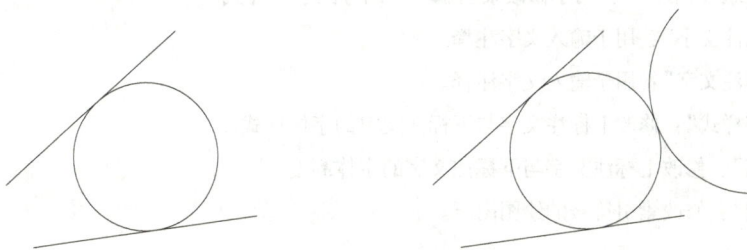

（a）相切、相切、半径绘圆　　　　　（b）相切、相切、相切绘圆

图4-4　绘制公切圆

（6）相切、相切、相切绘圆。

相切、相切、相切绘圆是用来绘制指定3个实体的公切圆。

第1步：鼠标左键单击下拉菜单栏【绘图】，移动光标到【圆】，选取【相切、相切、相切】。

第2步：此时命令行提示：

【指定圆的圆心或［三点（3P）/两点（2P）/相切、相切、半径（T）]：_3p指定圆上的第一个点：_tan到】，用鼠标点取第一个相切对象。

第3步：此时命令行提示：

【指定圆上的第二个点：_tan到】，用鼠标点取第二个相切对象。

第4步：此时命令行提示：

【指定圆上的第三个点：_tan到】，用鼠标点取第三个相切对象，如图4-4（b）所示。圆绘制完成。

综上所述，绘制圆的方式有6种之多，绘图时应根据具体情况进行分析，选用最为便捷适宜的方式来绘制。

2. 索引符号

1）功能

索引符号（SYFH），主要用于快速标注图纸中需要进一步说明的详图位置或剖切关系。

微课——索引符号

2）操作步骤

第1步：单击左侧下拉菜单栏【文表符号】，移动光标到【索引符号】；或者在命令行输入：SYFH，并确认。

第2步：此时系统弹出"索引文字"对话框，如图4-5所示。选择"剖切索引"。

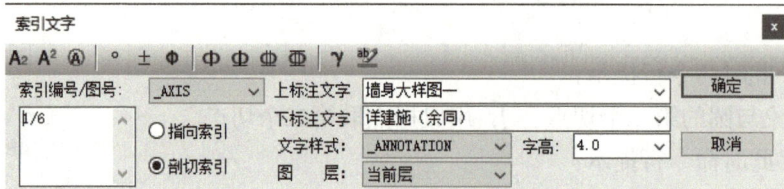

对话框中各选项的含义如下。

（1）"索引编号/图号"：用于修改索引编号、图号的字体样式。

（2）"上标注文字"：用于输入文字注释。

（3）"下标注文字"：用于输入文字注释。

（4）"文字样式"：修改上标注文字与下标注文字的字体样式。

（5）"字高"：修改上标注文字与下标注文字的字体高度。

（6）"图层"：修改索引符号的绘图图层。

图4-5 "索引文字"对话框

第 3 步：命令行提示：

【请给出索引节点的位置或［图取文字（X）］<退出>：】，单击选择下方墙体索引节点的位置。

第 4 步：此时命令行提示：

【请给出剖切线长度<1 500>：】，输入长度数值 1 500，并确认。

第 5 步：此时命令行提示：

【请给出转折点位置<退出>：】，用鼠标点取确定合适的转折点位置。

第 6 步：此时命令行提示：

【请给出文字索引号位置<退出>：】，用鼠标点取确定文字索引号位置，并确认，如图 4-6 所示。索引符号绘制完成。

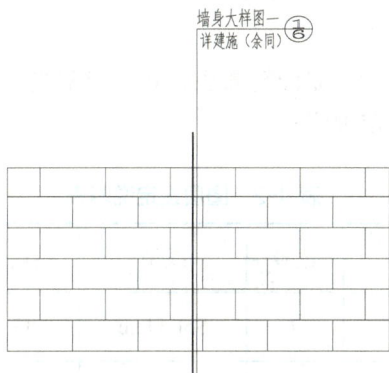

图 4-6　绘制索引符号

4.2.2　华艺设计院立面图制图标准

1. 立面图标题

（1）作用：依据图纸名称，可识别图纸的类型及所展示的图形内容；根据比例数值，可确定当前图形在相应图幅中的缩放比例。

（2）标题组成：如图 4-7 所示。

❶图纸中文名称：用来表示当前图纸类型及图形名称。

A0～A1 图幅字体，仿宋，字高 7；A2～A3 图幅字体，仿宋，字高 5。

❷图形比例：用来表示当前图形在相应的图幅中的图形比例。

A0～A1 图幅字体，仿宋，字高 4；A2～A3 图幅字体，仿宋，字高 3。

图 4-7　标题示意

2. 立面图比例设置

立面图的比例设置见表4-1。

表4-1　立面图不同高度的比例设置表

立面图绘制不同高度		比例设置
立面图	$h<10$ m 的立面	1：50；1：100
	10 m$\leq h<30$ m 的立面	1：100；1：200
	30 m$\leq h<100$ m 的立面	1：200；1：500

注：实际绘图时比例的设置不可生搬硬套，需要根据实际对象简繁变化而定。

3. 立面图图层的设定

立面图施工图图层内容包括：立面轮廓线、立面造型线、立面门窗、立面填充、门窗开启符号等（详见表4-2图层设定说明表）。

表4-2　图层设定说明表

类别	图层名称	色号	线型	线宽	说明
立面图信息类	立面轮廓线	7	Solid line	0.35	图案线
	立面造型线	9	Solid line	0.09	直线
	立面门窗	4	Solid line	0.18	门窗线
	立面填充	252	Solid line	0.05	图案填充
	门窗开启符号	5	GB_DASH3	0.09	开启符号线
	公—轴网	1	GB_DOT3	0.09	轴线
	公—图框	4	Solid line	0.09	图框、图例
	建—尺寸	3	Solid line	0.09	尺寸标注
	建—注释	3	Solid line	0.05	引线注释说明
	建—标高标注	3	Solid line	0.09	标高标注
	建—索引符号及索引图名	3	Solid line	0.09	索引与图名
	0	7	Solid line	0.09	除特定图层外的其他线、图形
	Defpoints	7	Solid line	0.09	不可打印图层

4.3　任务分析

4.3.1　整体任务概述

　　建筑立面图绘制是将建筑外部形态转化为二维图纸的核心环节，需按"轴线定位—轮廓绘制—门窗构件绘制—装饰造型绘制—标注与输出"流程完成。需遵循制图标准，通过分层绘图展现建筑体量、门窗位置、装饰细节等。

4.3.2　任务流程与具体要求

1. 前期准备与图层设置

　　（1）仔细分析提供的《梓智·未来坊综合楼平面图》《梓智·未来坊综合楼南立面图》PDF 及 IFC 模型，理解建筑形体、空间关系及立面设计意图。

　　（2）创建并管理图层：严格按照制图标准和绘图内容需要，创建专用图层（如：立面轮廓线、立面门窗等），并设置合理的颜色、线型、线宽。绘图过程中按需开关/冻结非相关图层，确保图面清晰、易于编辑。

2. 建立绘图框架

　　（1）绘制轴网：基于《梓智·未来坊综合楼平面图》的投影关系，在南立面图位置精准绘制轴网。确保轴线位置、编号与平面图严格对应。

　　（2）绘制地坪线与层高线：使用多段线绘制地坪线（全局宽度 50）。根据层高信息，绘制各层楼面层高线。

　　（3）绘制主要外轮廓线：根据建筑形体，绘制建筑南立面的主要外轮廓线（如屋面、山墙、主要转折处）。关键轮廓线（地坪线、外轮廓线）需设定标准线宽。

3. 绘制建筑构件

　　（1）定位并绘制门窗：严格按照平面图中门窗的平面位置，结合立面参考图及 IFC 模型，通过投影关系在南立面图上精准定位所有门窗洞口。

　　（2）根据设计（参考图、模型）绘制门窗的立面造型，清晰区分不同类型的门窗（如平开窗、固定窗、幕墙、门等）。门窗线宽按标准设定。

　　（3）添加立面装饰构件：绘制台阶、坡道、装饰柱、立面分隔缝、空调百叶等装饰性构件，体现设计细节。确保构件绘制精准，层次分明。

4. 深化表达与材料填充

　　（1）进行材料图案填充：根据构件特性（如墙面材质、百叶等），选择合适的填充图案（如：空调百叶常用 ANSI31 或类似斜线图案）。

　　（2）确保填充区域边界封闭，合理调整填充图案的比例、角度等参数，使其表达清晰、符合实际观感（如分隔缝间距）。填充图案放置于专用图层。

5. 尺寸与标高标注

　　（1）精准标注标高：标注建筑基准标高（±0.000）及各层楼面标高、屋面标高、关键构件标高等。确保标高数值准确，标注位置清晰、与轴线对应。

　　（2）系统标注尺寸：标注立面总高度、各层层高、门窗洞口高度与定位尺寸、关键构件尺寸等。要求如下。

①标注样式统一（文字高度按标准设定，如 3.0 mm）。

②尺寸线层次分明（总尺寸、定位尺寸、细部尺寸）。

③对称部分可利用镜像功能复制标注，提高效率并保证一致性。

6. 文字说明与图面整理

（1）添加必要文字说明：包括图名（如梓智·未来坊综合楼南立面图）、比例（1：80）、必要的材料文字说明等。文字样式需统一。

（2）绘制索引符号：对需要放大的详图或特殊说明的关键部位（如复杂节点、特殊材料交接处）绘制索引符号。

（3）清理图面：删除所有不必要的辅助线、临时构造线，确保图面整洁。

7. 图纸布局与输出

（1）排版：切换到布局空间，进行图纸排版。

（2）插入标准图框：选择或绘制符合 A1 幅面要求的图框。

（3）创建视口并调整：在布局中创建视口，将模型空间的南立面图按正确比例（如 1：80）显示在视口内，调整视口位置及图形显示范围。

（4）添加图名、图号等信息：在布局空间填写完整的图签信息。

8. 打印输出

（1）配置页面设置：选择 DWG to PDF.pc5 打印机，纸张 ISO full bleed A1（840.00 mm × 594.00 mm）。

（2）选择打印样式表：Monochrome.ctb（确保所有颜色按线宽打印为黑色）。

（3）检查预览：确认线宽、字体、布局显示正确无误。

（4）使用打印或批量打印工具，将排版好的图纸输出为 PDF 文件。

4.4　任　务　实　施

4.4.1　绘制轴线、地坪线、外轮廓线

1. 绘制轴线

立面图轴线体系是建筑制图的基础，它包含了竖向定位轴和横向层高轴。 微课——绘制轴线
竖向定位轴对应平面图开间尺寸，用于确定建筑物在水平方向上的位置；横向层高轴则体现楼层高度关系，用于确定建筑物在垂直方向上的位置。具体绘制步骤如下。

1）绘制竖向轴线

将当前图层切换至"公－轴网"图层，使用【XL】构造线命令，沿平面图竖向轴网垂直投影方向进行绘制，从而生成立面竖向定位轴线框架。

2）绘制横向轴线

继续使用【XL】构造线命令，绘制一条水平构造线，作为 ±0.000 基准标高线，该线代表底层室内地面。以这条基准线为起点，运用【O】偏移命令，依次向上生成层高轴网：首次偏移 4 200 mm，生成首层顶标高线；继续偏移 7 800 mm，生成二层顶标高线；再偏移 11 400 mm，生成三层顶标高线；接着偏移 15 000 mm，生成四层顶标高线；最后偏

18 600 mm，生成五层顶标高线。

3）裁剪轴网

为了完善轴网，使用【O】偏移命令，将四周最外侧的轴线向外偏移 3 000 mm，从而生成轴网边界线。随后，利用【TR】剪切命令，以轴网边界线为基准，裁剪掉多余的轴网部分，并删除轴网边界线，最终得到整洁、规范的轴网图形（见图 4-8）。

图 4-8　绘制轴网

2. 绘制地坪线

在完成立面图轴线绘制后，需进行地坪线的绘制。地坪线是建筑立面图的重要组成部分，它明确了建筑物的基底位置，并为后续绘制建筑轮廓线和构件提供了基准。具体操作步骤如下。

微课——绘制地坪线

1）基准线偏移

以已绘制的 ±0.000 标高线作为基准，使用【O】偏移命令，将该线向下偏移 450 mm，生成标高为 -0.450 m 的辅助线。此辅助线将作为地坪线绘制的基础定位线，确保地坪线位置的准确性。

2）竖向轴线修剪

以新生成的 -0.450 m 辅助线作为修剪边界，使用【TR】修剪命令，对竖向轴线进行修剪操作。修剪的目的是去除多余轴线，使图面更加整洁，并突出地坪线的位置。

3）绘制地坪线

（1）图层切换：将当前工作图层切换至"立面轮廓线"图层。确保地坪线绘制在正确的图层上，以便于后续的图层管理和编辑。

（2）多段线绘制：使用【PL】多段线命令，沿 -0.450 m 辅助线绘制地坪线。在绘制过程中，将多段线的全局宽度设置为 50，以突出显示地坪线，增强立面图的图面表现力与规范性。绘制完成后，可根据需要隐藏或删除 -0.450 m 辅助线，使图纸清晰简洁，便于阅读和理解（见图 4-9）。

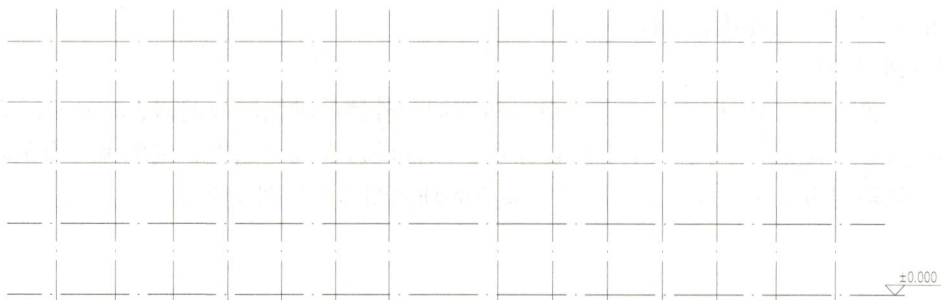

图 4-9　绘制地坪线

3. 绘制外轮廓线

立面外轮廓线是建筑立面图的核心要素，它勾勒出建筑物的整体形态和外部边界。绘制立面外轮廓线需严谨细致，确保准确反映建筑造型。具体操作步骤如下。

微课——
绘制外轮廓线

1）竖向轮廓线绘制

使用【XL】构造线命令，以一层平面图中对应造型的边界线为基准，在一层平面图中进行垂直投影，生成竖向外轮廓定位线。此步骤需确保竖向轮廓线与平面图造型严格对应，保证立面图与平面图的一致性。

2）横向辅助线创建

使用【XL】构造线命令，在地坪线位置绘制一条水平辅助线。根据模型尺寸，运用【O】偏移命令，依次向上偏移 16 650 mm 和 20 250 mm，生成横向外轮廓定位线。这些辅助线将作为绘制横向外轮廓的基准，确保立面外轮廓的准确性和规范性。

3）线条修剪

使用【TR】剪切命令，对超出轮廓范围的多余线条进行修剪，完成立面外轮廓线的基础框架绘制。修剪过程中需仔细操作，确保轮廓线的完整性和准确性，为后续绘制建筑构件和细节奠定基础（见图 4-10）。

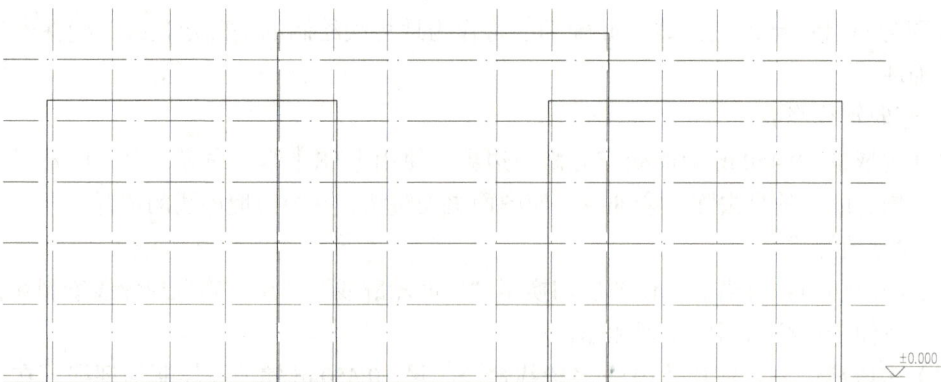

图 4-10　绘制轮廓线

4. 绘制装饰造型线

装饰造型线是丰富建筑立面图视觉效果、表达建筑风格特征的关键元素。绘制时需注重线条的精准度和层次感，以清晰展现建筑立面的装饰细节。

1）横向装饰造型定位

（1）基础偏移定位。

①顶部装饰造型定位：使用【O】偏移命令，将横向外轮廓线向下偏移1 300 mm，以此确定顶部装饰造型的基线位置。此基线将作为绘制顶部装饰元素的基准线。

②底部装饰造型定位：分别将左、右两侧的横向轮廓线向下偏移12 000 mm，形成底部装饰造型的初步定位线。再次使用【O】偏移命令，将此定位线继续向下偏移900 mm，最终完成底部装饰造型定位线的精确绘制。

（2）内部线条细化。

①顶部装饰内轮廓线生成：针对顶部装饰造型定位线及其上方左侧装饰造型定位线，使用【O】偏移命令，依次向内偏移200 mm和100 mm。通过两次偏移操作，生成顶部装饰的内轮廓线，从而构建出顶部装饰的层次感和立体感（见图4-11）。

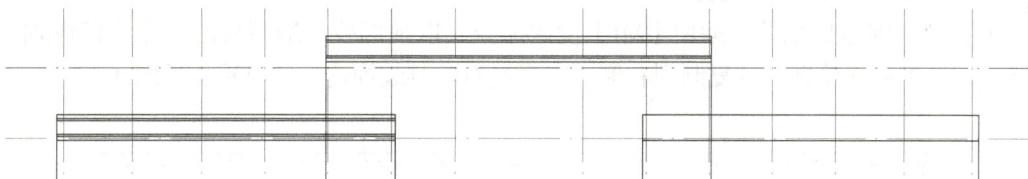

图4-11　绘制顶部与上方左侧装饰造型线

②底部装饰内轮廓线生成：针对下方左侧装饰造型定位线，使用【O】偏移命令，向内依次偏移150 mm和100 mm。通过两次偏移操作，生成底部装饰的内轮廓线（见图4-12）。此步骤进一步细化了底部装饰的造型，增强了装饰的层次感和立体感，使建筑立面图更加生动和富有细节。

图4-12　绘制下方左侧装饰造型线

2）竖向装饰造型构建

（1）顶部装饰造型绘制。

辅助定位线创建：以左侧竖向外轮廓线为基准，使用【O】偏移命令向外偏移400 mm，生成第一条竖向辅助定位线。再次使用【O】偏移命令，将第一条辅助定位线向外偏移100 mm，创建第二条竖向辅助定位线，再将第二条辅助定位线向外偏移100 mm，创建第三条竖向辅助定位线。这3条辅助定位线将为后续绘制竖向装饰造型提供参考（见图4-13）。

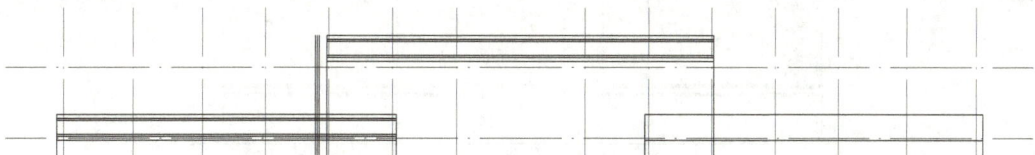

图4-13　创建竖向辅助定位线

（2）线条延伸与修剪。

①装饰造型线延伸：使用【EX】延伸命令，将左侧装饰造型线向左延伸至最外侧辅助线位置，确保装饰造型线与辅助线相接，形成完整的装饰造型轮廓。

②多余线段修剪：通过【TR】修剪命令，修剪掉超出辅助线范围的多余线段，使装饰造型线更加精准和整洁（见图4-14）。

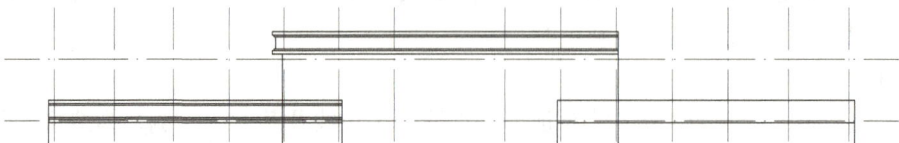

图4-14　线条延伸与修剪

（3）镜像操作与对称调整。

①右侧装饰造型镜像：运用【MI】镜像命令，以顶部装饰造型线的中点为镜像轴，将左侧装饰造型截面轮廓镜像复制到右侧，实现左右两侧装饰造型的对称（见图4-15）。

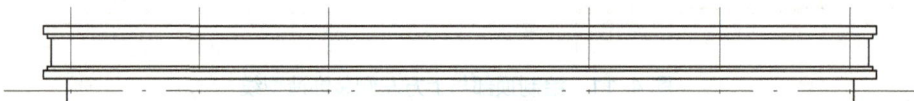

图4-15　镜像操作

②右侧造型位置调整：由于两侧造型距离外轮廓线一致，需通过【M】移动命令将右侧装饰造型截面轮廓向右平移600 mm，确保右侧装饰造型与左侧装饰造型精确对称。

③右侧线条完善：对右侧线条执行【EX】延伸和【TR】修剪操作，完善右侧装饰造型轮廓，使其与左侧装饰造型保持一致性和协调性（见图4-16）。

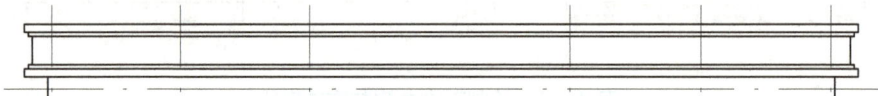

图4-16　绘制顶部装饰造型完成

④重复绘制流程：根据设计需求和图纸要求，重复上述操作步骤，完成剩余装饰造型的绘制（见图4-17）。在绘制过程中，需注意保持装饰造型的层次感、立体感和整体协调性。

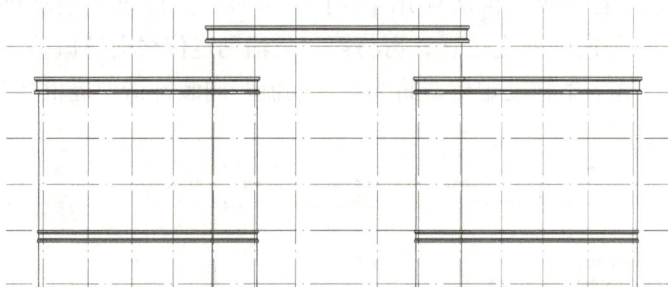

图4-17　绘制剩余装饰造型

3）绘制侧面雨棚线

（1）图层准备：将当前工作图层切换至"立面造型线"图层，确保后续绘制的雨棚线条位于正确的图层上。

（2）截面复制：使用【CO】复制命令，将一层左侧装饰造型截面水平向左复制1 550 mm，作为雨棚造型的基础模块。

（3）内部造型线绘制：使用【XL】构造线命令，以左侧装饰造型线为基准，依次绘制雨棚内部造型线，勾勒出雨棚的轮廓和细节。

（4）线条修剪：使用【TR】修剪命令，对超出雨棚范围的线条进行修剪，确保雨棚造型的精确性和整洁性。

（5）图层属性匹配：使用【MA】格式刷命令，将"立面造型线"图层中雨棚线的图层属性（如线型、线宽、颜色等）匹配至"立面轮廓线"图层中的雨棚轮廓线，确保图层属性的一致性，使图纸更加规范统一。

（6）镜像复制与对称绘制：使用【MI】镜像命令，以立面图垂直中线为镜像轴，将左侧雨棚造型镜像复制到右侧，完成雨棚的对称绘制。通过镜像操作，可以快速生成右侧雨棚，提高绘图效率，同时保证两侧雨棚的对称性和一致性（见图4-18）。

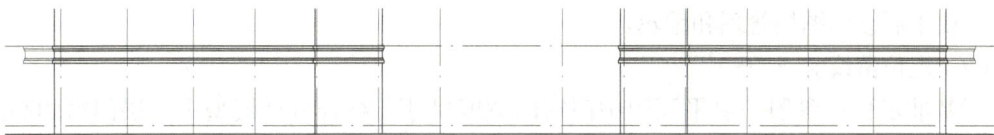

图4-18 绘制侧面雨棚线

5. 轮廓优化与边界处理

进行轮廓优化与边界处理能够显著提升图纸的清晰度和规范性，便于后续的图纸查看、修改及交流。以下是具体的操作步骤与方法。

（1）图层管理：将当前图层切换至"立面轮廓线"图层。使用【1】隐藏对象图层命令，选择"公-轴网"图层和"立面造型线"图层进行隐藏。暂时隐藏这两个图层可使绘图区域更加简洁，使制图者能更专注于立面图的轮廓处理。

（2）边界创建。

①绘制矩形框：使用【REC】矩形命令绘制一个能完全包裹立面图的矩形框。确保矩形框的范围足够大，将立面图的所有部分都包含在内，避免因矩形框过小导致后续填充和轮廓生成不完整。

②图案填充与生成多段线轮廓：对绘制好的矩形与立面图之间的区域进行图案填充。填充图案任意，填充完成后，利用填充边界功能生成多段线轮廓。这一步是通过填充区域的边界来确定立面图的外轮廓范围，从而生成准确的多段线轮廓。

③删除多余对象：填充图案和生成多段线轮廓后，需要将填充图案及多段线中多余的线段删除。最终仅保留能够准确表示立面图外轮廓的边界线。

（3）轮廓细化：选中刚才保留的外轮廓线，通过CAD软件的特性编辑功能，将外轮廓线的全局宽度设置为50。全局宽度的设置能够让外轮廓线在图纸中以更粗的线条显示，与其他线条形成明显对比，便于查看和识别（见图4-19）。

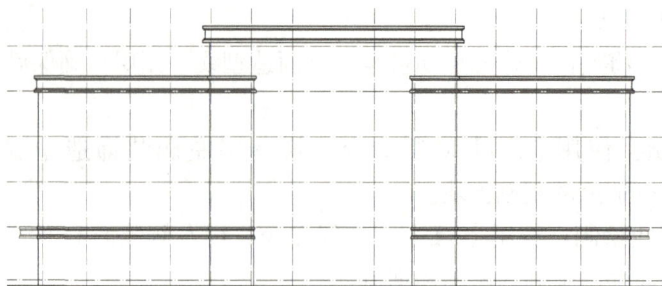

图 4-19　轮廓优化与边界处理

4.4.2　绘制立面门窗

1. 绘制立面门窗洞口

立面门窗洞口是建筑立面图的重要组成部分，其位置和尺寸需严格依据平面图和模型数据确定，并符合建筑制图规范。

微课——
绘制立面门窗洞口

1）绘制一层立面门窗洞口

（1）图层设置。将当前工作图层切换至"立面门窗"图层，确保门窗洞口绘制在专用图层上，便于后续的图层管理和编辑。

（2）定位落线。

①基准定位：参照一层平面图中门窗的宽度尺寸，结合 IFC 模型中一层门窗的高度尺寸，使用【XL】构造线命令，沿着一层平面图上门窗的位置进行垂直投影，精确落线，确定门窗洞口在立面图上的水平位置。

②基准线绘制：在地坪线位置绘制一条水平辅助线，作为门窗洞口高度方向的基准线。此基准线将用于统一控制门窗洞口的高度尺寸，确保门窗洞口高度的准确性。

（3）门洞口高度确定。

①基准偏移：使用【O】偏移命令，将地坪线处的水平辅助线向上偏移 450 mm，生成门洞门槛基准线。

②门洞高度定位：再次使用【O】偏移命令，将门槛基准线向上偏移 2 700 mm，以此确定门洞口的顶部标高，从而完成门洞口高度的精确控制。

（4）门洞口轮廓完善。使用【F】倒角命令，对门洞的角部进行倒角处理，完善门洞的外部轮廓形状（见图 4-20），提升立面图的视觉效果。

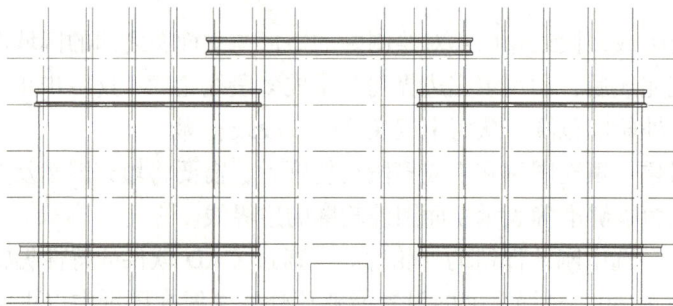

图 4-20　绘制门洞口

（5）窗洞口高度确定。

①基准偏移：运用【O】偏移命令，将地坪线处的水平辅助线向上偏移950 mm，生成窗台基准线。

②窗洞高度定位：再次使用【O】偏移命令，将窗台基准线向上偏移2 800 mm，以此确定窗洞口的高度，完成窗洞口高度的精确控制。

（6）窗洞口轮廓完善。使用【TR】修剪命令，修剪窗洞口处多余的线条，确保窗洞口轮廓的清晰度和准确性，使窗洞口线条整洁规范（见图4-21）。

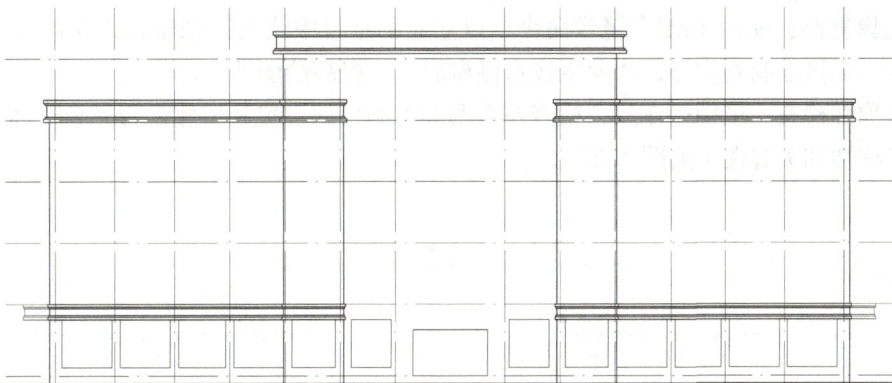

图4-21　绘制一层窗洞口

2）绘制二层及以上矩形窗洞口

（1）图纸对齐与定位。

①图纸布局：将二层平面图精准放置于立面图的正上方，确保上下楼层图纸严格对应，为后续窗洞口的垂直对齐奠定基础。

②定位线绘制：使用【XL】构造线命令，在立面图与二层平面图之间绘制垂直定位线，实现图纸的精确对位，确保二层及以上窗洞口在立面图上的位置与平面图完全一致。

（2）定位落线与基准线建立。

①基准数据参考：参照二层平面图中窗的宽度尺寸，并结合IFC模型中二层及以上矩形窗的高度尺寸，作为绘制依据。

②垂直投影定位：使用【XL】构造线命令，沿着二层平面图上矩形窗的位置进行垂直投影，精确落线，确定窗洞口在立面图上的水平位置。

③高度基准线绘制：在标高为4.200 m的位置绘制一条水平辅助线，作为二层及以上窗洞口高度方向的统一基准线，确保各层窗洞口高度的一致性和准确性。

（3）窗洞口高度确定。

①二层窗洞口高度控制：使用【O】偏移命令，将4.200 m标高处的水平辅助线依次向上偏移1 000 mm和2 900 mm，精确控制二层矩形窗洞口底部和顶部标高，完成二层窗洞口高度的定位。

②三层窗洞口高度控制：以二层窗洞口顶部偏移线为基准，再次使用【O】偏移命令，依次向上偏移1 100 mm和3 400 mm，精确控制三层矩形窗洞口底部和顶部标高，完成三层窗洞口高度的定位。

③四层窗洞口高度控制：以三层窗洞口顶部偏移线为基准，继续使用【O】偏移命令，依次向上偏移 1 100 mm 和 3 400 mm，精确控制四层矩形窗洞口底部和顶部标高，完成四层窗洞口高度的定位。

（4）窗洞口轮廓完善。

线条修剪与整理：使用【TR】修剪命令，对二层及以上各层矩形窗洞口处多余的线条进行修剪，确保窗洞口轮廓的清晰度、准确性和规范性，使窗洞口线条整洁规范，符合建筑制图标准。

（5）镜像操作与对称绘制。

①镜像复制：使用【MI】镜像命令，以立面图垂直中线为镜像轴，将左侧二层及以上矩形窗洞口镜像复制到右侧，快速生成右侧窗洞口，提高绘图效率。

②对称性检查：镜像操作后，检查左右两侧窗洞口的位置和尺寸是否完全对称，确保立面图的对称性和美观性（见图 4-22）。

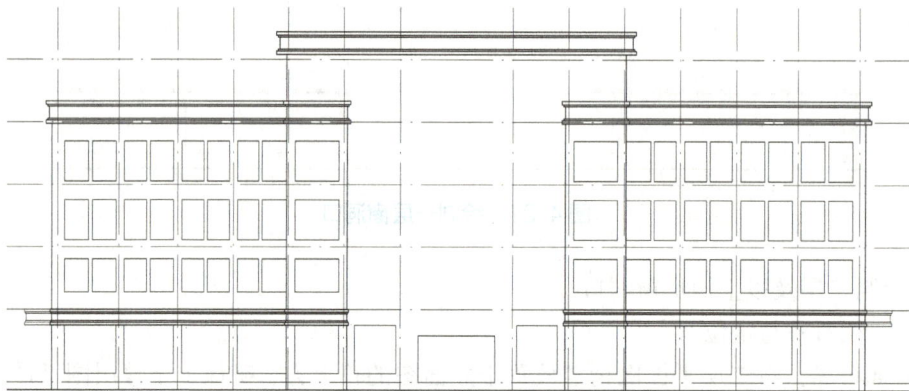

图 4-22　绘制二层及以上矩形窗洞口

3）绘制弧形窗洞口

弧形窗洞口是建筑立面中富有艺术性的元素，其绘制需兼顾几何精度与造型美感。下面以该建筑弧形窗洞口绘制为例，阐述特殊造型窗洞口的绘制方法。

（1）定位落线与基准建立。

①基准数据参考：参照二层平面图中弧形窗的宽度尺寸，并结合 IFC 模型中弧形窗的高度尺寸，作为绘制依据，确保弧形窗洞口与建筑信息模型数据一致。

②垂直定位线绘制：使用【XL】构造线命令，沿二层平面图弧形窗位置进行垂直投影，绘制垂直定位线，间距严格对应窗宽度尺寸，形成洞口左右边界控制线，精确控制弧形窗洞口水平位置。

③高度基准线绘制：在地坪线位置绘制一条水平辅助线，作为窗洞口高度方向的基准线，为后续高度控制提供统一参考。

（2）弧形窗高度控制。

①底部标高定位：使用【O】偏移命令，将水平辅助线向上偏移 5 250 mm，确定弧形窗底部标高线，明确弧形窗的垂直起始位置。

②两侧窗圆弧中线：以底部标高线为基准，继续使用【O】偏移命令，向上偏移

10 450 mm，确定左、右两侧弧形窗的圆弧中线标高。

③中窗圆弧中线：再次使用【O】偏移命令，以侧窗圆弧中线为基准，向上偏移 550 mm（10 975 mm-10 425 mm=550 mm），确定中间弧形窗的圆弧顶部标高。

④线条修剪：使用【TR】修剪命令，裁剪多余线条，确保标高线清晰准确，为圆弧绘制提供精准基准。

（3）圆弧轮廓绘制。

①两侧窗圆心确定：以 10 425 mm 标高辅助线为基准，确定其水平中点，作为左侧和右侧弧形窗的圆心。

②中窗圆心确定：以 10 975 mm 标高辅助线为基准，确定其水平中点，作为中间弧形窗的圆心。

③圆弧绘制：使用【C】圆命令，分别以确定的圆心为基点，绘制半径为 1 200 mm（侧窗）和 2 250 mm（中窗）的 3 个圆，生成弧形窗的完整圆形轮廓。

（4）弧形窗轮廓修剪。

①顶部轮廓成型：使用【TR】修剪命令，修剪辅助线下方的半圆，保留 10 425 mm 标高线和 10 975 mm 标高线以上的 180°圆弧，形成弧形窗顶部流畅的弧形轮廓。

②辅助线清理：删除 10 425 mm 辅助线与 10 975 mm 辅助线，使图纸简洁清晰，突出弧形窗洞口造型（见图 4-23）。

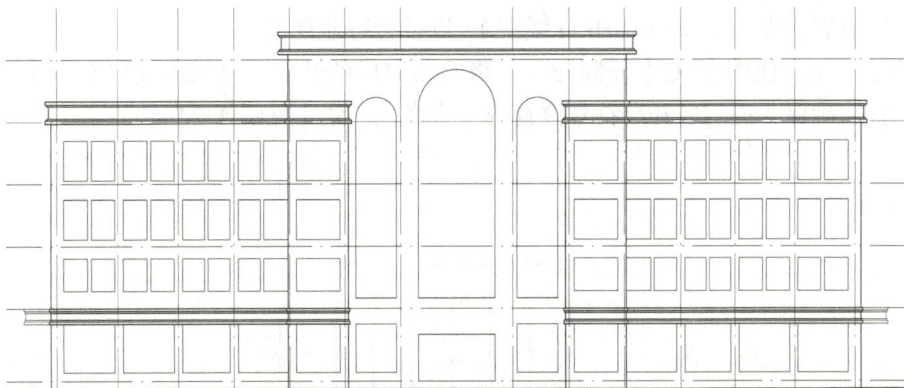

图 4-23　绘制弧形窗洞口

2. 绘制门窗内部造型

微课——
绘制门窗内部造型

1）绘制立面门

（1）内框定位与倒角处理。

①门框定位：使用【O】偏移命令，分别将左、右侧及上侧的门洞线向内偏移 50 mm（门框标准厚度），精准勾勒出门框内轮廓线。

②线条优化：运用【F】倒角命令，对偏移后相交线条进行倒角处理，修剪多余线段。

（2）横梃与竖梃构建。

①水平构件绘制。

• 横梃定位：针对上侧门框线，使用【O】偏移命令，依次向下偏移 625 mm（横梃底部位置）和 50 mm（横梃厚度），生成门扇的水平分隔构件——横梃。

②垂直构件绘制。

• 竖挺定位：针对左、右侧门框线，使用【O】偏移命令，分别向内依次偏移 1 425 mm（第一道竖挺位置）和 50 mm（竖挺厚度），生成 3 道垂直分隔构件——竖挺。

• 门扇分割：通过横挺与竖挺的交叉布置，将门框内空间划分为 3 个等大的门扇区域。

• 交叉修剪：使用【TR】修剪命令，清除横挺与竖挺交叉处的冗余线条，确保门扇分隔线条的精确性和整洁性。

（3）门扇细节绘制。

①中线定位：使用【L】直线命令，从左侧被分割的横挺中点位置垂直向下绘制一条直线，作为门扇中心线。

②偏移成型：使用【O】偏移命令，将中心线分别向左右两侧偏移 25 mm，形成门扇两侧的分隔线条。

③原线清理：删除原始中心线，完成单扇门分隔线条的绘制。

④复制应用：使用【CO】复制命令，将已绘制的分隔线条精准复制至剩余两处门扇区域，确保 3 道门扇分隔样式统一。

（4）开启符号绘制与复制。

①图层切换：将当前工作图层切换至"门窗开启符号"图层，确保开启符号绘制在专用图层上，便于图层管理与出图控制。

②符号绘制：使用【PL】多段线命令，依据建筑制图标准，绘制门窗开启符号。开启符号线型应设置为虚线（如 DASHED 线型），以符合行业规范。

③符号复制：使用【CO】复制命令，将绘制完成的开启符号精准复制至剩余两处门扇的对应位置，确保 3 道门扇开启符号位置统一、样式一致（见图 4-24）。

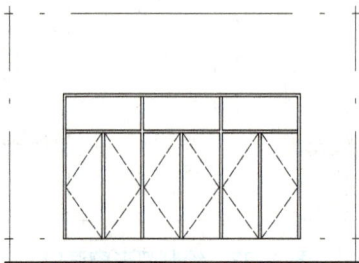

图 4-24　绘制立面门窗

2）绘制矩形立面窗

（1）绘制底层最左侧矩形窗。

①内框定位与倒角处理。

• 窗框定位：使用【O】偏移命令，将窗洞口外轮廓线向内偏移 50 mm（窗框厚度），生成窗框内侧轮廓线。

• 线条优化：使用【F】倒角命令，对偏移后相交线条进行倒角处理，修剪多余线段。

②横挺、竖挺绘制。

• 针对窗框上、下边界线，分别向内偏移 525 mm（横挺底部位置）和 50 mm（横挺厚度），形成水平分隔构件（横挺）。

• 针对窗框左、右边界线，分别向内偏移 525 mm（竖挺左边界线和右边界线）和 50 mm（竖挺厚度），形成垂直分隔构件（竖挺）。

③线条修剪：使用【TR】修剪命令，删除横挺与竖挺交叉处的多余线段，形成清晰的窗框图形。

④开启符号绘制：使用【PL】多段线命令，依据建筑制图标准，绘制门窗开启符号。开启符号线型应设置为虚线（如 DASHED 线型），以符合行业规范（见图 4-25）。

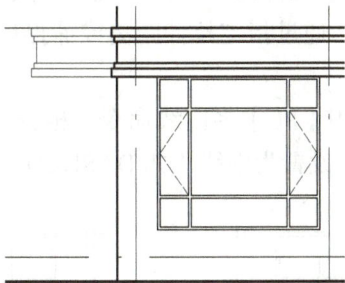

图 4-25   绘制底层最左侧矩形窗

（2）批量绘制底层最左侧矩形窗。

①同层标准窗复制：以首个绘制完成的窗左上角为基点（捕捉端点），使用【CO】复制命令沿水平方向依次复制至同层其他窗洞口位置，确保水平间距符合设计要求。

②变宽窗调整：针对宽度不同的窗洞口，使用【S】拉伸命令，框选右侧矩形窗的右侧边中点控制点，水平拖动至目标尺寸，使窗造型与洞口完全匹配（见图 4-26）。

图 4-26   绘制一层矩形窗

（3）二层及以上标准窗复制：以同列绘制完成的矩形窗左上角为基点（捕捉端点），使用【CO】复制命令沿垂直方向依次复制至二、三、四层窗洞口位置，建议开启正交模式（F8）保证垂直对齐。

（4）差异处理（见图 4-27）。针对二层与一层窗的细微造型差异，具体操作步骤如下。

①删除多余元素：选中并删除原门窗开启符号，以及与二层设计不符的横挺、竖挺等多余线条。操作时，可通过框选或点选的方式，确保不遗漏需删除的线条，同时避免误删有用图形。

②延伸线条：执行【EX】延伸命令，将删除竖挺线条后留下的部分进行延长操作。首先选择延伸边界（如窗洞边线等合适的参照对象），再选择需要延伸的线条，系统会自动将线条延伸至边界，保证图形的连贯性与准确性。

③拉伸调整尺寸：使用【S】拉伸命令对窗高度方向尺寸进行调整。在操作过程中，需先确定拉伸的基点和位移方向，通过指定拉伸距离或捕捉目标点，实现窗高度的精确修改，以符合二层设计要求。

④补绘门窗开启符号：调用【PL】多段线命令，根据门窗开启方式及设计规范，补绘门窗开启符号。开启符号线型应设置为虚线（如 DASHED 线型），以符合行业规范。

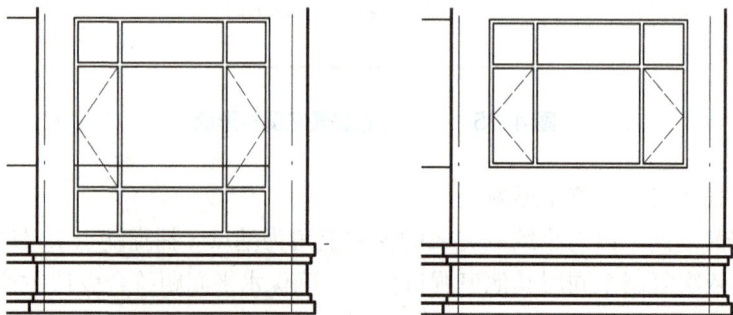

图 4-27　差异处理矩形窗

（5）上层变宽窗调整：针对三、四层变宽窗洞口，使用【S】拉伸命令，框选下方矩形窗的底部边中点控制点，垂直拖动至目标尺寸，确保窗造型与洞口完全匹配。

（6）开启符号补绘：使用【PL】多段线命令，补绘所有未绘制开启符号的窗户（见图 4-28）。

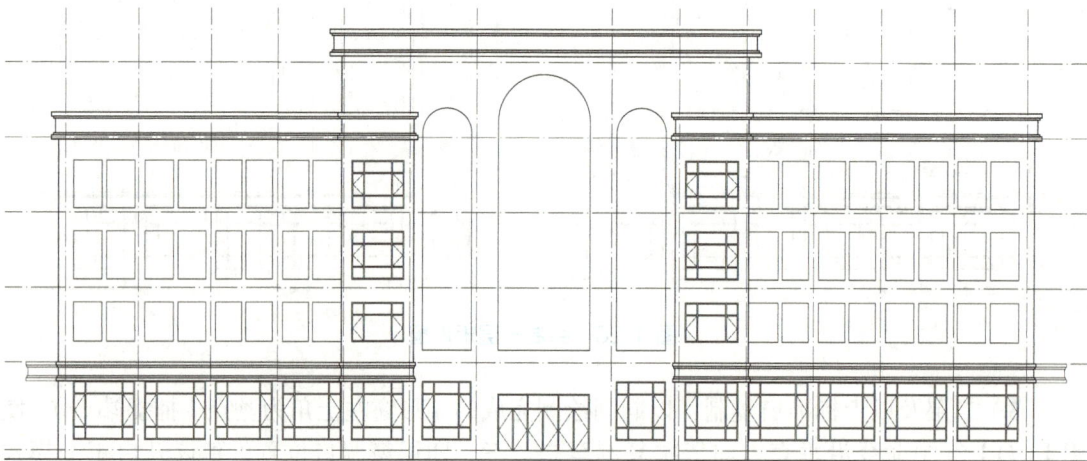

图 4-28　绘制相同造型矩形窗

3）绘制二层最左侧矩形窗

（1）内框定位与倒角处理。

①窗框定位：使用【O】偏移命令，将窗洞口外轮廓线向内偏移 50 mm（窗框厚度），生成窗框内侧轮廓线。

②线条优化：运用【F】倒角命令，对偏移后相交线条进行倒角处理，修剪多余线段。

（2）横挺、竖挺绘制：针对窗框上边界线，分别向下偏移 525 mm（横挺底部位置）和 50 mm（横挺厚度），形成水平分隔构件（横挺）。针对窗框左边界线，分别向内偏移 525 mm（竖挺左边界线）和 50 mm（竖挺厚度），形成垂直分隔构件（竖挺）。

（3）线条修剪：使用【TR】修剪命令，删除横挺与竖挺交叉处的多余线段，形成清晰的窗框图形。

（4）开启符号绘制：使用【PL】多段线命令绘制开启符号，开启符号应设置为虚线，以符合制图标准（见图 4-29）。

4）批量绘制二层最左侧矩形窗

（1）镜像对称绘制：针对左右对称的窗位布局，以已绘制完成的二层最左侧矩形窗为基准，使用【MI】镜像命令生成对称侧窗（见图 4-30）。

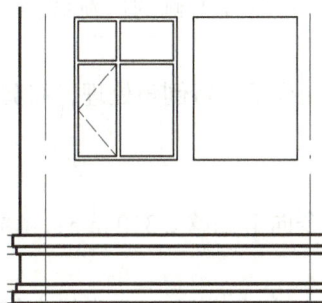

图 4-29 绘制二层最左侧矩形窗　　　　图 4-30 镜像对称绘制矩形窗

（2）标准窗复制：使用【CO】复制命令，以镜像生成的对称窗及原始窗为标准单元，沿水平方向依次复制至二层其他窗洞口位置。

（3）非标窗调整：对非标准尺寸窗洞口，先复制标准窗至目标位置，然后使用【S】拉伸命令，通过框选窗体右侧/顶部控制点调整宽度或高度参数。调整完成后，使用【PL】多段线命令重新绘制开启符号。

（4）三层及以上窗户绘制。

①三层窗户：使用【CO】复制命令将二层矩形窗垂直复制至三层对应洞口，删除原开启符号。

②尺寸匹配：如三层窗洞口尺寸不同，使用【S】拉伸命令框选窗体底部控制点，垂直拖动至与洞口底部对齐。

③符号补绘：对需开启的三层窗，使用【PL】命令绘制新开启符号。

④四层延伸：将调整后的三层窗通过【CO】命令复制至四层，检查垂直对齐状态（见图 4-31）。

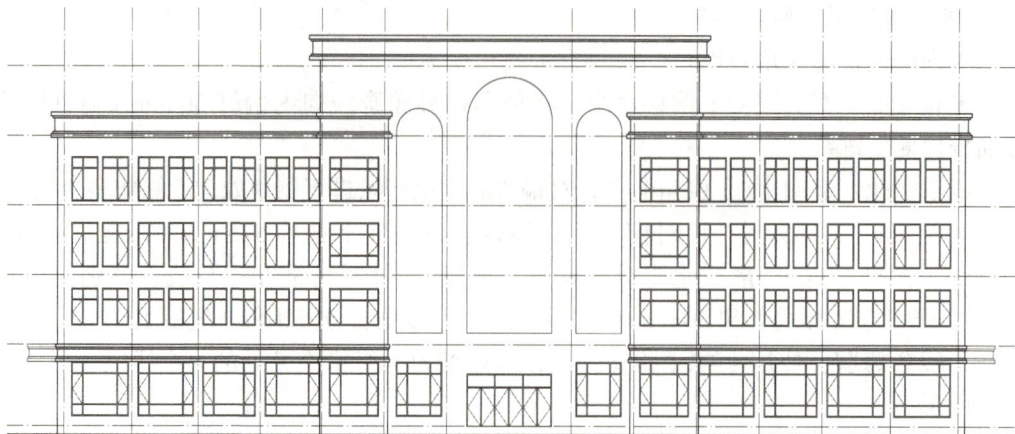

图 4-31　矩形窗绘制完成

3. 绘制弧形窗造型

1）绘制基础内构框架

（1）内框定位与倒角处理。

①门框定位：使用【O】偏移命令，分别将左、右侧及上侧的门洞线向内偏移 50 mm（门框标准厚度），精准勾勒出门框内轮廓线。

②线条优化：运用【F】倒角命令，对偏移后相交线条进行倒角处理，修剪多余线段。

（2）横挺、竖挺绘制。

①绘制横挺。

• 以弧形窗底部弧线为基准，使用【O】偏移命令向上偏移 2 350 mm，生成横挺一定位线，继续向上偏移 50 mm，生成横挺一厚度。

• 以横挺一上边线为基准线向上偏移 550 mm，生成横挺二定位线，继续向上偏移 50 mm，生成横挺二厚度（次横挺）。

• 以横挺二上边线为基准线向上偏移 550 mm，生成横挺三定位线，继续向上偏移 50 mm，生成横挺三厚度。

• 以横挺三上边线为基准线向上偏移 2 350 mm，生成横挺四定位线，继续向上偏移 50 mm，生成横挺四厚度。

• 以横挺四上边线为基准线向上偏移 550 mm，生成横挺五定位线，继续向上偏移 50 mm，生成横挺五厚度。

• 以横挺五上边线为基准线向上偏移 550 mm，生成横挺六定位线，继续向上偏移 50 mm，生成横挺六厚度。

• 以横挺六上边线为基准线向上偏移 3 150 mm，生成横挺七定位线，继续向上偏移 50 mm，生成横挺七厚度。

②绘制竖挺。以弧形窗左右垂直边界线为基准线，使用【O】偏移命令向内偏移 725 mm 生成竖挺一、二的边界线，再依次向内偏移 50 mm，生成竖挺一和竖挺二（见图 4-32）。

图 4-32　绘制弧形窗横、竖挺

2）顶部窗框绘制

（1）图层设置：将当前图层切换至"立面门窗"图层。

（2）中心垂直线：使用【L】直线命令，捕捉最上层横挺的中点及半圆弧的圆心，绘制垂直中心线。

（3）45°斜线构造。

①斜线绘制。

• 启用【F10】极轴追踪（角度增量设为 45°），使用【L】直线命令从中心线与最上层水平分隔线交点出发，向右绘制 45°斜线。

• 使用【MI】镜像命令，以垂直中心线为镜像轴，生成左侧对称斜线（见图 4-33）。

②绘制 45°窗框。

• 使用【O】偏移命令，将斜线与中心垂直线向两侧各偏移 25 mm，形成 45°窗框。

• 删除原始中心线及单线斜线，保留偏移后的 45°窗框。

（4）细节修剪：使用【TR】修剪命令，修剪超出窗框边界及圆弧轮廓的冗余线条（见图 4-34）。

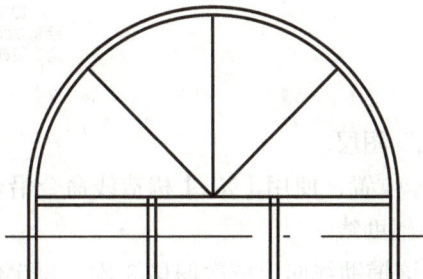

图 4-33　绘制斜线构造

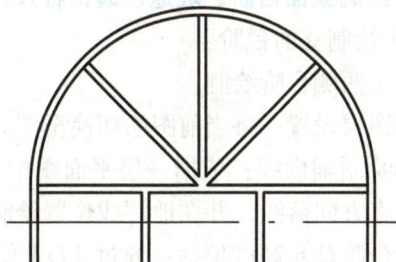

图 4-34　绘制顶部窗框

3）对称造型复制

使用【MI】镜像命令，选择已绘制的左侧弧形窗造型，以垂直中心线为镜像轴，生成右侧对称部分（见图 4-35）。

图 4-35　绘制对称弧形窗

重复上述步骤，完成中间弧形窗立面窗的绘制（见图 4-36）。

图 4-36　绘制中间弧形窗

4.4.3　绘制立面装饰造型

1. 绘制立面台阶、坡道、装饰柱及门头

1）绘制立面台阶

（1）两侧台阶绘制。

①图层设置：将当前图层切换至"立面轮廓线"图层。

②绘制辅助线：依据一层平面图中台阶的具体位置，使用【XL】构造线命令沿台阶轮廓线竖直方向落线，并在地坪线位置绘制一道水平辅助线。

③台阶踏步高度偏移：通过【O】偏移命令将该辅助线向上依次偏移 3 次，每次偏移距离均为 150 mm（单级踏步高度），生成侧边台阶的水平踏步线。

④完善轮廓：使用【F】倒角与【TR】剪切命令处理多余的线条，得到台阶的基本轮廓。

⑤台阶内部填充：将当前图层切换为"立面填充"图层，使用【H】填充命令选择 SOLID 图案，对两侧台阶图形进行填充。

微课——
绘制立面台阶、坡道、装饰柱及门头

⑥镜像复制操作：以立面图中线为镜像轴，通过【MI】镜像命令将已绘制完成的一侧台阶镜像复制到另一侧，完成两侧台阶的绘制（见图4-37）。

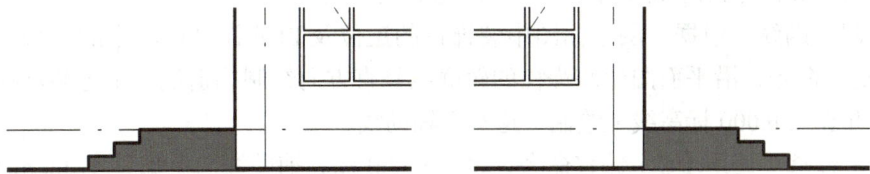

图4-37 绘制两侧台阶

（2）中间造型处台阶绘制。

①图层设置：将当前图层切换至"立面造型线"图层。

②绘制辅助线：根据一层平面图中台阶的位置，使用【XL】构造线命令，沿台阶两侧轮廓线竖直方向绘制构造线，同时在地坪线位置处绘制一道水平辅助线。

③台阶踏步高度偏移：使用【O】偏移命令，将水平辅助线向上依次偏移3次，每次偏移距离为150 mm（单级踏步高度），生成中间台阶的水平踏步线。

④完善轮廓：使用【TR】修剪命令，清除踏步线以上及两侧的多余线条，完成中间造型台阶的轮廓绘制（见图4-38）。

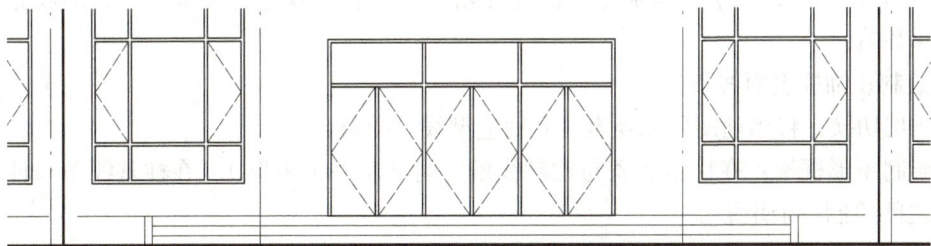

图4-38 绘制中间造型处台阶

2）绘制立面坡道

①绘制辅助线：根据一层平面图中坡道的定位，使用【XL】构造线命令，在平面图对应位置竖直方向绘制构造线，确定坡道的垂直投影范围。

②绘制坡道斜边：使用【L】直线命令，连接两侧台阶的左上端点（或右上端点，根据坡道方向）与构造线、地坪线的交点，形成坡道的斜边轮廓。

③完善轮廓：使用【TR】修剪命令，修剪坡道轮廓以外的多余线条（如台阶踏步线、构造线等，使坡道轮廓清晰完整（见图4-39）。

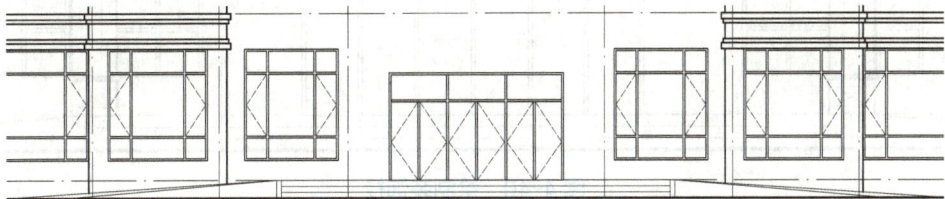

图4-39 绘制立面坡道

3）绘制立面装饰柱造型

（1）装饰柱基本轮廓绘制。

①图层设置：将当前图层切换至"立面轮廓线"图层。

②绘制辅助线：根据一层平面图中装饰柱的定位及 PDF 设计说明中的造型尺寸，使用【XL】构造线命令，沿平面图中装饰柱的轮廓线竖直方向绘制构造线，确定装饰柱的垂直投影范围，并在 ±0.000 标高线上绘制一道水平辅助线。

③高度偏移：使用【O】偏移命令，将 ±0.000 标高辅助线向上偏移 4 100 mm，确定装饰柱的顶部高度。

④完善轮廓：使用【TR】修剪命令，清除装饰柱轮廓以外的多余线条，使用【F】倒角命令，对装饰柱四角进行倒角处理，最终得到装饰柱的基本轮廓。

（2）装饰柱细节造型绘制。

①绘制柱帽、柱基造型。

• 柱帽线条：使用【O】偏移命令，将装饰柱顶部线条依次向下偏移 100 mm、50 mm，生成柱帽的分隔线。

• 柱基线条：使用【O】偏移命令，将装饰柱底部线条依次向上偏移 450 mm、50 mm，生成柱基的分隔线。

• 绘制线条细节：使用【O】偏移命令，将装饰柱左右两侧线条各向外偏移两次，每次偏移 50 mm。使用【TR】修剪命令，清除柱帽、柱基造型以外的多余线条，形成完整的装饰柱细节轮廓。

②绘制装饰柱表面线条。

• 图层切换：将当前图层切换至"立面造型线"图层。

• 绘制矩形框架：在柱帽线条与柱基线条之间绘制一个矩形 1。在柱基线条与柱子最底部线条之间绘制一个矩形 2。

• 矩形偏移：使用【O】偏移命令，将矩形 1 向内偏移 200 mm，将矩形 2 向内偏移 100 mm。

• 绘制交叉线：使用【L】直线命令，在矩形 2 内绘制交叉线，完善装饰柱的细节造型（见图 4-40）。

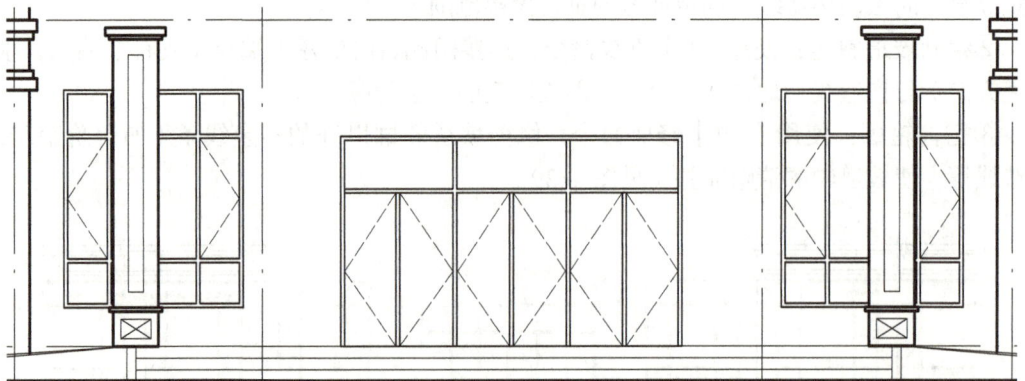

图 4-40　绘制装饰柱

4）绘制门头

（1）图层设置：将当前图层切换至"立面轮廓线"图层。

（2）绘制辅助线：使用【XL】构造线命令在装饰柱顶部绘制一道水平辅助线。

（3）门头边界确定：根据 IFC 模型中门头的造型尺寸，使用【O】偏移命令将水平辅助线向上偏移 1 200 mm，将门头左右两侧的立面轮廓线各向内依次偏移 150 mm，确定门头的边界线。

（4）裁剪弧形窗：使用【TR】剪切命令，以门头顶部为边界修剪弧形窗底部线条。

（5）绘制门头表面线条：将门头的 4 条边界线向内依次偏移 200 mm、100 mm，绘制出门头表面线条。

（6）完善轮廓：使用【TR】剪切命令修剪掉多余的线条，完成门头的绘制（见图 4-41）。

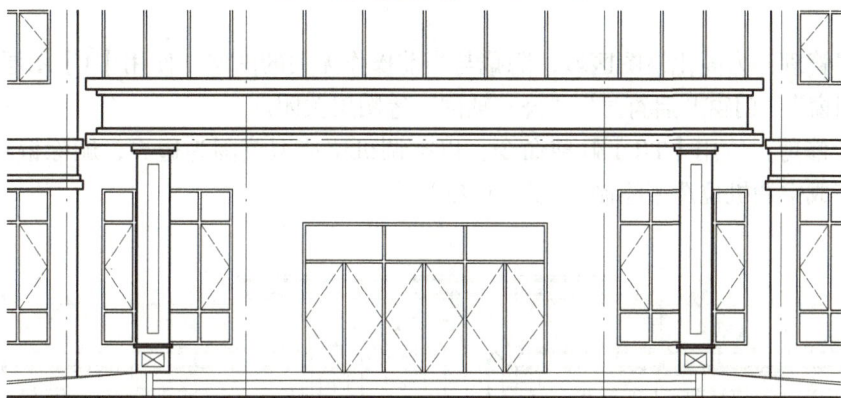

图 4-41　绘制门头

2. 绘制立面竖向装饰线条、空调机位造型与弧形窗窗套

1）绘制竖向装饰线条

矩形窗左右两侧设有贯穿式装饰线条，该线条不仅是立面装饰的核心部分，也是后续空调机位造型的定位基准。因此，需优先完成竖向装饰线条的绘制。具体操作如下。

微课——
绘制立面竖向装饰线条、空调机位造型与弧形窗窗套

（1）图层设置：将当前图层切换至"立面造型线"图层。

（2）构造线绘制：使用【XL】构造线命令，分别沿矩形窗左右两边绘制垂直线。

（3）线条修剪：使用【TR】剪切命令，以立面绘制范围边界为修剪边，删除超出范围的垂直线。

（4）镜像复制：利用【MI】镜像命令，以立面图中心线为镜像轴，将左侧竖向线条镜像复制到右侧（见图 4-42）。

2）绘制空调机位造型

（1）空调机位造型绘制。空调机位是建筑立面功能性与装饰性的重要组成部分。除一层矩形窗外，其余楼层均需设计空调机位。具体绘制步骤如下。

①绘制辅助线：使用【XL】构造线命令，沿矩形窗上下两边分别绘制水平线。

②偏移操作：使用【O】偏移命令，将矩形窗的横向窗边线向外偏移 100 mm，生成空调机位的外边界线。

图 4-42　绘制立面竖向装饰线条

③图层管理：为简化绘图区域，隐藏与当前操作无关的图层，使用【1】图层关闭命令，将"立面门窗""门窗开启符号""公－轴网"等图层关闭。

④线条修剪：使用【TR】修剪命令，以空调机位造型范围为边界，删除偏移生成的多余线条，完成空调机位造型绘制（见图 4-43）。

图 4-43　绘制空调机位造型

（2）空调百叶绘制。依据立面图中空调百叶的造型设计，需通过填充命令模拟百叶效果。具体操作如下。

①图层设置：将当前图层切换至"立面填充"图层。

②填充参数设置：

• 调用【H】填充命令，打开"填充"对话框。

• 在"图案"选项中选择 ANSI31 图案类型（此图案为 45°交叉线，可模拟百叶的格栅效果）。

• 设置"角度"为 135°，使图案纹理与百叶倾斜方向一致；"比例"设为 1∶1 000，避免图案过密或过疏。

③区域选择与填充：单击【添加：拾取点（K）】按钮，在绘图区域中单击窗台下空调百叶所在封闭区域，按空格键完成选择，系统自动生成填充图案（见图 4-44）。

图 4-44 绘制空调百叶

3）绘制弧形窗窗套

弧形窗窗套是立面装饰的重要细节，需依据尺寸与图层规范进行绘制。具体操作如下。

（1）窗套偏移：使用【O】偏移命令，将弧形窗最外围线向外偏移 100 mm，生成弧形窗的窗套外轮廓线。

（2）图层修改：使用【MA】格式刷命令，以"立面造型线"为源对象，将偏移生成的线条作为目标对象，将图层修改为"立面造型线"图层（见图 4-45）。

图 4-45 绘制弧形窗窗套

4.4.4 绘制立面填充

1. 绘制黑色分隔缝

根据《梓智·未来坊综合楼南立面图》，装饰造型分隔缝呈横向均匀分布，间距为 500 mm，具体绘制方法如下。

微课——
绘制立面填充

1）填充参数设置

• 输入【H】填充命令，打开"填充"对话框。

• 在"类型"选项中选择"用户定义"（此类型创建平行线填充图案）。

• 设置"间距"为 500（此值对应分格缝的设计间距要求）。

2）区域填充

单击【添加：拾取点（K）】按钮，在需要绘制分隔缝的立面装饰区域内单击，按空格键确认，系统自动创建间距为 500 mm 的横向平行直线填充图案，即所需的分格缝效果（见图 4-46）。

图 4-46　绘制黑色分隔缝

2. 立面材料填充

根据《梓智·未来坊综合楼南立面图》，建筑立面材质主要为浅色真石漆和深咖啡色真石漆。其中，一层立面材质为深咖啡色真石漆，二层及以上立面材质为浅色真石漆。具体填充步骤如下。

（1）浅色真石漆区域处理：由于浅色真石漆面积较大且无特殊纹理需求，该区域不进行图案填充（留白处理）。此方式既能体现材质特性，又可避免图面因过度填充而显得繁杂。

（2）深咖啡色真石漆填充。

• 调用【H】填充命令，打开"填充"对话框。

• 在"图案"选项中选择 DOTS 图案（模拟真石漆颗粒质感）。

• 设置"比例"为 1∶2 000（注意：比例值需根据图纸输出比例动态调整，以确保颗粒密度适宜，避免过密或过疏）。

• 单击【添加：拾取点（K）】按钮，在一层立面区域内单击，按空格键确认边界选择。单击【确定】按钮完成填充，生成模拟深咖啡色真石漆质感的图案（见图 4-47）。

图 4-47　立面材料填充

4.4.5　图纸排版、尺寸标注及文字说明

1. 图纸排版

图纸排版是将绘制好的图形合理布局在图纸上，以便清晰、准确地展示设计内容。

（1）页面切换：将绘图页面从模型空间切换至布局页面。

（2）复制图框与视口：使用【CO】复制命令将上一张图的图框与视口框整体向右复制一份。

（3）移动视口：将复制后的视口移动至图框的中心位置。

（4）视口内容设置。

①双击进入视口框内部，将视口框内的内容调整为立面图。

②将视口的比例修改为1∶80，以确保立面图能够以合适的比例展示在图纸上。

③修改完成后，将视口锁定，防止在后续操作中误修改视口内容和比例。

（5）标注信息完善。

①对图名标注、比例、图号等信息进行修改和完善，使其与当前立面图的内容相匹配。

②完善图例表，确保图例能够准确反映图纸中所使用的各种材料（见图4-48）。

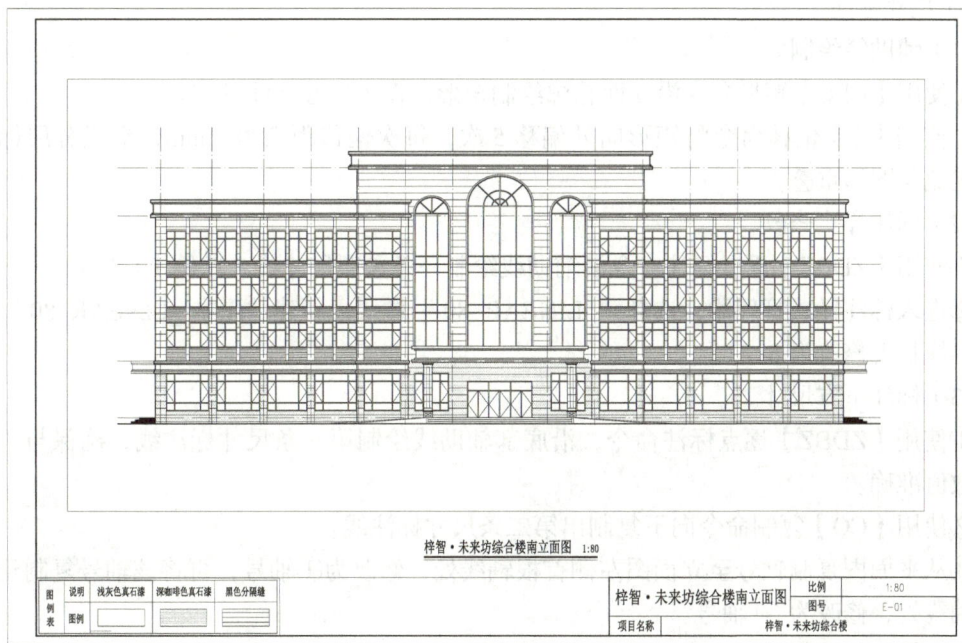

图 4-48　立面图纸排版

2. 图纸尺寸标注

1）标高标注

图纸排版后需对立面图进行标高标注，以准确表达建筑物各部分高度。

（1）调整比例：双击进入视口内部，将显示比例设置为1∶80。

（2）放置基准标高：执行【BGBZ】标高标注命令，在±0.000位置线上放置±0.000标高。

（3）标注其他标高：以±0.000为基准，按设计高度向上依次放置其他标高（见图4-49）。

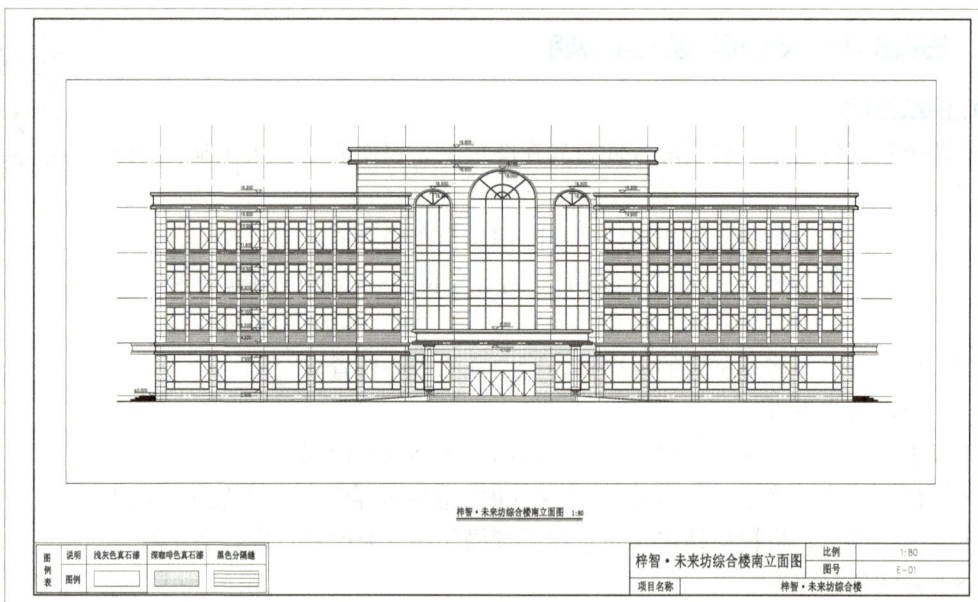

图 4-49　绘制标高标注

2）尺寸标注

（1）辅助线绘制。

①使用【REC】矩形命令沿立面轮廓绘制矩形，作为尺寸标注基准。

②使用【O】偏移命令将矩形向外偏移 5 次，每次偏移距离为 8 mm，形成分层标注空间，避免与图形重叠。

（2）标注样式修改。

①使用【ZDBZ】逐点标注命令沿辅助线绘制一条参照尺寸线（比例 1∶80）。

②进入标注样式管理器，选择"_LINEAR_80"样式，新建"副本 _LINEAR_80"并将尺寸界线长度修改为 8。

（3）标注下方尺寸。

①使用【ZDBZ】逐点标注命令，沿底部辅助线绘制第一条尺寸标注线，确保与图形平行且数值准确。

②使用【CO】复制命令向下复制出第二条尺寸标注线。

③从平面图复制轴号至立面图左侧首根轴线处，修改为①轴号，再将该轴号复制至右侧首根轴线处，修改为 ⑯ 轴号。

（4）侧边尺寸标注。

①使用【ZDBZ】逐点标注命令，命令沿侧边辅助线绘制垂直尺寸标注线。

②使用【CO】复制命令向左复制第二条尺寸标注线。

③双击尺寸标注线，补充轴线位置的标注。

④使用【BGBZ】标高标注命令，沿尺寸线标注层高数值，并添加文字说明。

⑤双击尺寸标注线补充细部（如门窗洞口）尺寸。

⑥使用【MI】镜像命令，以立面中线为对称轴，将左侧尺寸及标高镜像至右侧（见图 4-50）。

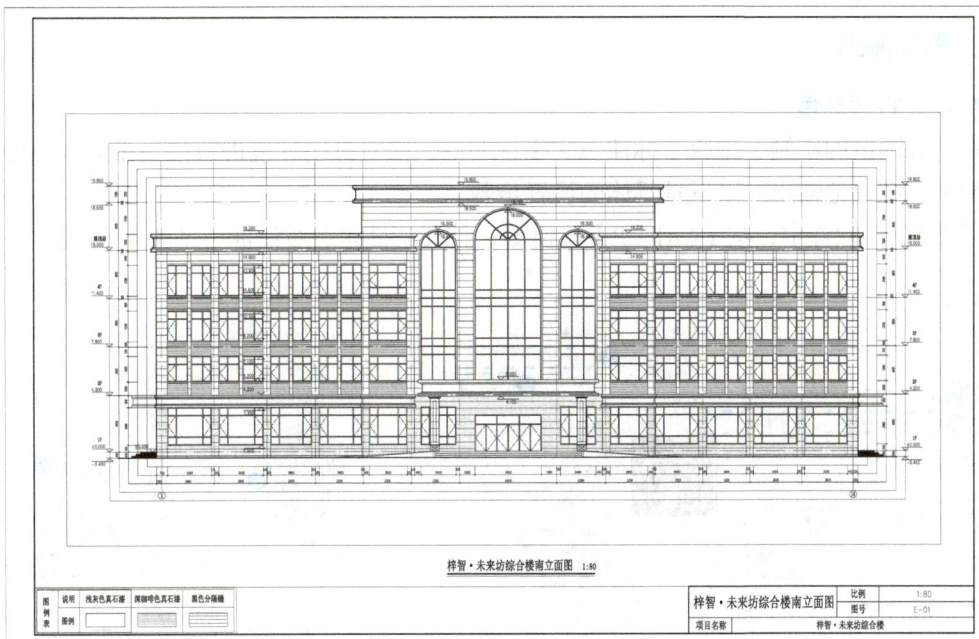

图 4-50 绘制尺寸标注

3. 文字说明

文字说明用于解释图纸中的图形与标注，补充设计细节，便于读者理解设计意图。

（1）绘制索引符号：使用【SYFH】索引符号命令，选择"剖切索引"类型，在立面图中需说明的部位（如构造节点处）精准放置符号，确保引线指向明确。

（2）添加并编辑说明文字：在索引符号的引线末端输入对应的文字注释，明确描述该部位的做法、材料或工艺。

（3）清理辅助元素：删除尺寸标注阶段遗留的辅助线，保持图面整洁（见图4-51）。

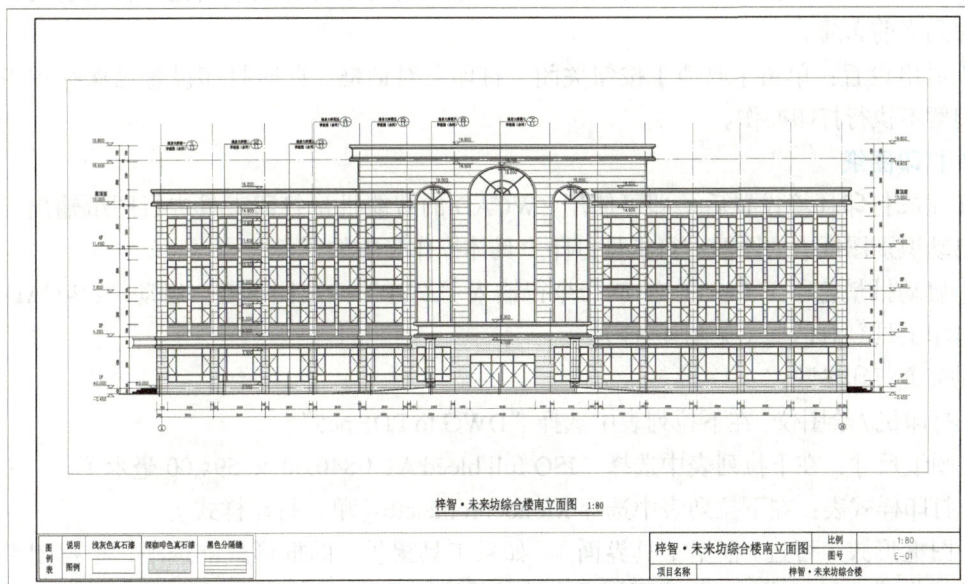

图 4-51 文字说明

4.4.6　图纸输出

1. 设置打印环境

在完成图纸的绘制、排版、标注及文字说明后，需对打印环境进行恰当设置，以确保图纸能清晰、准确地输出。以下是具体的设置步骤。

①在 CAD 软件中，按【Ctrl + P】快捷键，打开"打印"对话框（见图 4-52）。

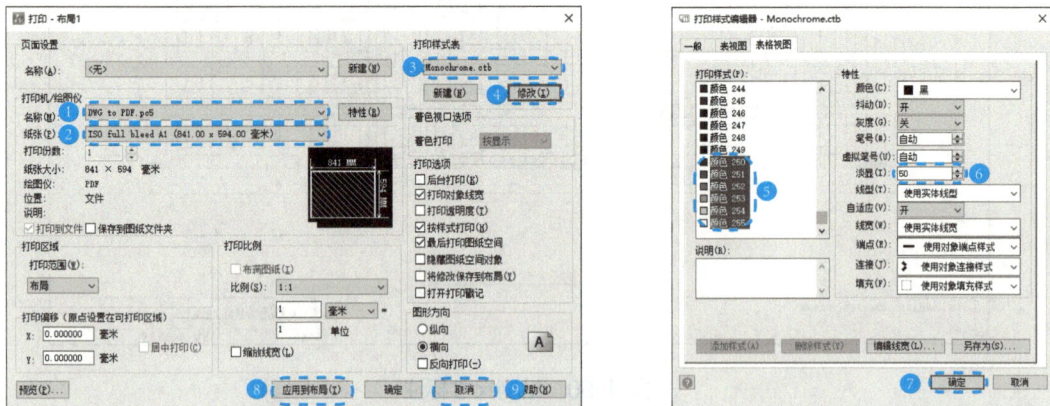

图 4-52　设置打印样式表

②打印机 / 绘图仪：在"名称"下拉列表中选择"DWG to PDF.pc5"。

③图纸尺寸：在"纸张大小"下拉列表中选择"ISO full bleed A1（840.00 × 594.00 毫米）"。

④编辑打印样式：单击"Monochrome.ctb"右侧的【编辑】按钮，在打开的"打印样式表编辑器"中，选中颜色 250 ～ 255，在"淡显"属性框中将其值修改为 50。编辑完成后单击【保存并关闭】按钮。

⑤应用设置：返回"打印"对话框，单击【应用到布局（L）】按钮，将当前的打印设置保存到当前布局。

⑥退出设置：单击【取消】按钮关闭"打印"对话框。此时打印设置已保存到当前布局，但暂不执行打印操作。

2. 打印图纸

在完成打印环境设置后，即可使用 ZWCAD 的智能批量打印工具进行图纸输出。该工具能自动识别图纸中的图框进行批量打印。具体操作步骤如下。

①启动批量打印工具：在 CAD 命令行输入"ZWP"并按回车键，启动"ZWCAD 智能批量打印工具"对话框（见图 4-53）。

②配置打印参数。

• 打印机 / 绘图仪：在下拉列表中选择"DWG to PDF.pc5"。

• 图纸尺寸：在下拉列表中选择"ISO full bleed A1（840.00 × 594.00 毫米）"。

• 打印样式表：在下拉列表中选择 Monochrome.ctb（单色打印样式）。

• 图框形式（可选 / 根据工具界面）：如果工具提供"图框形式"选项，根据图纸中图框的构成方式选择。例如，如果图框是由普通线段构成的封闭矩形，则选择"散线"选项。

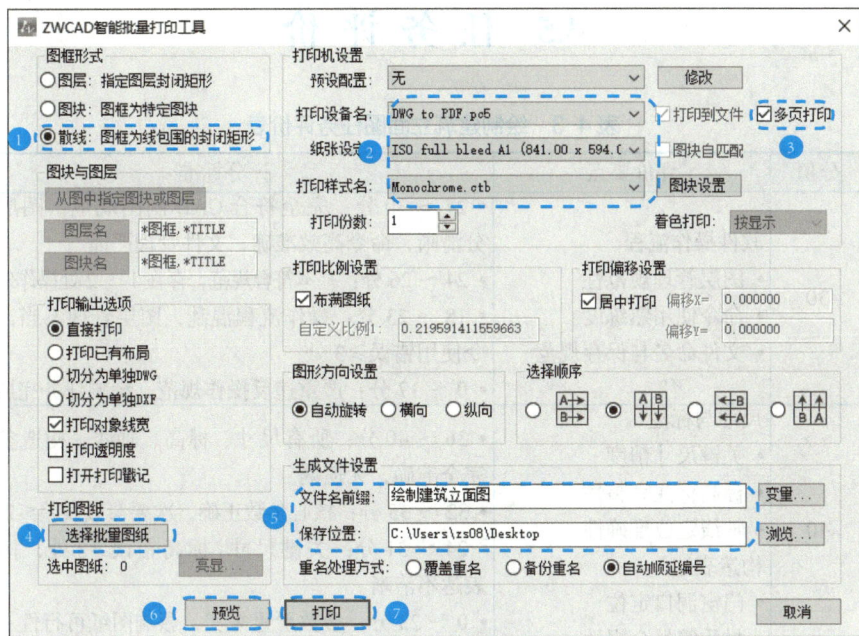

图 4-53 ZWCAD 智能批量打印工具

③选择要打印图纸：单击工具对话框中的【选择批量图纸】按钮。在绘图区域中，通过窗选或其他选择方式，框选包含需要打印图纸的所有图框。选择完成后按回车键确认返回工具对话框。

④单击【预览】按钮。系统将显示所选图纸的模拟打印效果。仔细检查每张图纸的布局、内容、比例和打印样式是否符合要求。

⑤执行打印输出：确认预览效果无误后，关闭预览窗口，返回批量打印工具对话框，单击【打印】按钮。所选图纸将按设定参数进行打印输出（见图 4-54）。

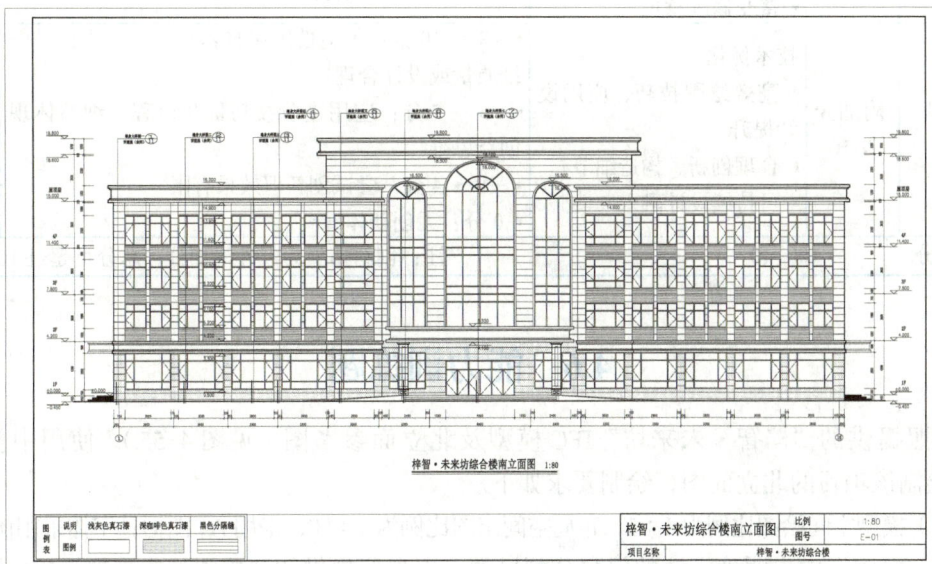

图 4-54 梓智·未来坊综合楼南立面图示意图

4.5　任务评价

表 4-3　绘制建筑立面图任务评价表

评价维度	分值	评价要点	评分标准	得分
1. 操作规范性	30	软件操作流程 • 图层管理规范性 • 命令使用熟练度 • 文件命名与保存规范	• 27～30分：完全符合 CAD 制图规范，图层区分清晰，命令高效准确，文件管理严谨 • 24～26分：基本符合规范，存在 1～2 处操作瑕疵 • 18～23分：操作流程混乱，图层管理不当，命令使用错误≥3 处 • 0～17分：严重违反操作规范，影响任务完成	
2. 技术参数正确性	40	尺寸与标注 • 关键尺寸精度 • 标高标注完整性 • 轴线定位准确性 构造表达 • 门窗洞口定位 • 材质符号合规性	• 36～40分：所有尺寸、标高、轴线、构造参数完全准确，无遗漏 • 32～35分：核心参数正确，次要参数误差≤2 处 • 24～31分：关键尺寸 / 标高错误≥3 处，构造表达不清晰 • 0～23分：参数严重失实，影响图纸可行性	
3. 立面图绘制质量	20	图纸完整性 • 轮廓线等级清晰 • 细部构造表达充分，美学与可读性 • 线型 / 线宽区分合理 • 图面整洁度	• 18～20分：图面层次分明，细节精准，符合制图美学标准 • 16～17分：主体表达完整，局部细节模糊或线型混乱 • 12～15分：轮廓缺失 / 错误，图面杂乱影响识图 • 0～11分：无法表达设计意图	
4. 职业素养	10	流程规范性 • 按任务书步骤操作 • 及时保存备份，协作与责任 • 按时提交成果 • 接受修改意见	• 9～10分：严格遵循流程，主动备份，准时提交并积极优化 • 7～8分：流程基本合规，提交延迟≤1 天 • 5～6分：多次未保存导致文件丢失，拒绝修改 • 0～4分：未按时提交或抄袭	
5. 创新拓展	附加分≤10	技术优化 • 高效绘图技巧，应用设计提升 • 合理创新、构造细节 • 可持续设计融入	• +8～10分：创造性解决技术难点，显著提升图纸质量或设计合理性 • +5～7分：应用进阶技巧优化流程，细节体现创新思维 • +1～4分：尝试创新但效果有限 • 0分：无创新体现	
总分	100+10		注：创新拓展为额外附加分，总分可超过 100 分	

4.6　能力训练题

参照提供的"梓智·未来坊"IFC 模型及北立面参考图（见图 4-55），使用中望建筑 CAD 绘制该项目的北立面图，绘制要求如下。

（1）模型空间绘图比例为 1∶1，布局空间出图比例为 1∶80，采用 A1 图框；字体采用仿宋体。

（2）立面图中未明确标注的门窗分割尺寸，应参照提供的"梓智·未来坊"IFC 模型提取相应尺寸。

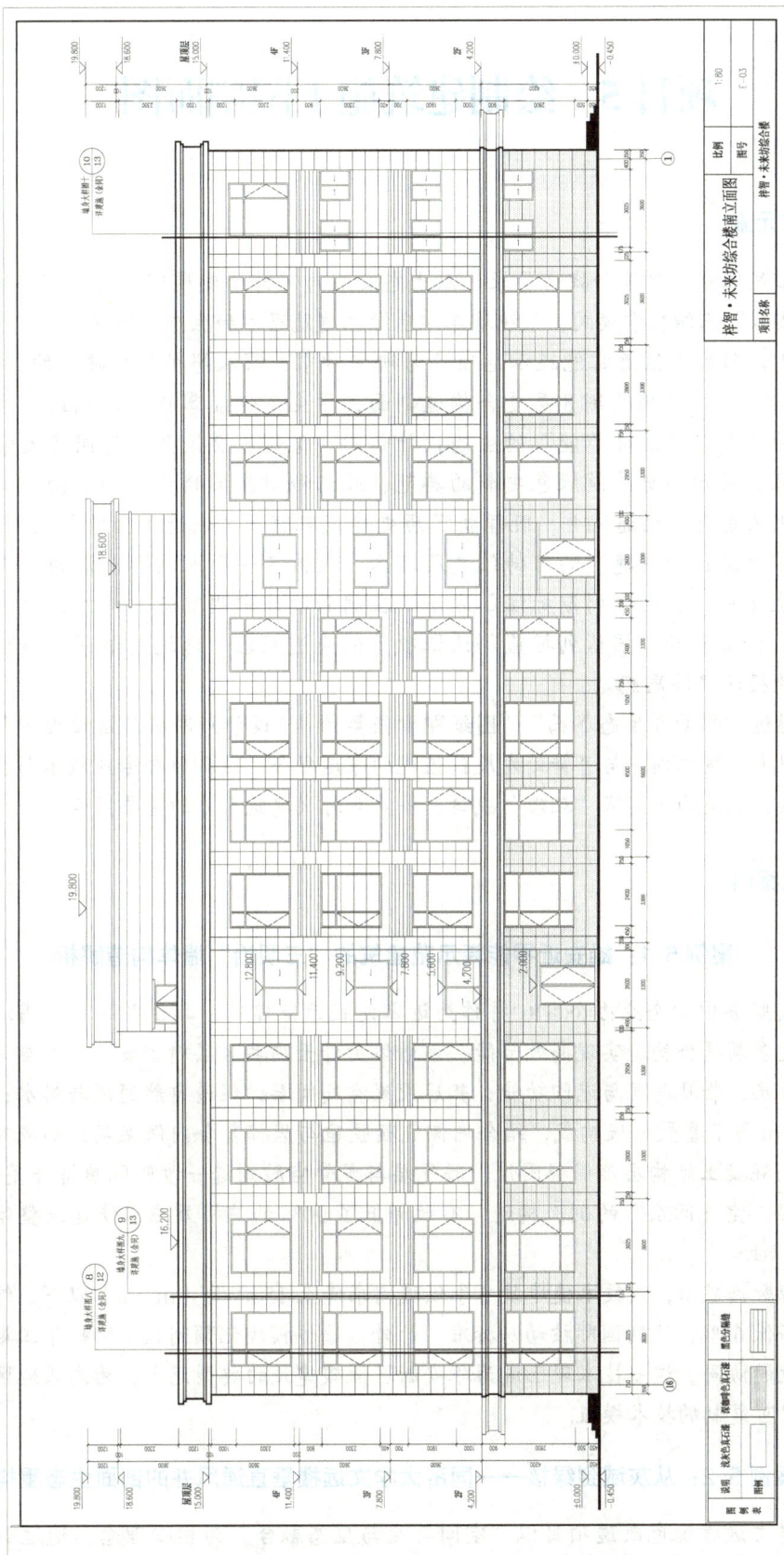

图4-55 梓智·未来坊综合楼北立面图

项目 5　绘制建筑施工图剖面图

📖 思政元素

本项目立足国家"双碳"战略要求，以生态文明与可持续发展理念为纲领，通过"理论－案例－实践"三维教学模式，系统培养学生绿色建筑思维和生态责任意识。

案例 5-1 以雄安新区近零能耗示范项目为研究对象，深入解析其突破性的"三明治"保温墙体系统，通过精确绘制 8 层复合构造剖面，学生不仅能掌握节能构造技术，而且还能更深刻地理解"构造即节能"的生态设计哲学。案例 5-2 聚焦上海同济大学文远楼绿色改造工程，展示历史建筑绿色更新的典范，此工程对废旧楼梯间的剖面重构，创新性地将其转化为垂直绿化通风井，既保护了历史建筑肌理，又创造了生物气候调节空间，完美诠释了"改造优于新建"的可持续发展理念。案例 5-3 引入国际前沿的循环建筑理念，要求学生运用"全生命周期标注"方法，在剖面设计中明确标注构件拆解序列与材料回用路径，借鉴丹麦"摇篮到摇篮"认证项目的先进经验，通过图纸语言传递"建筑是资源库"的循环经济思想。

本项目通过"剖面即生态界面""图纸即责任契约""设计师即碳足迹管理者"三重认知建构，实现专业技术训练与可持续发展价值观的深度融合。这种融合专业技术与生态价值观的教学模式，正是响应国家"双碳"战略、培养新时代建筑人才的重要探索。

📖 思政案例

案例 5-1：雄安近零能耗示范建筑的"三明治"墙体构造解析

雄安市民服务中心企业办公区 C 栋作为近零能耗示范建筑，其创新的"三明治"保温墙体技术通过多层复合构造实现高效节能。该墙体由外至内共 8 层精密设计：外层采用穿孔铝板遮阳装饰层，兼具美观与遮阳功能；其后设置空气间层，促进自然通风与排水；主体保温层由 120 mm 厚石墨聚苯板构成，结合内侧气凝胶毡与岩棉复合内保温层，形成双保温屏障；中间预制混凝土结构层确保稳固性，隔气层与龙骨空腔则进一步阻隔热桥并整合管线。这种"双保温＋空气间层"的剖面构造，有效降低了 90% 的热桥效应，使建筑整体热工性能提升 40% 以上。

实际运行数据显示，该技术使建筑冬季供暖需求降至 $15\,kWh/(m^2 \cdot a)$ 以下，综合能耗较国家标准降低 65%，达到国际被动房标准。此外，墙体模块化预制施工缩短了工期，体现了绿色与高效的协同。这一技术现已成为雄安新区低碳建筑的典型范式，为高寒地区近零能耗建筑提供了可复制的技术模板。

案例 5-2：从灰域到绿核——同济大学文远楼垂直通风井的剖面生态重构

同济大学文远楼绿色改造项目以"空间再生与生态融合"为核心理念，通过剖面重构将废弃楼梯间转化为垂直绿化通风井，展现了历史建筑绿色更新的创新路径。原建筑建于 1953 年，其废弃的封闭式混凝土楼梯间存在采光不足、通风不畅等问题。设计团队通过三维空间分析，对剖面进行系统性重构：首先拆除原有楼梯间顶部楼板，形成贯通 5 层的垂直空腔；其次在保留结构柱的基础上植入钢结构框架，构建分层种植平台；最后通过外立面玻璃幕墙围合，形成具有呼吸功能的生态竖井。

改造过程中，垂直井道被赋予三重功能：其一作为立体绿化载体，分层设置模块化种植槽，栽植常春藤、蕨类等耐阴植物，形成生物气候缓冲层；其二构建自然通风系统，利用热压效应在井道顶部设置可开启天窗，底部增设通风口，通过温差驱动空气流动，夏季可降低室内温度 2 ~ 3℃；其三是采光导管功能，井道内壁采用镜面铝板反射自然光，配合顶部棱镜玻璃，使地下空间照度提升 40%。改造后，这个原本废弃的"灰色空间"转变为年固碳量达 1.2 t 的生态调节器，同时减少机械通风能耗 30%。

项目创新性地将建筑结构与生态系统耦合，通过剖面优化实现空间性能的迭代升级，既延续了包豪斯建筑的结构美学，又赋予其当代生态价值，为高密度城市环境中的既有建筑改造提供了可复制的技术范式。

案例 5-3：设计即回收——丹麦 C2C 建筑的资源库实践

丹麦的"摇篮到摇篮"（C2C）认证项目通过建筑实践生动诠释了"建筑是资源库"的循环经济理念。以哥本哈根的 Green Solution House 为例，其设计图纸系统标注了所有建筑材料的成分、可拆卸节点及回收路径：钢结构采用螺栓连接而非焊接，便于未来拆解重组；预制混凝土构件嵌入 RFID（radio frequency identification，无线射频识别）标签，记录材料来源与循环指南；室内装修选用模块化无毒板材，通过色彩编码区分生物基与工业循环材料。图纸中特别设计了"材料护照"图层，明确每处构造的拆解顺序与再利用率，例如，光伏板屋面与钢框架的分离回收率达 92%。项目还通过 BIM（building information modeling，建筑信息模型）模拟建筑生命周期末期的"逆向拆除"流程，确保 90% 以上的材料可重新进入生物或技术循环。这种将循环策略可视化于设计图纸的方法，使施工方能精准执行资源再生逻辑，最终让建筑像乐高积木一样实现零废弃转型，成为丹麦首个获 C2C 白金认证的改造项目。

5.1　任务工单

5.1.1　任务描述

根据提供的《梓智·未来坊综合楼平面图》.DWG 文件、《梓智·未来坊综合楼 1-1 剖面图》PDF 文件及 IFC 模型，独立运用中望建筑 CAD 软件，规范绘制梓智·未来坊 1-1 剖面图（见图 5-1）。最终成果需满足以下要求。

（1）完整的梓智·未来坊综合楼 1-1 剖面图 DWG 文件，图层管理清晰规范。

（2）输出排版规范且包含完整图框图签的 A1 幅面 PDF 图纸。

（3）图纸内容完整（梁、楼板、屋面、墙体、楼梯、门窗、栏杆、尺寸、文字注释、图名）、表达清晰。

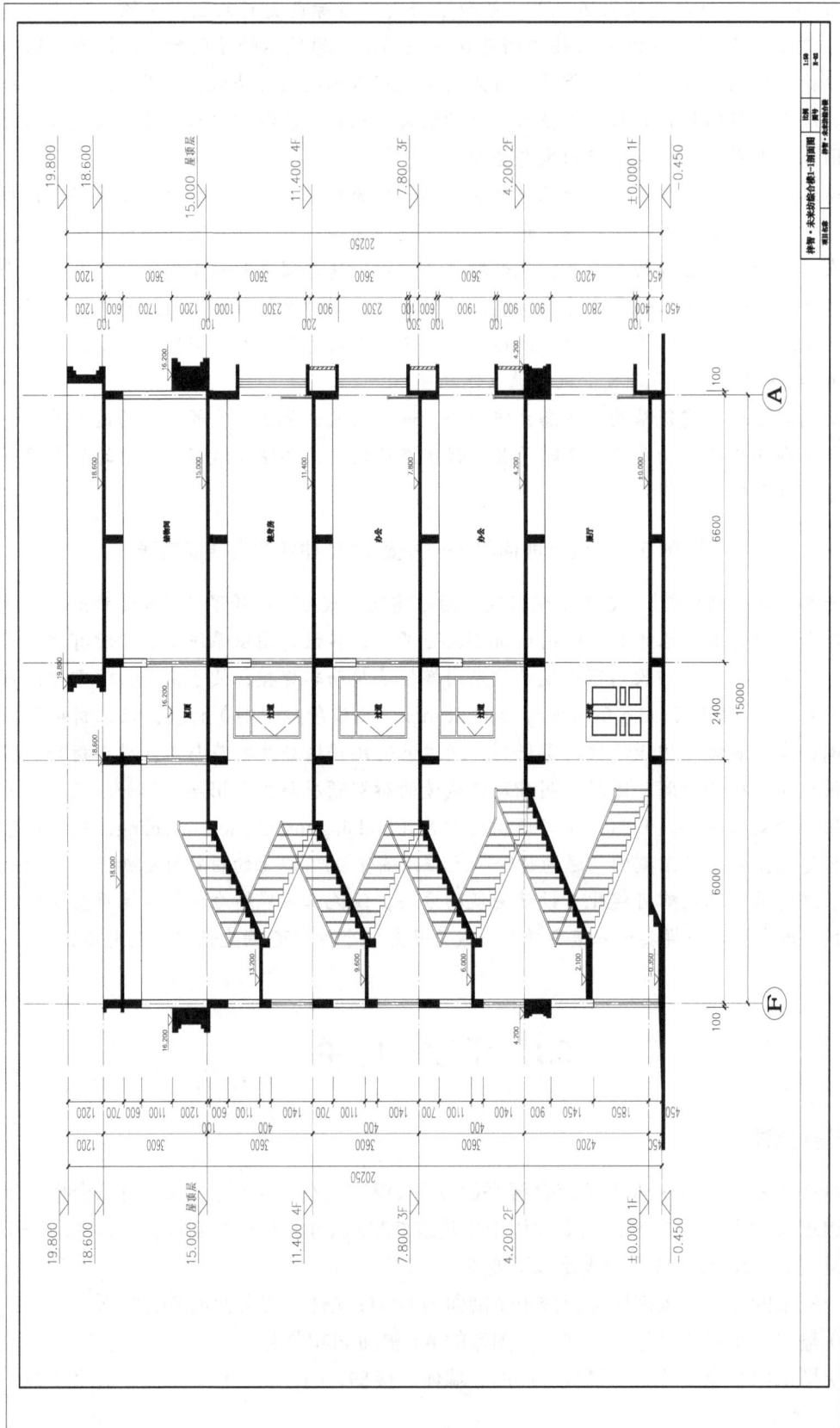

图 5-1 建筑施工图剖面图

（4）严格遵守《房屋建筑制图统一标准》（GB/T 50001—2017）关于线型、线宽、标注、文字、图例等所有相关规定。

（5）绘图精准，投影关系正确，尺寸标注无误。

5.1.2 任务目标

1. 知识目标

（1）能掌握《房屋建筑制图统一标准》（GB/T 50001—2017）对剖面图的核心要求（线型分级规则、材料填充比例、标高标注基准）。

（2）能掌握 IFC 模型数据（层高、洞口尺寸）与 CAD 二维表达的转换规则。

2. 技能目标

（1）能按国标要求绘制轴线、结构构件（梁、板、墙）、楼梯剖面，并正确填充材质图案。

（2）能基于 IFC 模型数据精准定位楼层标高、构件位置，确保竖向空间连续性。

（3）能在布局空间设置视口比例，完成标高标注、尺寸标注、文字注释。

（4）能应用 ZWP 批量打印技术输出符合企业标准的 PDF 图纸。

3. 应用目标

（1）能执行"轴网定位—结构构件—围护系统—细部深化"的绘图流程，确保逻辑清晰。

（2）能通过图层分类、标注逻辑、文件命名实现图纸规范化管理。

（3）能生成内容完整、表达清晰、符合施工图深度的剖面图纸，准确反映设计意图。

5.2 知 识 准 备

5.2.1 建筑施工图剖面图组成要素

1. 剖切构件系统

• 结构体：楼板、梁、楼梯梯段等被剖切到的实体部分（需按规范填充）。

• 围护体：门窗洞口、装饰线条等细部构造。

2. 投影可见系统

• 剖切方向可见的构造（如未剖切到的门窗）。

• 空间表达关系：包括相邻房间布局、垂直交通联系等。

3. 标注系统

• 三级尺寸链：剖面总高、层高、细部尺寸（含门窗洞口、梁高）。

• 关键标高：室内外地面、各层楼面、屋顶、装饰线条等。

• 图名与比例：比例宜优先选用 1∶50、1∶100。

5.2.2 华艺设计院剖面图制图标准

1. 制图比例标准

1）比例概念解析

比例一般在图名右侧，字的基准线应与图名齐平（见图 5-2）。

1-1剖面图 1:50

图 5-2 剖面图比例表示

2）各阶段图纸比例

剖面图不同高度比例设置见表 5-1。

表 5-1　剖面图不同高度比例设置表

剖面图绘制的不同高度		比例设置
剖面（标高 h）	$h<10\ \text{m}$ 的剖面	1∶50，1∶100
	$10\ \text{m}\leqslant h\leqslant30\ \text{m}$ 的剖面	1∶100，1∶200
	$30\ \text{m}\leqslant h\leqslant100\ \text{m}$ 的剖面	1∶200，1∶500

2. 剖面图标题

作用：通过图纸中文名称，可以了解当前图形类型与内容；通过比例数值，可以得知当前图层在相应图幅中的比例。标题组成：图纸中文名称、图形比例、水平直线（见图 5-3）。

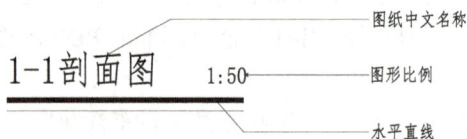

图 5-3　剖面图比例表示

图纸中文名称：用来表示当前图纸类型及图形名称。A0～A1 图幅字体，仿宋，字高 4；A2～A3 图幅字体，仿宋，字高 3。

图形比例：用来表示当前图形在相应图幅中的图形比例。A0～A1 图幅字体，simplex.shx，字高 4；A2～A3 图幅字体，simplex.shx，字高 3。

3. 剖面图图层的设定

施工图剖面图图层内容包括：剖面-细线、剖面-轮廓线、剖面-填充、门窗开启符号等（详见表 5-2）。

表 5-2　图层设定说明表

类别	图层名称	色号	线型	线宽/mm	说明
剖面图信息类	剖面-细线	1	Solid line	0.05	直线
	剖面-轮廓线	4	Solid line	0.13	图案线
	剖面-填充	252	Solid line	0.05	图案填充
	门窗开启符号	5	Solid line	0.09	开启符号线
	建-剖面	7	Solid line	0.35	结构线
	建-柱-混凝土	9	Solid line	0.35	柱轮廓线
	建-墙-混凝土	9	Solid line	0.35	结构墙轮廓线
	建-墙-砖	9	Solid line	0.35	砖墙轮廓线
	建-剖-墙	9	Solid line	0.35	砌块墙轮廓线

续表

类别	图层名称	色号	线型	线宽/mm	说明
剖面图 信息类	建－剖－楼梯	9	Solid line	0.35	剖切楼梯
	建－剖	9	Solid line	0.35	剖面轮廓线
	建－填充	8	Solid line	0.09	剖面实体填充
	建－墙－幕	4	Solid line	0.09	幕墙
	建－门窗	4	Solid line	0.09	门窗
	建－立－楼梯	2	Solid line	0.09	可见梯段
	建－立－扶手	4	Solid line	0.09	扶手轮廓线
	建－文字	7	Solid line	0.09	文字注释
	建－尺寸	3	Solid line	0.09	尺寸标注
	建－注释	3	Solid line	0.09	图名标注
	建－标高标注	3	Solid line	0.09	标高标注
	公－轴网－标注	3	0.05	0.09	轴网标注
	公－图框	4	Solid line	0.09	图框、图例
	0	7	Solid line	0.09	除特定图层外的其他线、图形
	Defpoints	7	Solid line	0.09	不可打印图层

5.3 任 务 分 析

5.3.1 整体任务概述

剖面图核心目标是表达建筑竖向空间关系、结构体系和细部构造，需严格遵循《房屋建筑制图统一标准》（GB/T 50001—2017）。绘制流程按逻辑顺序分步实施，即轴线定位—标准层绘制—底层/顶层绘制—楼梯绘制—深化标注—成果输出。

5.3.2 任务流程拆解

1. 轴线定位
- 根据一层平面图剖切符号位置，投影生成竖向轴线与水平标高线。
- 标注轴号及关键标高（如 ±0.000）。

2. 标准层绘制
1）主体结构

绘制楼板（填充钢筋混凝土图案）、梁（填充钢筋混凝土图案）、承重墙（填充砌体图案）。

区分承重构件与非承重构件（如填充墙）。

2）门窗系统

剖切门窗：完整绘制截面（含窗台、过梁）。

可见门窗：门窗轮廓线。

3）细部构造

绘制栏杆、预埋件等截面详图。

3. 底层与顶层绘制

（1）底层：添加室内外高差、基础、管沟，删除标准层冗余构件。

（2）顶层：补充屋面构造、女儿墙。

4. 剖面楼梯绘制

按 IFC 模型数据定位梯段起止点，绘制踏步和栏杆。

5. 深化标注与输出

（1）标注：总高、层高、门窗洞高。

（2）输出：A1 图框，比例 1∶50，PDF 输出。

5.4 任 务 实 施

5.4.1 绘制轴网

微课——绘制轴网

1. 基础定位

输入【CO】执行复制命令，将平面图复制至剖面图区域，使用【RO】旋转命令，指定基点将复制的平面图逆时针旋转 90°。该旋转后的平面图将作为剖面图轴线定位的参考基准。

2. 绘制竖向轴网

将当前图层切换至"公－轴网"，输入【XL】构造线命令，捕捉旋转后平面图的轴线关键点，绘制垂直方向的构造线，形成竖向轴网。

3. 绘制水平轴网

输入【XL】构造线命令，在适当位置绘制一条水平构造线作为 ±0.000 标高基准线。使用【O】偏移命令，将基准线向下偏移 450 mm 生成室外地坪线，再依次向上偏移 4 200 mm、7 800 mm、11 400 mm、15 000 mm、18 600 mm、19 800 mm 生成各楼层的层高定位轴线。

4. 修剪轴网

规范轴网显示范围并清理多余线条。

（1）使用【REC】矩形命令，捕捉竖向和水平轴网最外侧轴线的端点，绘制一个边界矩形。

（2）使用【O】偏移命令，将该矩形向外偏移 1 500 mm。

（3）使用【TR】修剪命令，以偏移生成的矩形作为剪切边界，裁剪掉矩形外部的所有多余轴线。

（4）输入【E】执行删除命令，删除作为剪切边界的偏移矩形及任何其他需要清理的辅助线，剖面图轴网绘制完成，结果如图 5-4 所示。

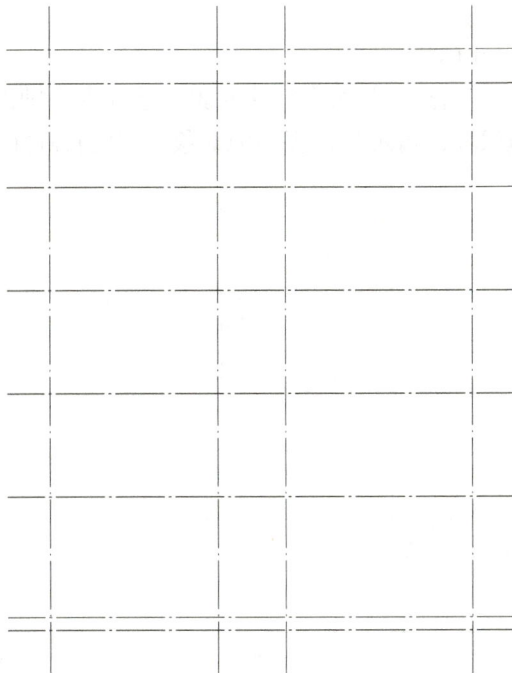

图 5-4 轴网示例图

5. 轴网标注

1）标注竖向轴网

输入【ZWBZ】执行轴网标注命令。在弹出的"轴网标注"对话框中，选择标注方式为"单侧标注"，设置起始轴号为"A"。根据命令行提示，选择竖向轴网右侧第一根轴线作为"起始轴线"，竖向轴网左侧第一根轴线作为"终止轴线"。在命令行提示指定标注位置时，在轴网右侧适当位置单击，完成竖向轴网标注。

2）标注水平轴网

再次执行【ZWBZ】轴网标注命令，选择水平轴网最下端轴线作为"起始轴线"，最上端轴线作为"终止轴线"。在命令行提示指定标注位置时，在轴网左侧单击完成标注。

3）删除多余轴号

使用【E】删除命令，删除水平轴网轴号。

4）修改标注特性

输入快捷键【2】执行快速选择命令，在快速选择对话框中，勾选"图层"，单击【确定】按钮，选择轴网标注，在特性栏中，将标注样式修改为预设的"轴网标注"样式，文字样式修改为"汉字"，引线长度修改为 30 mm。

5）调整轴号位置与内容

使用【X】命令分解轴号标注，将中间的轴号删除，只保留最左侧和最右侧的轴号。使用【M】移动命令，微调各个轴号的位置，使其排列整齐、符合制图规范，避免重叠。双击最左侧竖向轴网的轴号文字，进入文字编辑状态，将文字内容"A"修改为"F"。

6）绘制第三道尺寸线

使用【CO】复制命令，选中水平轴网的第二道尺寸标注线，指定基点，向右复制第三道尺寸标注线。

7）镜像生成另一侧尺寸标注

使用【MI】镜像命令，选择左侧所有标注对象，选择水平轴网中线作为镜像轴，以最上方水平轴线的中线为镜像轴，输入"N"保留源对象，完成右侧标注，结果如图5-5所示。

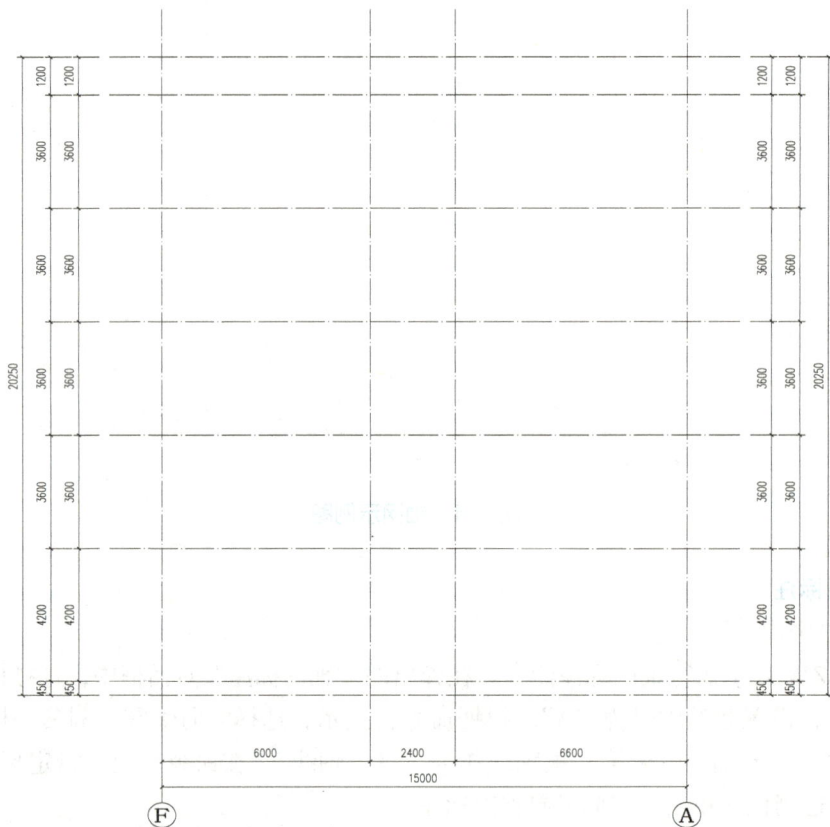

图5-5　轴网标注示例图

5.4.2　绘制标准层剖面

1. 绘制楼板

将当前图层切换至"建－剖面"，输入【1】执行图层关闭命令，选择轴网标注将其暂时关闭。

1）绘制楼板

输入【CJQL】执行创建墙梁命令，在"墙体设置"对话框中，材料设置为"钢筋混凝土墙"，总宽设置为100 mm，左宽设置为100 mm。以标准层顶部最右侧轴网交点为起点，左侧第二根竖向轴网交点为终点绘制楼板。使用【EX】延伸命令将楼板两侧各延伸100 mm。

2）复制楼板

使用【CO】复制命令，选择楼板为对象，以轴网交点为基点，复制至标准层下端轴线位置（见图5-6）。

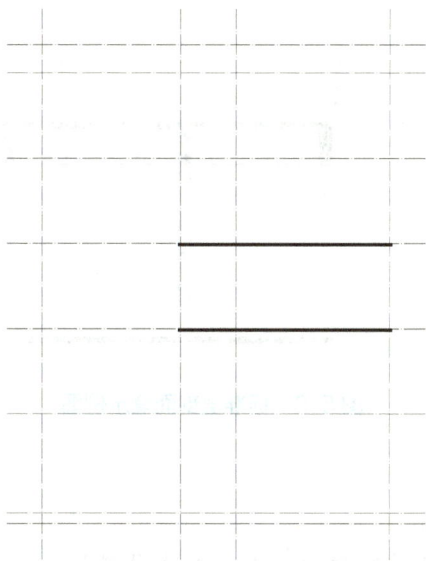

图 5-6 标准层剖面楼板示例图

2. 绘制剖面梁

1）尺寸确认

依据 5-1 剖面图及 IFC 模型，确定梁尺寸：最左侧剖面梁为"200×800 mm"、最右侧剖面梁为"200×700 mm"，其余剖面梁均为"200×600 mm"。

2）绘制剖面梁

输入【BZZ】执行标准柱命令，在对话框中将参数设置为"200×800 mm"。使用【M】移动命令，将梁放置在最右侧楼板下端。

3）批量复制与调整

使用【CO】复制命令，将梁向左水平复制 3 550 mm，按空格键重复【CO】复制命令，将梁复制至其余轴网交点位置。双击各梁，在"标准柱"对话框中修改尺寸参数。

4）绘制梁直线

输入【L】直线命令，以剖面梁下端为基点，绘制水平直线，如图 5-7 所示。

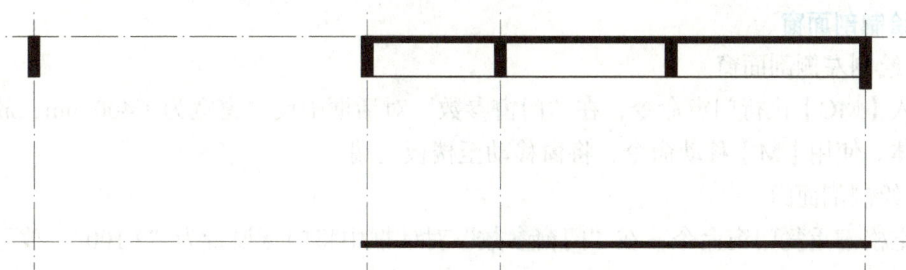

图 5-7 标准层剖面梁示例图

3. 绘制剖面墙

输入【CJQL】执行创建墙梁命令，在"墙体设置"对话框中，材料设置为"砖墙"，总宽设置为"200"，左宽、右宽皆设置为"100"。启用"对象捕捉"，以梁与轴线为参照绘制墙体（见图 5-8）。

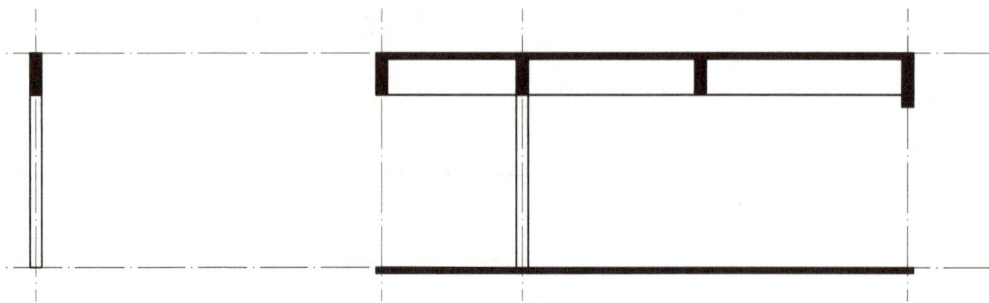

图 5-8　标准层剖面墙示例图

4. 绘制空调造型板

1）绘制下端空调造型板

输入【CJQL】执行创建墙梁命令，在"墙体设置"对话框中，将材料设置为"钢砼墙"，总宽设置为"100"，左宽设置为"0"。以下端楼板与轴网交点为起点，向上绘制 400 mm 后，再向右绘制 750 mm 宽水平板。

2）绘制上端空调造型板

输入【CJQL】执行创建墙梁命令，在"墙体设置"对话框中，将左宽修改为"100"，以剖面梁右下端为基点，水平向右绘制 650 mm 宽空调造型板，如图 5-9 所示。

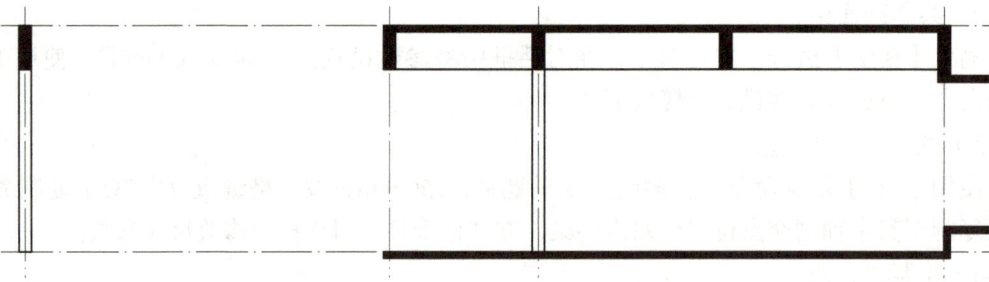

图 5-9　标准层空调造型板示例图

5. 绘制剖面窗

1）绘制左侧剖面窗

输入【MC】执行门窗命令，在"门窗参数"对话框中设置窗宽为 1 400 mm，放置于最左侧墙体。使用【M】移动命令，将窗移动至楼板上端。

2）绘制剖面门

按空格键重复门窗命令，在"门窗参数"对话框中将门宽设置为"2 100"，放置于中间墙体。

3）绘制右侧剖面窗

输入【CJQL】执行创建墙梁命令，在"墙体设置"对话框中，材料设置为"玻璃幕墙"，总宽"200"，以空调造型板与轴网交点为基点，向上绘制"2 300 mm"高剖面窗。使用【M】移动命令，将最右侧剖面窗向右移动 200 mm，完成剖面窗的绘制，如图 5-10 所示。

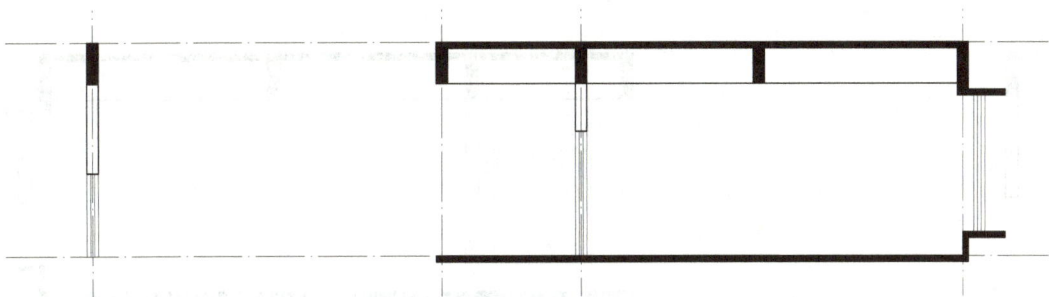

图 5-10 标准层剖面窗示例图

6. 绘制可见窗

1）窗定位

当前图层切换为"剖面-轮廓线"。使用【REC】矩形命令，以楼板上端与左侧第二根轴线交点为基点，绘制"1 500×2 300 mm"矩形。使用【M】移动命令，将矩形沿向上移动 400 mm，左移 250 mm。

2）绘制窗框

输入【O】执行偏移命令，将矩形向内偏移 50 mm。输入【X】分解命令，将矩形分解。使用【O】偏移命令，将左侧竖线向右偏移 525 mm，将上侧横线向下偏移 525 mm。将新偏移的两线分别向右、向下偏移 50 mm。使用【TR】命令修剪多余线条。

3）绘制开启符号

将当前图层切换为"门窗开启符号"。使用【L】直线命令，沿窗扇分格线间绘制 45°斜线表示开启方向，如图 5-11 所示。

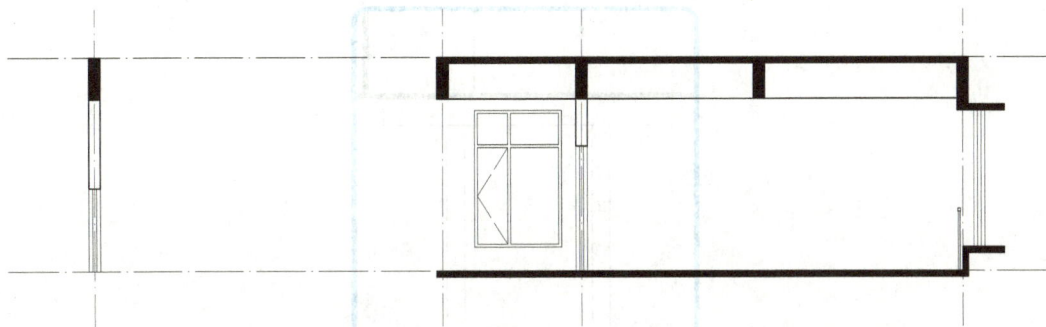

图 5-11 标准层可见窗示例图

7. 绘制栏杆

1）栏杆立柱截面

输入【REC】执行矩形命令，以楼板与造型板交界处为基点，绘制"30×1 000 mm"矩形。使用【M】移动命令，将矩形左移 30 mm。

2）绘制横杆截面

输入【REC】执行矩形命令，绘制"50×50 mm"矩形。使用【M】移动命令，以矩形下边中点为基点，将矩形对齐放置于立柱顶端（见图 5-12）。

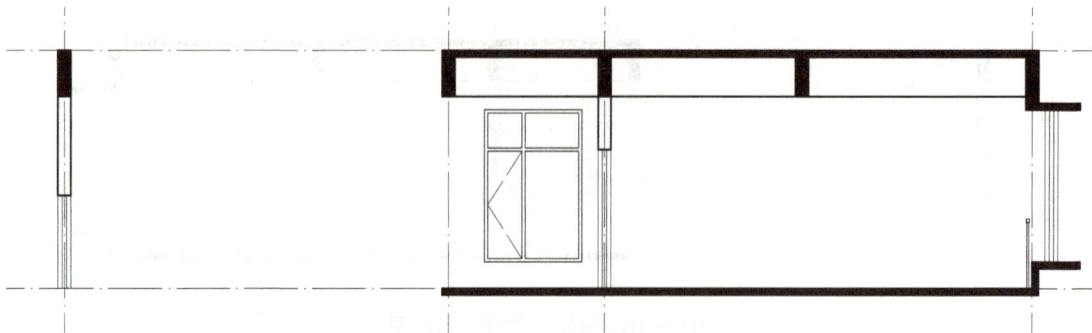

图 5-12　栏杆示例图

8. 绘制栏杆预埋件截面

1）绘制基座钢板

将当前图层切换为"剖面－细线"图层，输入【REC】执行矩形命令，绘制"80×8 mm"矩形，以矩形上中点为基点，将矩形放置于立柱正下方。

2）绘制预埋件主体构造

输入【REC】执行矩形命令，绘制"50×70 mm"矩形，放置于钢板下端中点。使用【X】分解命令，将该矩形分解。使用【O】偏移命令，右侧线向左偏移 3 次（偏移量均为 5 mm），底边线依次向上偏移 5 mm、10 mm。

3）细节处理

输入【TR】执行裁剪命令，裁剪多余线条。使用【F】倒角命令，对轮廓线倒角。使用【MI】镜像命令，以矩形竖直中点为对称轴，镜像轮廓线，完成效果如图 5-13 所示。

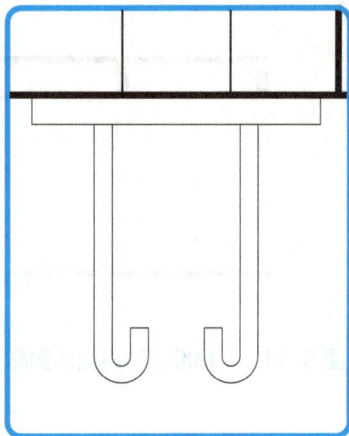

图 5-13　预埋件示例图

5.4.3　绘制其余楼层剖面

1. 初步绘制其余楼层剖面

输入【CO】执行复制命令，选择标准层剖面，以层高轴线为基点，向上复制，生成 4 层剖面，向下复制生成 2 层剖面。

微课——
绘制其余楼层剖面

2. 调整剖面构件

1）调整剖面梁

双击梁打开"标准柱"对话框，修改 4 层最右侧梁尺寸为 200 mm×1 000 mm，修改 2 层最右侧梁为 200 mm×600 mm。使用【M】移动命令，将梁移动至楼板下端。

2）调整空调造型板

输入【S】执行拉伸命令，拉伸上端造型板至剖面梁下端。重复【S】拉伸命令，将 4 层下端造型板向下拉伸 200 mm，2 层下端空调造型板向上拉伸 600 mm。

3）调整可见窗

输入【S】执行拉伸命令，框选 2 层可见窗下端，向上拉伸 400 mm。使用【M】移动命令，将窗上移 200 mm，并修整门窗开启符号斜线角度（见图 5-14）。

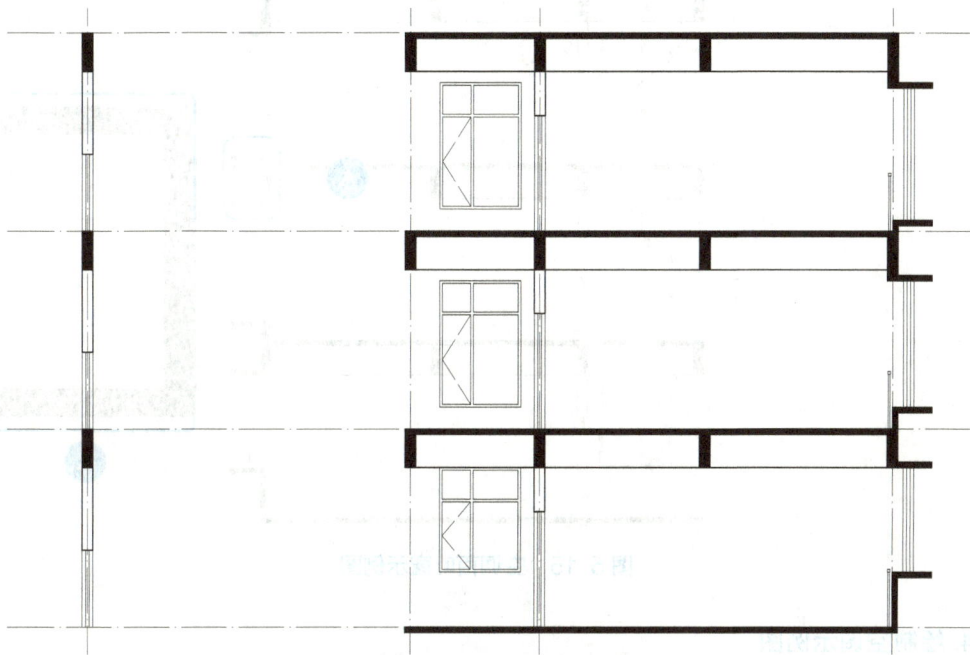

图 5-14　其余楼层剖面示例图

3. 绘制空调百叶窗

1）绘制基础轮廓

将当前图层切换为"剖面‐轮廓线"，使用【REC】矩形命令，以 2 层空调板右端点为基点，绘制"70×900 mm"矩形；使用【M】移动命令，将矩形向左移动 50 mm。

2）绘制窗框结构

使用【REC】矩形命令，以定位矩形左上角为基点，绘制"70×50 mm"矩形，执行【O】偏移命令，将该矩形向内偏移 10 mm。使用【MI】镜像命令，以矩形竖中线为轴镜像窗框。

3）细化截面造型

使用【REC】矩形命令，以窗截面轮廓线角点为基点，绘制"50×70 mm"矩形，使用【M】移动命令，将矩形向内移动 10 mm，向下移动 60 mm。使用【X】分解命令，将定位矩形分解。使用【O】偏移命令，将矩形右侧线向左偏移 3 mm、9 mm、12 mm，上边线向下偏移 3 mm、7 mm、15 mm。使用【F】倒角命令连接转角，删除多余线。使用【MI】镜像命令，以竖中线镜像生成对称造型，以横中线镜像生成完整截面。

4）强化造型层次

使用【O】偏移命令，将造型线向内偏移 1 mm。使用【L】直线命令，连接内部造型线条两端。使用【F】倒角命令，优化线条连接。

5）阵列与复制

输入【ZYZL】自由阵列命令，选择截面造型，设置垂直阵列间距 150 mm，向下生成 5 组造型。使用【CO】复制命令，将百叶窗复制至其余楼层，如图 5-15 所示。

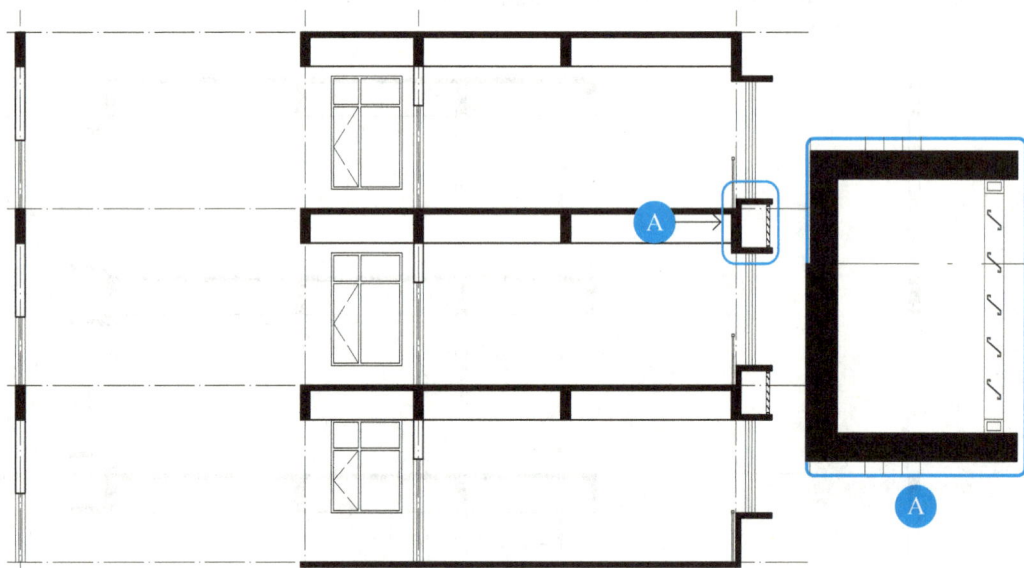

图 5-15　空调百叶窗示例图

4. 绘制空调示例图

1）绘制外机轮廓

切换当前图层至"填充"图层。使用【REC】矩形命令，以空调造型板与剖面梁交点为基点，绘制"350×600 mm"的矩形；使用【M】移动命令，将该矩形向右移动 100 mm。使用【L】直线命令，连接矩形对角点。

2）设置线型

全选空调外机图形，在特性栏中，线型选择"GB_DASH3"，线型比例设置为 0.02，完成线型设置。

3）复制空调外机

使用【CO】复制命令，以空调造型板为基点，将外机复制至其余楼层对应位置（见图 5-16）。

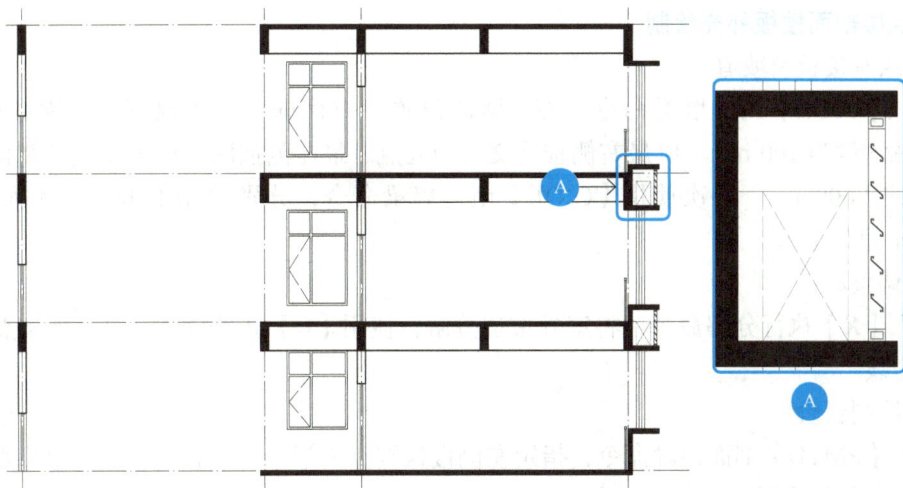

图 5-16 空调外机示例图

5.4.4 底层、顶层剖面绘制

1. 底层剖面初步调整

1）复制底层剖面轮廓

使用【CO】复制命令，以 2 层剖面为复制对象，以层高轴线为基准点，复制至底层剖面位置，重复使用复制命令，将剖面梁复制至楼板下端。

2）剖面轮廓处理

参照 IFC 模型，删除底层剖面多余轮廓线，使用【M】移动命令，将空调百叶窗移动至适当位置。

3）调整底层剖面

使用【S】拉伸命令，框选底层剖面下端，以楼板上端与轴网交点为基点，向下拉伸至 1 层层高轴网位置，右侧空调造型板向下拉伸 500 mm（见图 5-17）。

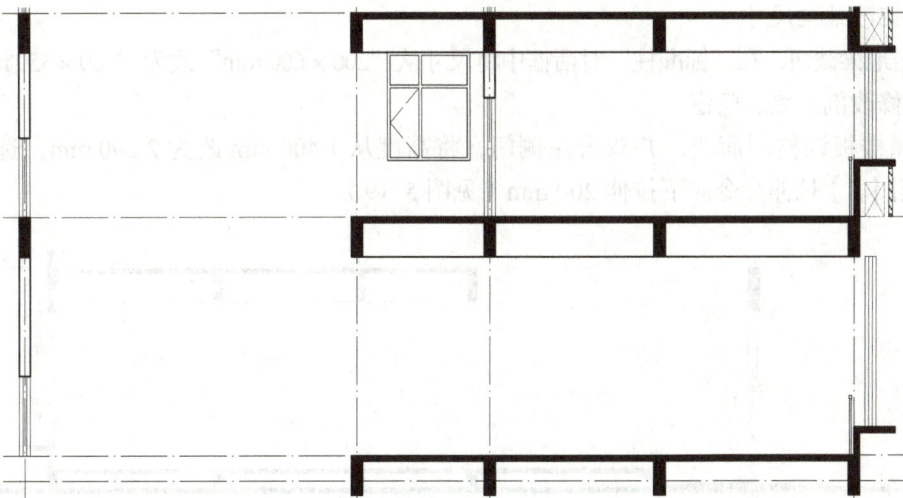

图 5-17 底层剖面示例图

181

2. 底层剖面楼板补充绘制

1）绘制楼板及坡道

输入【CJQL】创建墙梁命令，在"墙体设置"对话框中设置材料为"钢砼墙"，总宽、左宽均设为 100 mm。以最右侧轴网交点为起点、最左侧抽网交点为终点绘制楼板，并向外延伸 3 600 mm。再次使用【CJQL】创建墙梁命令，分别绘制 1 800 mm 剖面楼板及 2 300 mm 室外坡道。

2）调整坡道

输入【X】执行分解命令，将室外坡道分解；使用【L】直线命令，以楼板交点为起点绘制坡道线。

3）绘制台阶

输入【PMTD】剖面梯段命令，指定左侧楼板端点为第一点，右侧端点为第二点，完成室外剖面台阶的绘制（见图 5-18）。

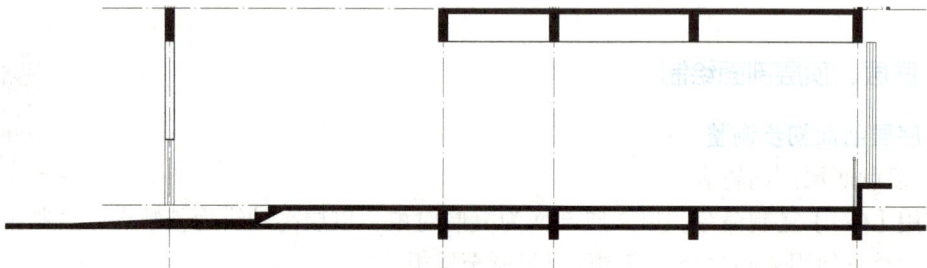

图 5-18　底层剖面楼板示例图

3. 调整完善底层剖面

1）修改梁尺寸

双击最右侧剖面梁，在"标准柱"对话框中将尺寸从"200×600 mm"改为"200×800 mm"；同理修改最左侧梁为"250×900 mm"。使用【M】移动命令，将修改后的剖面梁移动至楼板下端。

2）修改地梁尺寸

双击地梁截面，在"标准柱"对话框中将尺寸从"200×600 mm"改为"200×350 mm"。

3）修改剖面墙、门窗

参照楼板调整剖面墙，并双击左侧门，将高度从 1 400 mm 改为 2 200 mm；选中右侧窗，使用【S】拉伸命令向下拉伸 200 mm（见图 5-19）。

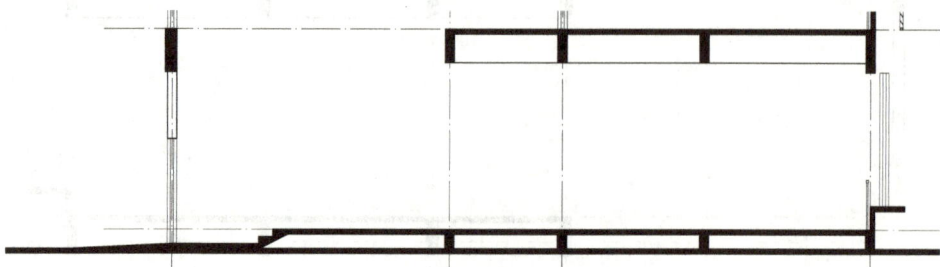

图 5-19　底层剖面示例图

4. 绘制可见门

1）绘制门框

将当前图层切换至"剖面－轮廓线"。使用【REC】矩形命令，以1层楼板上端与左侧第二根轴线交点为基点，绘制"1 500×2 100 mm"矩形；使用【M】移动命令，将矩形向右移动450 mm。

2）绘制门装饰线条

使用【REC】矩形命令，以门框矩形左上端点为基点，绘制"450×830 mm"矩形，使用【M】移动命令，将矩形向下移动200 mm，向右水平移动150 mm。使用【O】偏移命令，向内偏移2次（偏移量15 mm），最后使用【L】直线命令，连接端点生成线条。

3）造型复制与调整

使用【CO】复制命令，向下复制930 mm。使用【S】拉伸命令，将复制后的线条向上拉伸630 mm，完成中间部分造型线条的绘制。再次使用【CO】复制命令向下复制300 mm，并向上拉伸220 mm。

4）镜像对称

使用【L】直线命令，绘制门框中点垂直线；输入【MI】执行镜像命令，以垂直直线为对称轴进行镜像，完成可见门的绘制（见图5-20）。

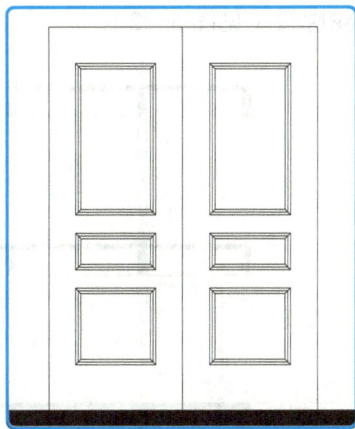

图5-20　可见门示例图

5. 绘制底层装饰线条

1）绘制基础轮廓

将当前图层切换至"剖面－轮廓线"。使用【REC】矩形命令，以右侧楼板端点为基点绘制"650×900 mm"矩形。

2）轮廓进一步处理

使用【X】分解命令，将该矩形分解；使用【O】偏移命令，将矩形上、下边分别向内偏移两次，依次偏移距离为150 mm、100 mm；再次使用偏移命令，将矩形右边向内依次偏移两次，每次偏移距离为50 mm。

3）造型线条修剪

输入【TR】裁剪命令，修剪多余的线条，完成底层右侧剖面装饰造型绘制。

4）绘制对称装饰造型线条

使用【MI】镜像命令，以轴线中点为对称轴，镜像右侧装饰造型线条至左侧。使用【M】移动命令，以镜像后造型的端点为基点，水平移动至定位点。使用【S】拉伸命令，框选镜像装饰线条造型左侧部分，向右拉伸450 mm，完成底层装饰造型线条的绘制，如图5-21所示。

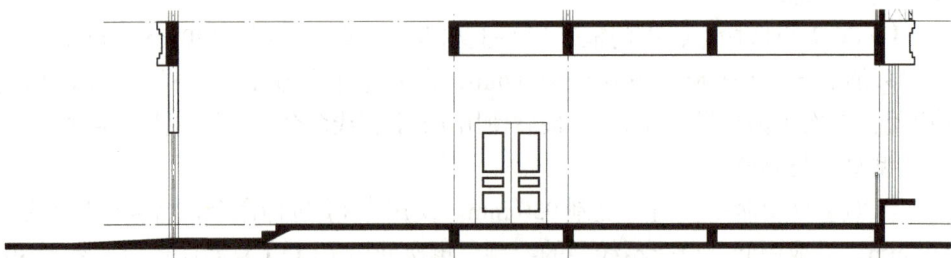

图 5-21　底层剖面示例图

6. 顶层剖面初步调整

1）复制剖面轮廓

选择4层剖面为对象，以层高轴线交点为基点，使用【CO】命令复制至顶层位置。使用【E】命令删除顶层剖面多余轮廓线（见图5-22）。

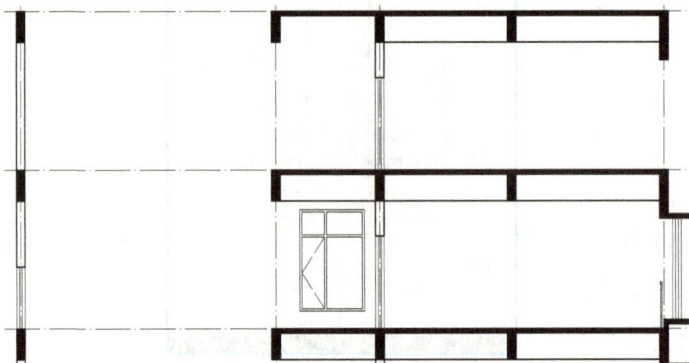

图 5-22　顶层剖面示例图

2）调整楼板

以右侧梁为参照，调整顶层剖面右侧楼板。用【CO】命令复制右侧楼板至左侧梁位，对齐后将右侧楼板向外延伸200 mm。

3）修改梁与墙

双击梁，将剖面梁大小修改为"200×600 mm"。使用【M】移动命令将其移动至楼板下端。使用【L】直线命令，以剖面梁下端点为基点绘制梁直线。使用【CO】复制命令，以剖面梁与楼板为参照，复制剖面墙。

4）调整层高

使用【S】拉伸命令，框选左侧顶层剖面部分，向下拉伸600 mm，完成顶层剖面层高的调整，如图5-23所示。

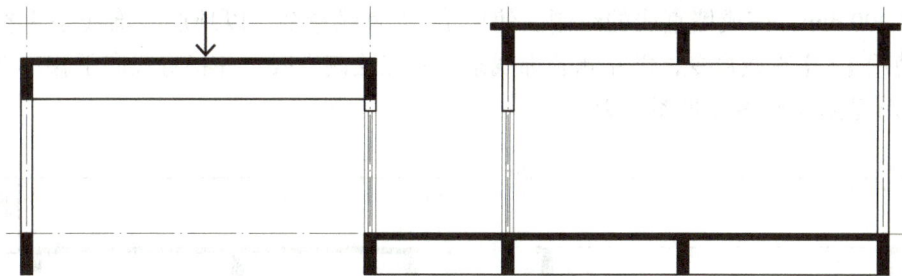

图 5-23　顶层剖面示例图

7. 顶层装饰线条绘制

1）绘制右侧造型

使用【REC】矩形命令，绘制"800×1 300 mm"矩形；使用【X】分解命令，将矩形分解为4条独立的线段。使用【O】偏移命令，将矩形右边向内依次偏移两次，距离均为100 mm，上、下边依次向内偏移200 mm、100 mm。使用【TR】裁剪命令，裁剪多余线条，完成右侧装饰造型线条的绘制。

2）镜像与拉伸

使用【MI】镜像命令，以水平轴线中点为对称轴，将所绘制完成的装饰线条造型镜像。使用【S】拉伸命令，框选镜像后的左侧部分装饰造型，向右拉伸200 mm，如图5-24所示。

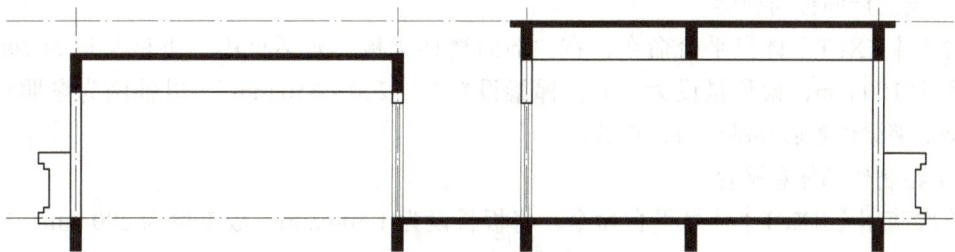

图 5-24　顶层剖面示例图

3）复制扩展

使用【CO】复制命令，复制右侧装饰线至顶层楼板端点。使用【S】拉伸命令，框选右侧部分，向左拉伸400 mm。使用【MI】镜像命令，将其镜像至另一侧。

4）绘制右侧造型

使用【CJQL】创建墙梁命令，在"墙体设置"对话框中，将材料设为"钢砼墙"，总宽、左宽均设为"200"，以楼板端点为基点向上绘制600 mm。使用【REC】矩形命令，绘制"100×100 mm"矩形置于端点，使用【CO】复制命令向下复制600 mm，完成左侧顶层右侧装饰线条的绘制。

5）对称处理

使用【MI】镜像命令，以楼板中点为基点，镜像至另一侧，完成绘制。

6）绘制直线

使用【L】直线命令，以顶层剖面墙为参照绘制直线。使用【M】移动命令将该直线向上移动 1 200 mm，完成墙直线的绘制。使用【L】直线命令，以顶层装饰线条为参照绘制直线。使用【L】直线命令，以左侧装饰线条为基点绘制直线，并将直线向下移动 700 mm，完成剖面梁直线的绘制（见图 5-25）。

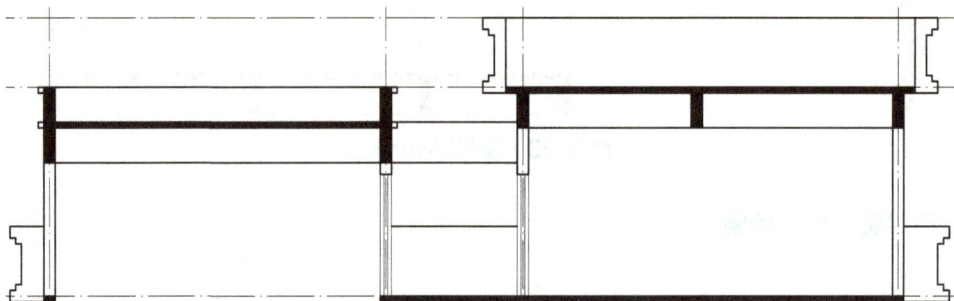

图 5-25　顶层剖面示例图

5.4.5　剖面楼梯绘制

1. 绘制层间板、楼梯平台及梯梁

1）明确尺寸

层间板即层间转折平台，其厚度与相邻楼板相同。根据 IFC 模型数据可知，右侧梯梁大小均为 200 mm × 350 mm，最左侧梯梁大小为 200 mm × 400 mm。

2）绘制层间板与梯梁

输入【XXPT】休息平台命令，在"剖面楼梯梁板"对话框中，将板长设为 790 mm，板厚设为 100 mm，偏移量设为"0"，梯梁设置为"200 × 350 mm"。以轴网为参照放置构件，调整梯梁位置后移动至目标位置。

3）绘制楼梯休息平台

再次使用【XXPT】休息平台命令，将板长设为 1 500 mm，板厚设为 200 mm，向下偏移 2 100 mm，放置后删除自动生成的多余梯梁，如图 5-26 所示。

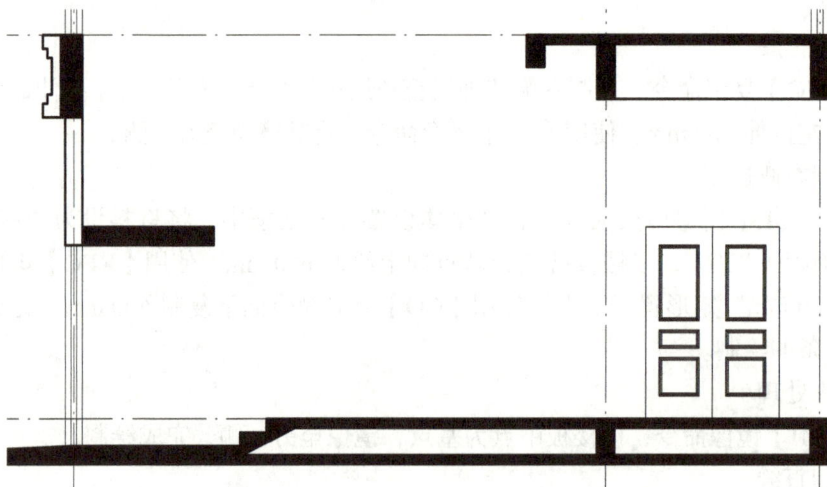

图 5-26　剖面层间板、楼梯平台及梯梁示例图

4）绘制二层楼梯平台板和休息平台

输入【XXPT】休息平台命令，在"剖面楼梯梁板"对话框中，将板长设为 1 600 mm，板厚设为 100 mm，偏移量修改为 0，放置并移动至适当位置，完成层间板与梯梁的绘制。再次使用【XXPT】休息平台命令，将板长设为"1 500"，向下偏移"1 800"并放置。使用【CO】复制命令，将右侧梯梁复制至楼梯平台左侧，双击复制后的梯梁，将其尺寸由"200×350 mm"修改为"200×400 mm"。

5）多层复制

使用【CO】复制命令，选中已绘制完成的 2 层构件（层间板、平台、梯梁），选择剖面梁端点为基点，复制到其余楼层对应位置，如图 5-27 所示。

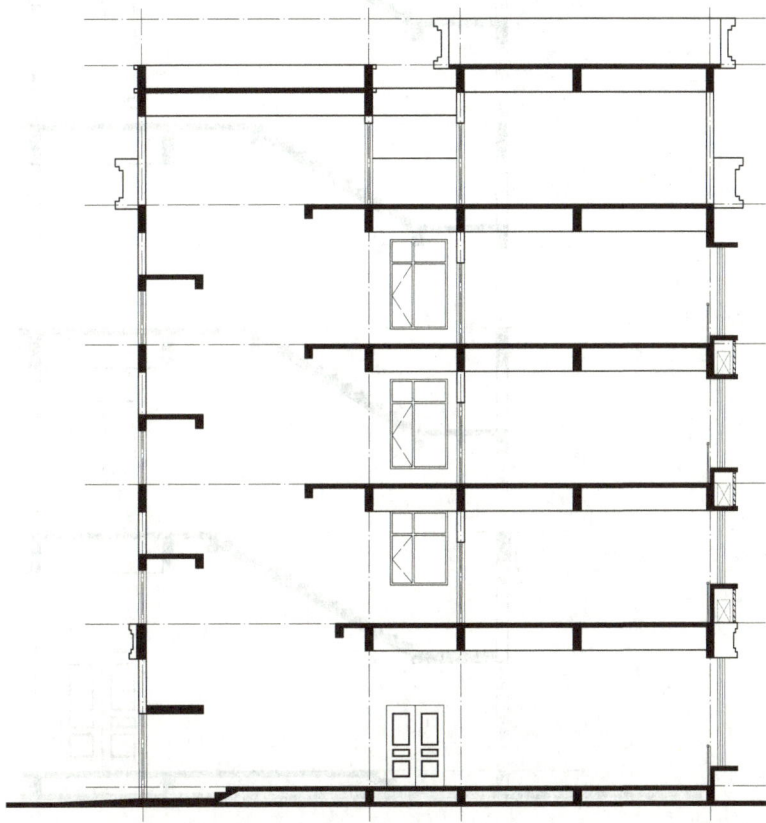

图 5-27　剖面层间板、楼梯平台及梯梁示例图

2. 绘制踏步系统

楼梯踏步需区分可见梯段（未被剖切部分）与剖切梯段（被剖切部分），分楼层精准绘制。

1）首层可见梯段

输入【PMTD】执行剖面梯段命令，在对话框中，将踏步宽设为 270 mm，踏步高设为 150 mm，平台板厚设为 200 mm，勾选梯段为"可见梯段"。

2）首层剖切梯段

按空格键重复剖面梯段命令，在对话框中，取消勾选首层梯段，切换为剖切梯段。指定楼梯平台与层间板端点为基点，绘制首层剖切梯段。

3）其余楼层梯段

重复上述步骤，设置踏步宽为 270 mm、踏步高为 164 mm。底层起始梯段，勾选"可见梯段"；上层梯段，勾选"剖切梯段"。以楼梯平台及层间板端点为基点绘制梯段，如图 5-28 所示。

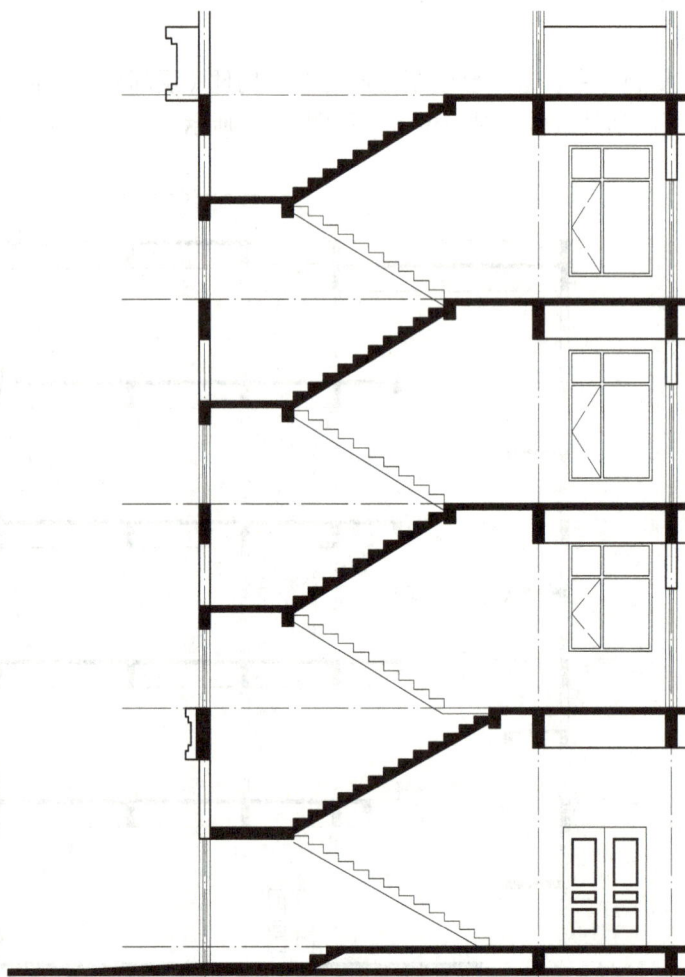

图 5-28　踏步系统示例图

3. 绘制楼梯栏杆

1）初步绘制栏杆

输入【LTLG】执行楼梯栏杆命令，依次指定栏杆起点与终点。

2）连接扶手

输入【FSJT】执行扶手接头命令，框选需连接的扶手完成对接。

3）优化连接

对未完全闭合的扶手，使用【F】倒角命令修整连接处。使用【TR】裁剪命令，清除多余轮廓线，完成剖面楼梯扶手的连接（见图 5-29）。

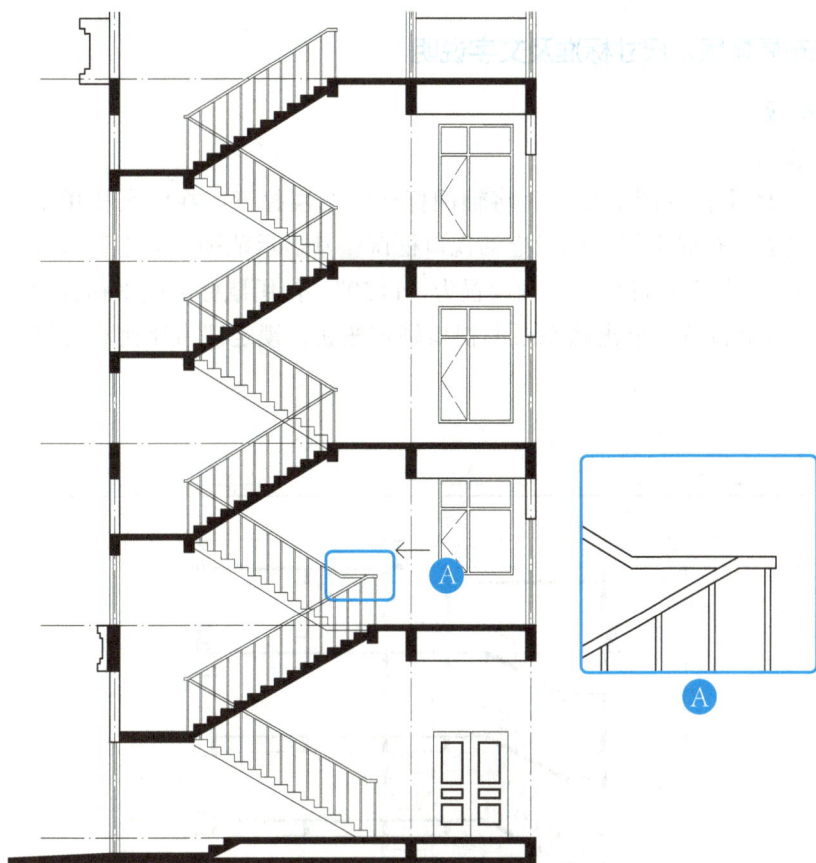

图 5-29 剖面楼梯示例图

4. 图案填充

将当前图层切换为"剖面-填充"图层。

1）填充装饰线条

将当前图层切换为"剖面-填充"。输入【H】执行图案填充命令，选择填充图案类型为"SOLID"，采用"添加·拾取点"的方式，在装饰线条区域内单击确定范围，完成装饰线条的填充。

2）填充基层土壤

重复【H】图案填充命令，选择填充图案类型为"夯实土壤"，比例为"50"，拾取基层区域完成填充（见图 5-30）。

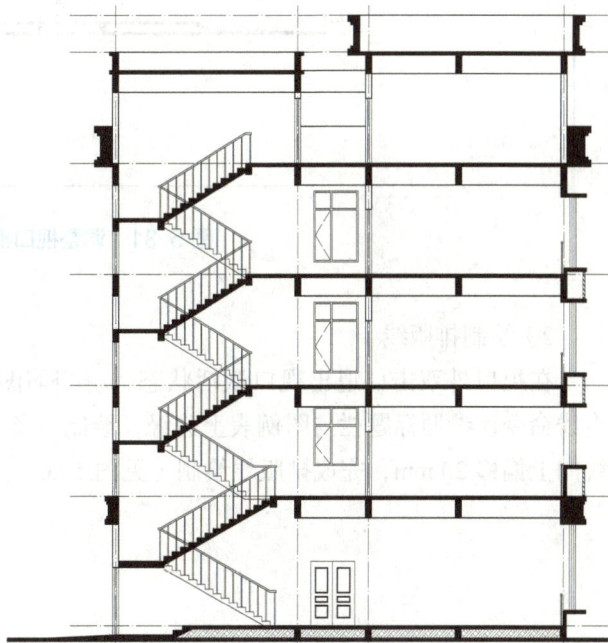

图 5-30 图案填充示例图

5.4.6　图纸布局排版、尺寸标准及文字说明

1. 图纸排版

1）调整视口

使用【DKTC】打开图层命令，将轴网标注的图层打开。在状态栏单击"布局1"标签进入布局空间。鼠标拖动视口框调整其显示范围。双击视口框内部激活视口，在状态栏将视口比例设置为"1∶50"。使用鼠标中键平移视图，将剖面图调整至视口中央合适位置。单击状态栏的视口锁定按钮，锁定视口比例和位置，防止误操作（见图5-31）。

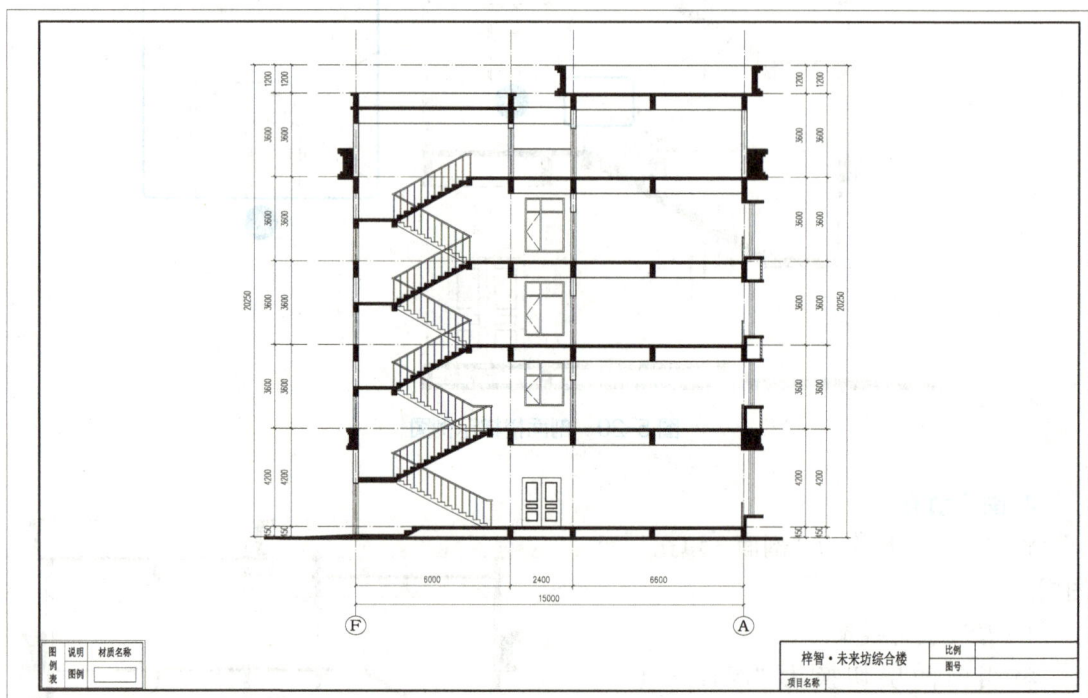

图 5-31　调整视口框示例图

2）绘制排版线

在视口外双击，退出视口激活状态。将当前图层切换至"公－图框"图层。使用【L】直线命令，参照标题栏与图例表上边缘，绘制一条水平直线。使用【O】偏移命令，将该直线向上偏移20 mm，完成排版线绘制（见图5-32）。

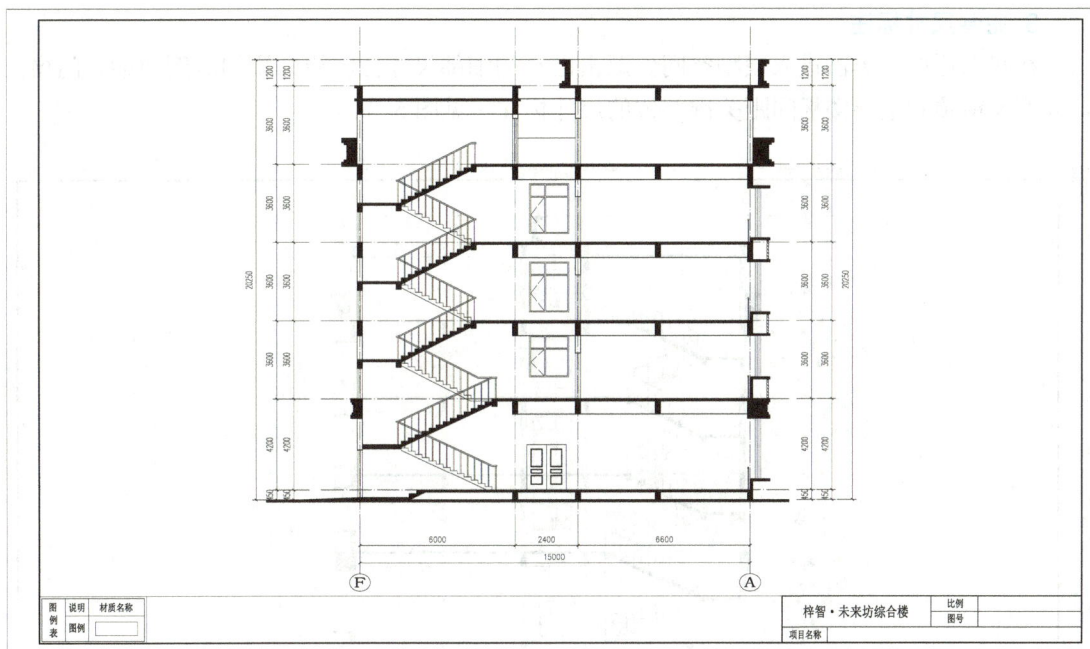

图 5-32 排版线示例图

2. 布局注释

使用【CO】复制命令，选择标题栏内文字为复制对象，指定文字基点。将复制的文字对象移动到剖面图中需要注释的位置附近，确保不遮挡关键图形信息。双击复制得到的文字，在弹出的编辑框中修改其内容，完成所需的文字注释（见图 5-33）。

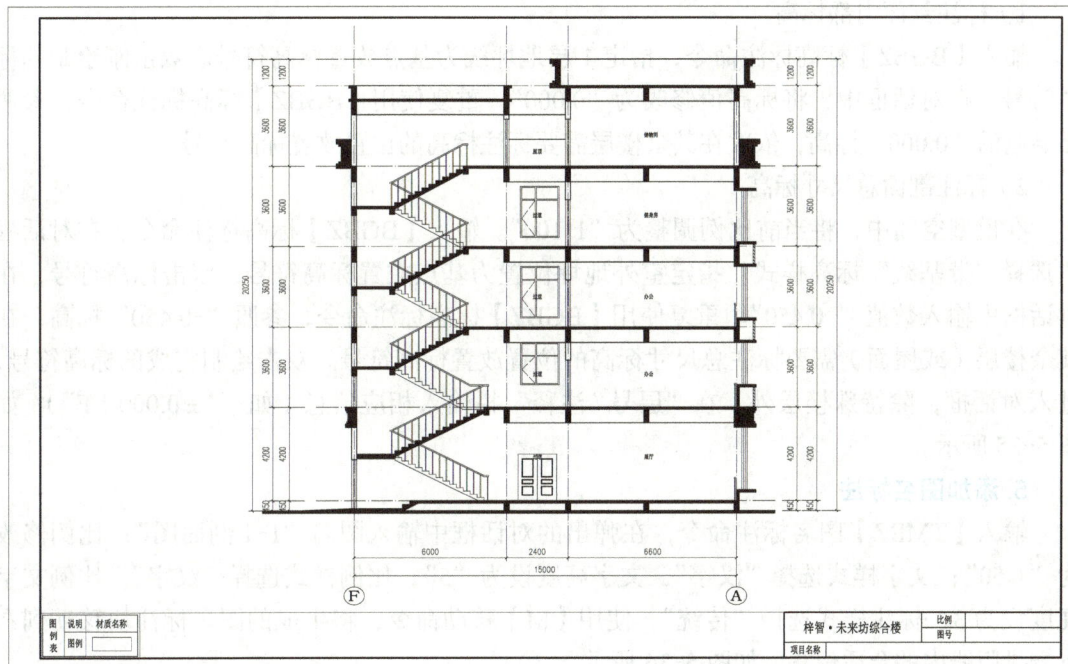

图 5-33 文字注释示例图

3. 完善尺寸标注

在状态栏中，单击进入模型空间。双击已有的细部尺寸标注线，添加对剖面梁、门窗洞口高度及窗顶到上层楼板间距关键部位的尺寸标注（见图5-34）。

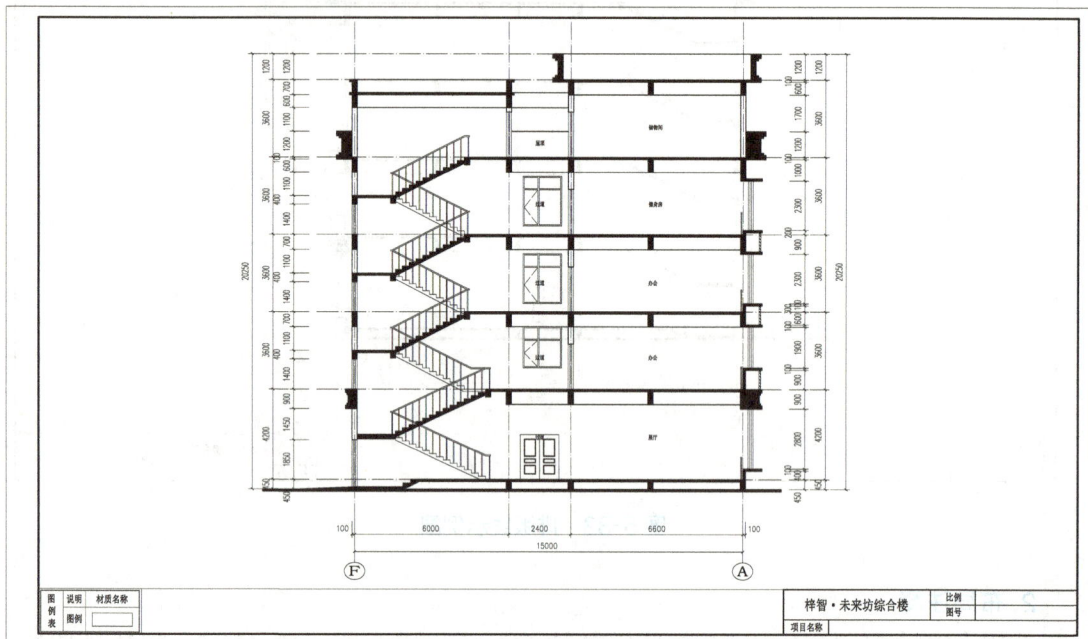

图5-34　尺寸标注示例图

4. 标高标注

1）标注剖面内部标高

输入【BGBZ】标高标注命令，指定1层地坪线为基点放置标高符号。双击刚绘制的标高符号，在对话框中，将标高值修改为"0.000"。重复使用【BGBZ】标高标注命令，参照已绘制的"0.000"标高，依次在其余楼层需要标注标高的位置放置标高符号。

2）标注剖面总尺寸标高

在模型空间中，将当前比例调整为"1:100"。输入【BGBZ】标高标注命令，在对话框中选择"带基线"标高样式。指定室外地坪位置为基点放置标高符号，双击标高符号，在对话框中输入数值"-0.450"。重复使用【BGBZ】标高标注命令，参照"-0.450"标高，在其余楼层（或屋面）需要标注总尺寸标高的位置放置标高符号。双击绘制完成的标高符号，进入对话框，除特殊楼层外，在"层号/注释"栏输入相应信息（如："±0.0001 F"），如图5-35所示。

5. 添加图名标注

输入【TMBZ】图名标注命令，在弹出的对话框中输入图名"1-1剖面图"；比例修改为"1:50"；文字样式选择"汉字"，文字高度设为"5"；比例样式选择"汉字"，比例文字高度设为3；标注样式选择"传统"。使用【M】移动命令，将生成的图名标注块移动到右下方排版线内的合适位置，如图5-36所示。

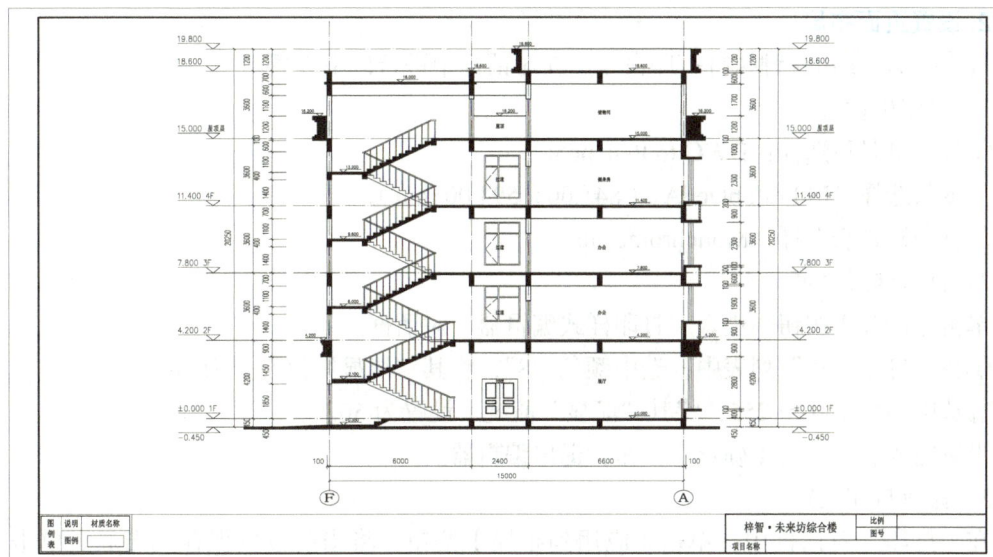

图 5-35　标高标注示例图

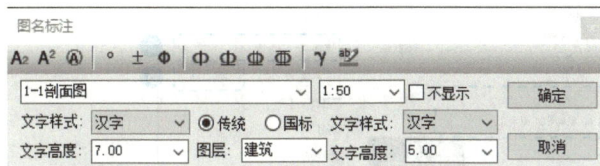

图 5-36　图名标注示例图

6. 绘制标题栏

1）删除图例表

因剖面图通常不需要图例，框选图框中的图例表对象，按【Delete】键删除。

2）修改标题栏信息

双击图名，在编辑框中将图名修改为梓智·未来坊综合楼 1-1 剖面图。使用【CO】复制命令或文字编辑命令（或直接双击编辑），将标题栏"项目名称"处的文字修改为梓智·未来坊综合楼，将标题栏"比例"处的文字修改为"1:50"，将标题栏"图号"处的文字修改为"E-02"，如图 5-37 所示。

梓智·未来坊综合楼1-1剖面图	比例	1:50
	图号	E-02
项目名称	梓智·未来坊综合楼	

图 5-37　标题栏示例图

5.4.7　图纸输出

1. 检查确保视口框为"不可打印图层"

确认布局空间中视口框所在图层的属性已设置为不可打印。

2. 设置页面布局

按【Ctrl+P】组合键执行打印命令，在对话框中进行以下设置。

1）打印机设置

①打印机名称选择：DWG to PDF.pc5。

②纸张选择：IS0 full bleedA1（841.00×594.00 mm）。

③打印样式表选择：Monchrome.ctb。

2）打印样式设置

单击【修改】按钮，进入"打印样式编辑器"对话框。

①在"打印样式"列表中，选中颜色"8"，将其"淡显"值设置为70。

②选中颜色250～255，将其"淡显"值统一设置为50。

设置完成后，单击【确定】按钮，退出编辑器。

3）完成打印设置

在"打印"对话框中，单击【应用到布局】按钮，将当前设置保存到布局。单击【取消】按钮，关闭"打印"对话框（不直接打印），返回绘图区（见图5-38）。

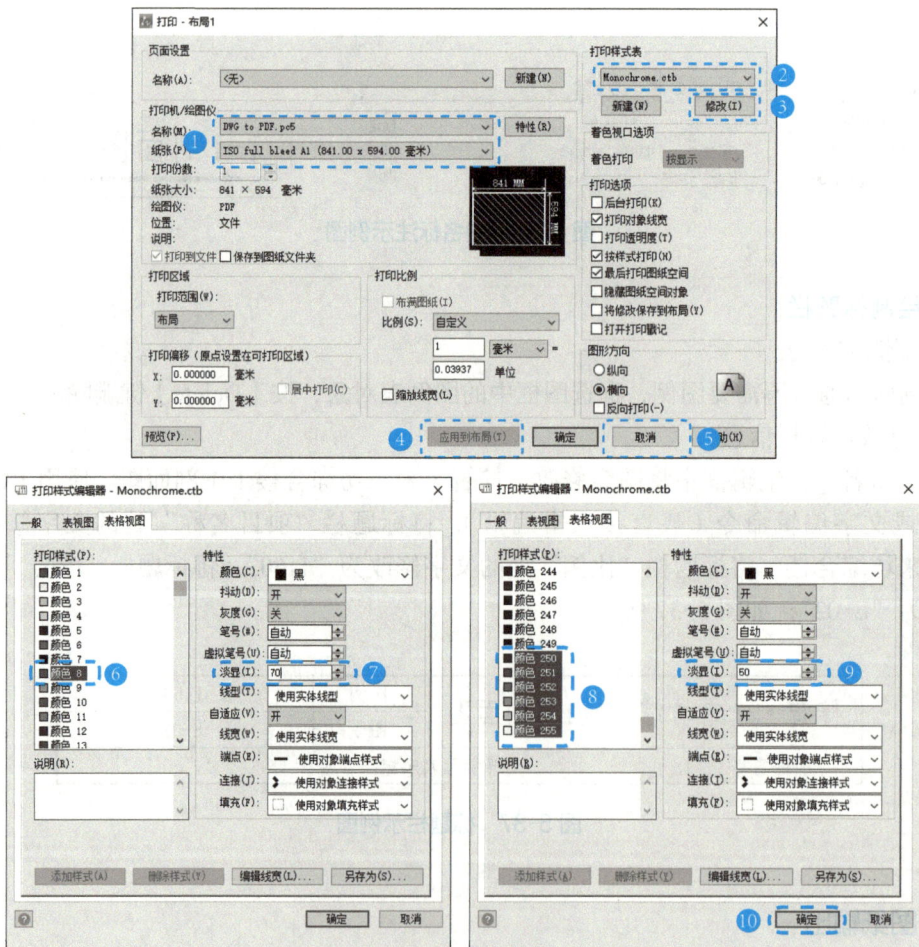

图 5-38　打印设置示例图

3. 使用智能批量打印工具

（1）输入【ZWP】执行智能批量打印工具命令，打开对话框。

（2）在工具对话框中设置：

①图框形式：选择散线（图框为线包围的封闭矩形）。

②打印设备名：选择 DWG to PDF.pc5。

③纸张设定：选择 ISO expand A2（841.00×594.00 毫米）。

④打印样式名：选择 Monchrome.ctb。

（3）勾选【多页打印】选项。

（4）单击【选择批量图纸】按钮，返回绘图区。框选所有需要打印的图纸图框。

（5）选择完成后，单击【亮显】按钮，工具将在绘图区高亮显示所有被选中的图框，确认选择无误。

（6）单击【预览】按钮，生成打印预览，检查布局位置、出图比例、文字及线型清晰度等是否符合要求。

（7）预览确认无误后，单击【打印】按钮执行批量打印操作（见图 5-39）。

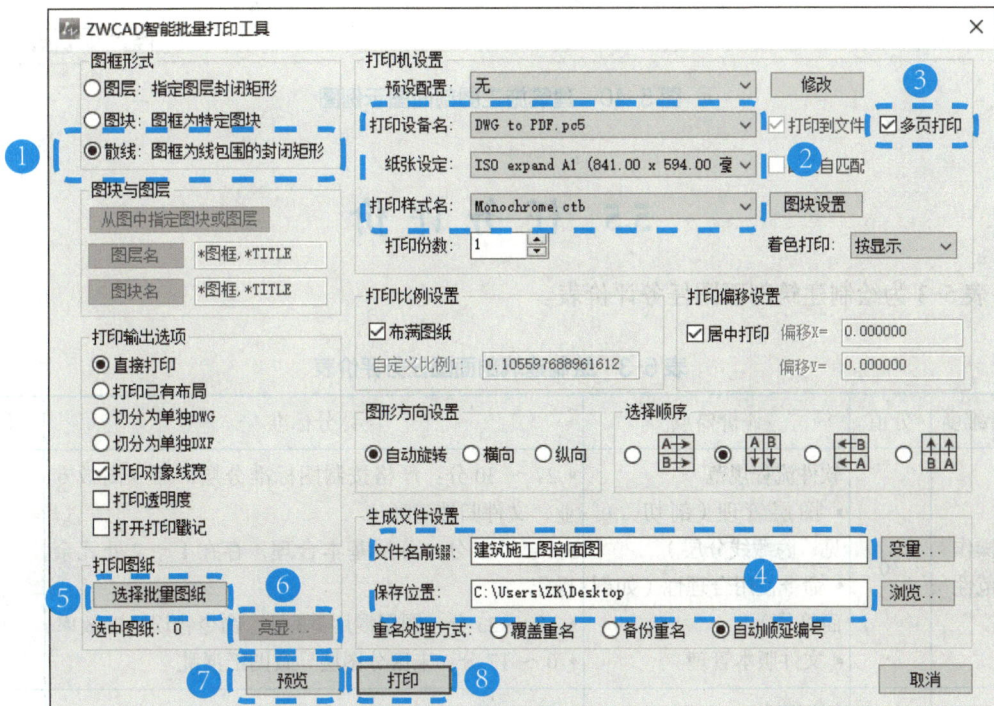

图 5-39　打印设置示例图

图 5-40 为建筑施工图剖面图示例图。

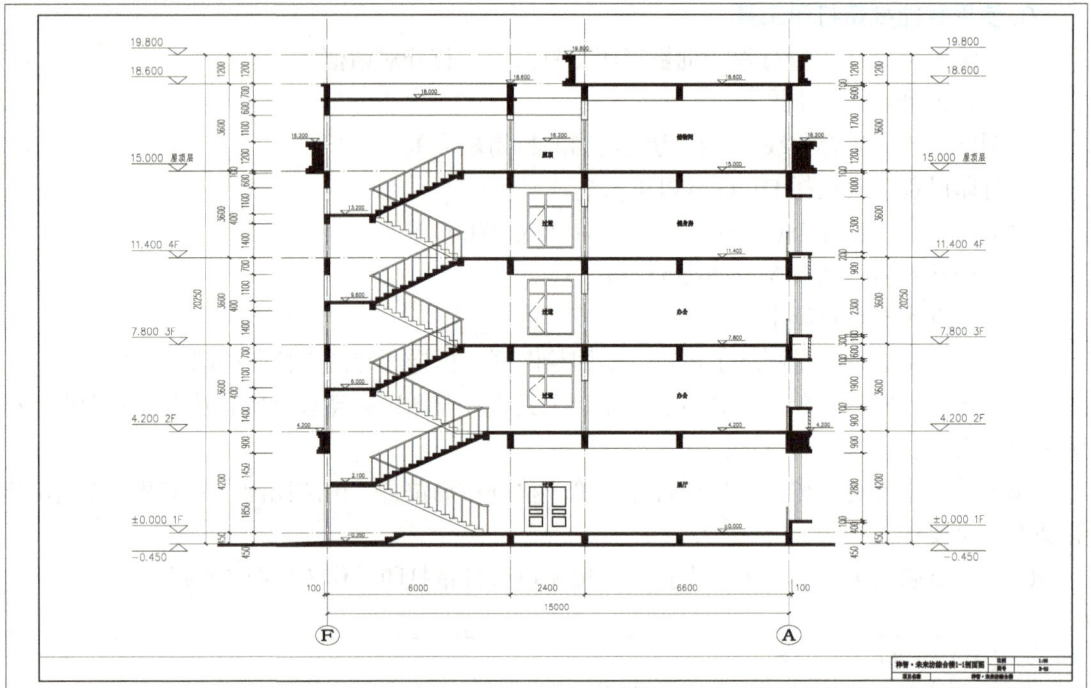

图 5-40　建筑施工图剖面图示例图

5.5　任　务　评　价

表 5-3 为绘制建筑剖面图任务评价表。

表 5-3　绘制建筑剖面图任务评价表

评价维度	分值	评价要点	评分标准	得分
1. 操作规范性	30	软件流程规范 • 图层管理（剖切、可见、隐藏线分层） • 命令使用合理性（如剖面符号） • 文件版本管理	• 27～30 分：严格按制图标准分层，命令高效专业，文件归档清晰 • 24～26 分：分层基本合理，存在 1～2 处冗余操作 • 18～23 分：图层混用≥3 处，命令错误影响效率 • 0～17 分：未区分图层导致图纸混乱	
2. 技术参数正确性	40	剖切定位 • 剖切符号位置准确性 • 剖切方向标识完整构造表达 • 梁板柱尺寸与标高 • 基础/屋面构造层次标注系统 • 尺寸链连续性 • 材料符号规范性	• 36～40 分：剖切位置精准，所有构造参数与标注无误差 • 32～35 分：核心构造正确，次要标注遗漏≤2 处 • 24～31 分：关键标高、尺寸错误≥3 处，构造表达模糊 • 0～23 分：剖切关系错误导致图纸失效	

续表

评价维度	分值	评价要点	评分标准	得分
3. 剖面图绘制质量	20	表达深度 • 剖到与看到线型区分（粗实线与细实线） • 空间层次（室内外）图纸可读性 • 填充比例协调 • 文字标注避让	• 18～20分：线型等级鲜明，空间关系清晰，图面疏密有度 • 16～17分：主体表达完整，局部线型或填充不当 • 12～15分：重要构造未表达，图面拥挤 • 0～11分：无法识别建筑空间关系	
4. 职业素养	10	流程意识 • 按任务书阶段提交过程文件 • 图纸校对记录版权意识 • 引用图例注明来源	• 9～10分：分阶段提交草图供审核，自主校对并记录修改 • 7～8分：最终成果完整，无过程记录 • 5～6分：未标注引用来源 • 0～4分：抄袭他人成果	
5. 创新拓展	—	CAD技术深化 • 参数化工具应用（动态块、字段） • 脚本开发（AutoLISP、VBA） 效率突破 • 自定义模板、工具面板 • 批量处理技术	• 8～10分：开发脚本自动生成剖面关键元素，或创建智能参数化图库 • 5～7分：应用高级功能显著提升效率（如属性块管理标注） • 1～4分：优化工作流程（如快捷键组合） • 0分：无创新体现	
总分	100+10		注：创新拓展为额外附加分（≤10分），总分可超过100分	

5.6　能力训练题

在项目2～5中已经学习了建筑平面图、建筑立面图、建筑剖面图的绘制，作为建筑施工图中不可缺少的图纸还有一类，就是建筑详图，建筑详图的图示方法常用局部平面图、局部立面图、局部剖面图等表示，具体视各部位情况而定。本书不再介绍建筑详图的绘制方法，大家可以自己练习。

用CAD绘制楼梯平面图和剖面图，参考样图如图5-41、图5-42所示。绘制要求：

①绘图比例为1:1，出图比例为1:50，采用A1图框，字体采用仿宋体。

②图纸中未明确的尺寸，可自行估计。

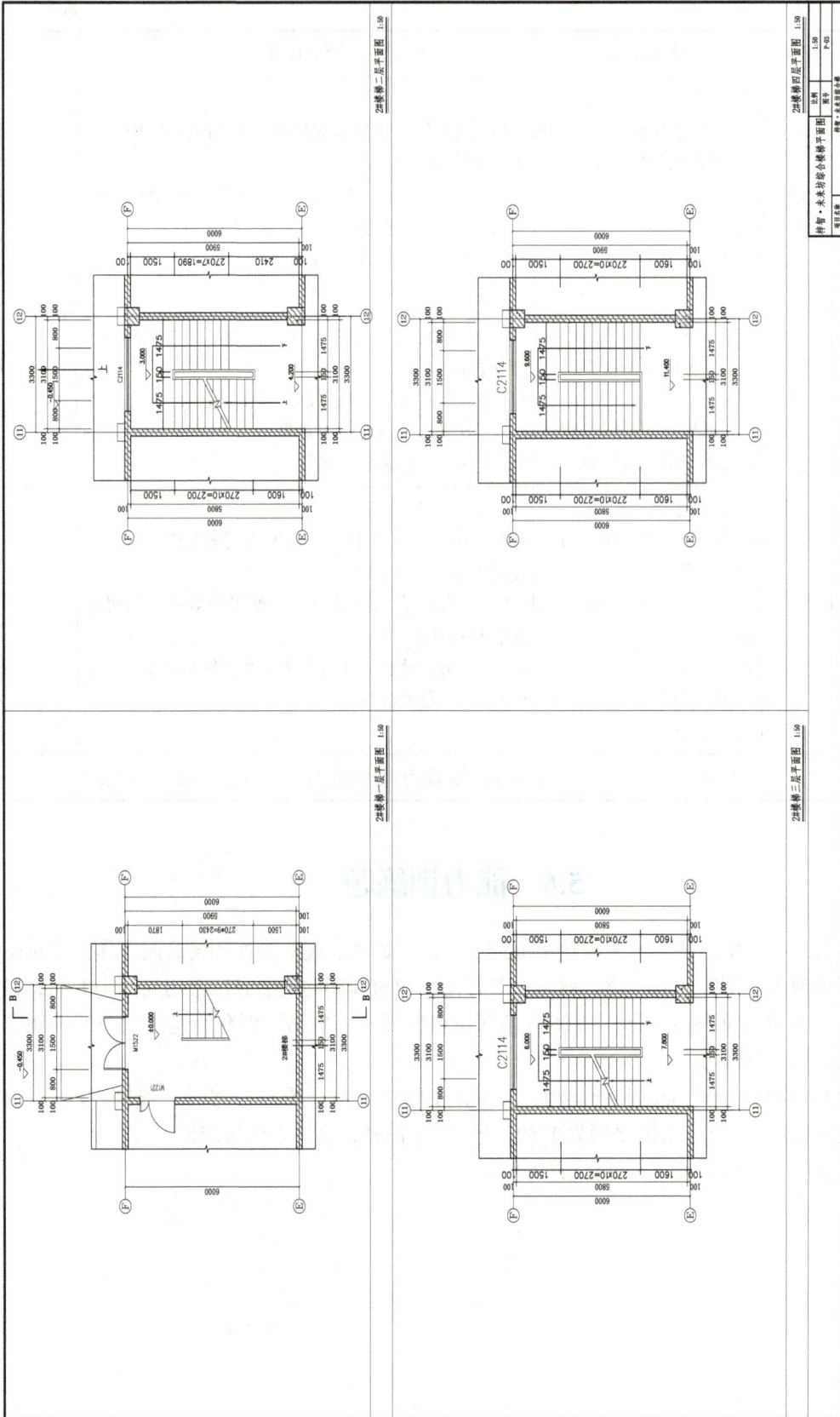

图 5-41　楼梯平面图

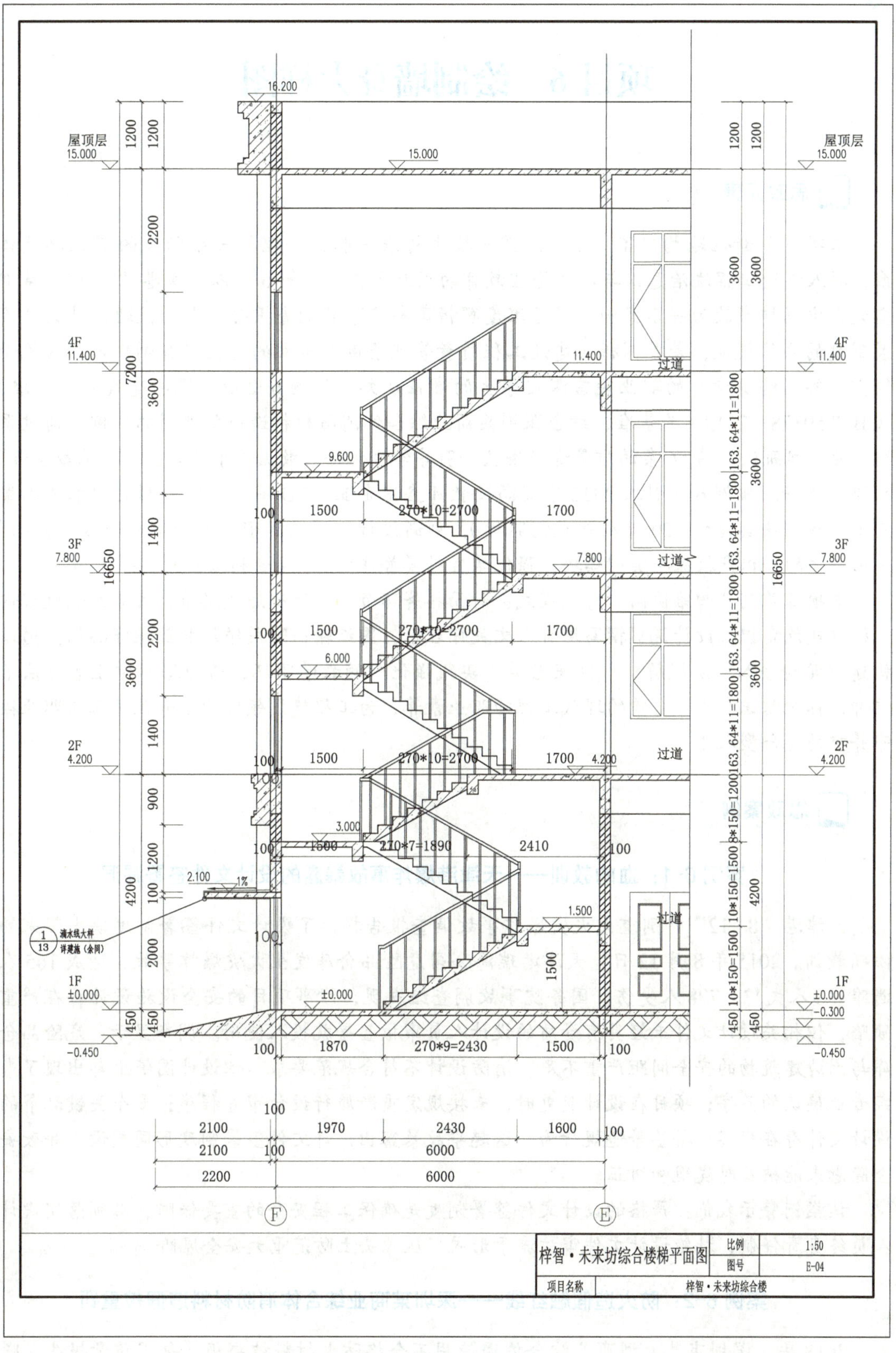

图 5-42 楼梯剖面图

项目 6 绘制墙身大样图

本项目创新性地构建了"法律规范－技术标准－职业伦理"三维融合的课程思政体系，深入渗透工程法治意识与职业伦理教育的思政要素。案例 6-1 以天津港"8·12"特别重大火灾爆炸事故为警示案例，通过深度解析国务院事故调查报告，全面梳理设计文件签署制度的法律规范，着重剖析《建设工程质量管理条例》确立的责任终身制，以"落笔千钧重，签名终身责"的职业箴言深化学生的责任认知。案例 6-2 以《绿色建筑评价标准》（GB/T 50378—2019）为基准，结合深圳某商业综合体消防材料造假被处罚的实例，通过系统比照《建筑法》第 56 条的质量责任条款，引导学生体悟"数据关乎安全，文字承载生命"的职业真谛。案例 6-3 引入 2022 年某高校教师盗用企业 CAD 图纸申报专利的学术不端案例（法院判决其赔偿 120 万元并撤销职称），创新设计"图纸加密－电子签章－版权声明"三位一体的知识产权保护实训模块，强化学生对《著作权法》《专利法》的实务认知。

本项目首创"四维协同"育人模式：封面签署环节强化法律底线思维，目录编制过程内化标准规范意识，设计说明撰写培育人文关怀理念，图纸输出阶段锤炼职业操守品格。通过构建"案例导入－法规解析－伦理思辨－实践强化"的教学闭环，着力培养学生兼具法治信仰、标准意识与伦理自觉的现代工程师职业素养，为工程建设领域输送专业技术与职业操守并重的复合型人才。

案例 6-1：血的教训——天津港爆炸事故暴露的设计文件签署漏洞

天津港"8·12"特别重大火灾爆炸事故调查报告揭示了设计文件签署制度缺失带来的惨痛教训。2015 年 8 月 12 日，天津港瑞海公司危险品仓库发生火灾爆炸事故，造成 165 人遇难、8 人失踪、798 人受伤。国务院事故调查组发现，涉事项目的安全设施设计存在严重缺陷，但相关设计文件未经具有资质的设计人员审核签署就投入使用。调查显示：危险品仓库与周边建筑物的安全间距严重不足，消防设计不符合规范要求，但设计图纸上却出现了未经专业确认的签字；项目在设计变更时，未按规定重新履行设计审查程序；多个关键环节的设计文件存在代签、补签等违规行为。这起事故暴露出设计文件签署制度形同虚设，导致安全隐患未能被及时发现和纠正。

该案例警示我们：严格的设计文件签署制度是确保工程安全的重要保障，必须落实设计人员终身责任制，杜绝设计文件审核流于形式，从源头上防范重大安全风险。

案例 6-2：防火造假触红线——深圳某商业综合体消防材料造假被重罚

2018 年，深圳市某大型商业综合体因使用不合格防火材料被央视《每周质量报告》曝光，引发社会广泛关注。经调查，该商业综合体在装修施工过程中存在严重消防造假行为：一是将实际燃烧性能仅为 B2 级（可燃）的墙体材料虚假标注为 A 级（不燃）材料报验；二是伪造多份防火检测报告，其中某品牌防火涂料的检测数据与真实燃烧测试结果严重不符；三是擅自变更消防设计，缩减防火分区面积。深圳市住建局联合消防部门核查后，依据《消防法》第 59 条对建设单位处以 128 万元的顶格罚款，责令停工 3 个月整改，并通报全市。涉事的 5 家材料供应商被列入黑名单，项目监理单位因未履行材料进场验收责任被吊销资质。

该案例后被收录进《2019 年全国建设工程质量安全违法违规典型案例汇编》，直接推动了深圳市《建筑装饰装修防火材料全过程追溯管理办法》的出台，要求所有公共建筑项目实行防火材料"二维码身份证"管理，从生产、销售到施工环节实现全程可追溯。此次事件暴露出商业综合体建设中的消防验收漏洞，凸显了建材质量监管的重要性。

案例 6-3：CAD 图纸侵权案——学术不端付出的百万代价

2022 年，中国某高校机械工程学院副教授张某因盗用企业 CAD 图纸申报专利，被法院判处赔偿 120 万元并撤销职称，成为当年备受关注的学术不端典型案例。案件缘起于 2020 年张某在参与某科技企业横向课题时，私自复制了该企业自主研发的"智能输送设备"全套 CAD 图纸。2021 年 3 月，张某对图纸稍作修改后，以个人名义申请实用新型专利。企业在该专利公示阶段发现其技术图纸与企业商业秘密高度相似后提起诉讼。经司法鉴定，涉事专利图纸与企业原版 CAD 图纸相似度高达 89%，关键参数和技术特征完全一致，且张某申报材料中的研发过程描述存在明显虚构。2022 年 6 月，法院最终判决张某专利侵权成立，撤销涉案专利并赔偿企业经济损失 120 万元。

案件后续引发连锁反应：所在高校撤销张某副教授职称，取消其研究生导师资格并调离教学岗位，同时该校开展了为期半年的科研诚信专项整治。该案例不仅揭示了产学研合作中的知识产权风险，更凸显了当前学术评价体系下个别科研人员的诚信缺失问题，最终入选 2022 年度全国知识产权保护十大典型案例，为学术界敲响了警钟。

6.1 任 务 工 单

6.1.1 任务描述

根据提供的《梓智·未来坊综合楼立面图》DWG 文件、《梓智·未来坊综合楼墙身大样图》DWG 文件及 IFC 模型，独立运用中望建筑 CAD 软件，规范绘制梓智·未来坊墙身大样图，参考样图如图 6-1 所示。最终成果需满足以下要求。

（1）完成的墙身大样图 DWG 文件，图层管理清晰规范。

（2）输出排版规范，包含完整图框图签的 A1 幅面 PDF 图纸。

（3）图纸内容完整、表达清晰（主体结构、构造层次、功能构件、装饰线条、材料填充、标注、技术说明）。

（4）严格遵守《房屋建筑制图统一标准》（GB/T 50001—2017）关于线型、线宽、标注、文字、图例等所有相关规定。

（5）绘图精准，投影关系正确，尺寸标注无误。

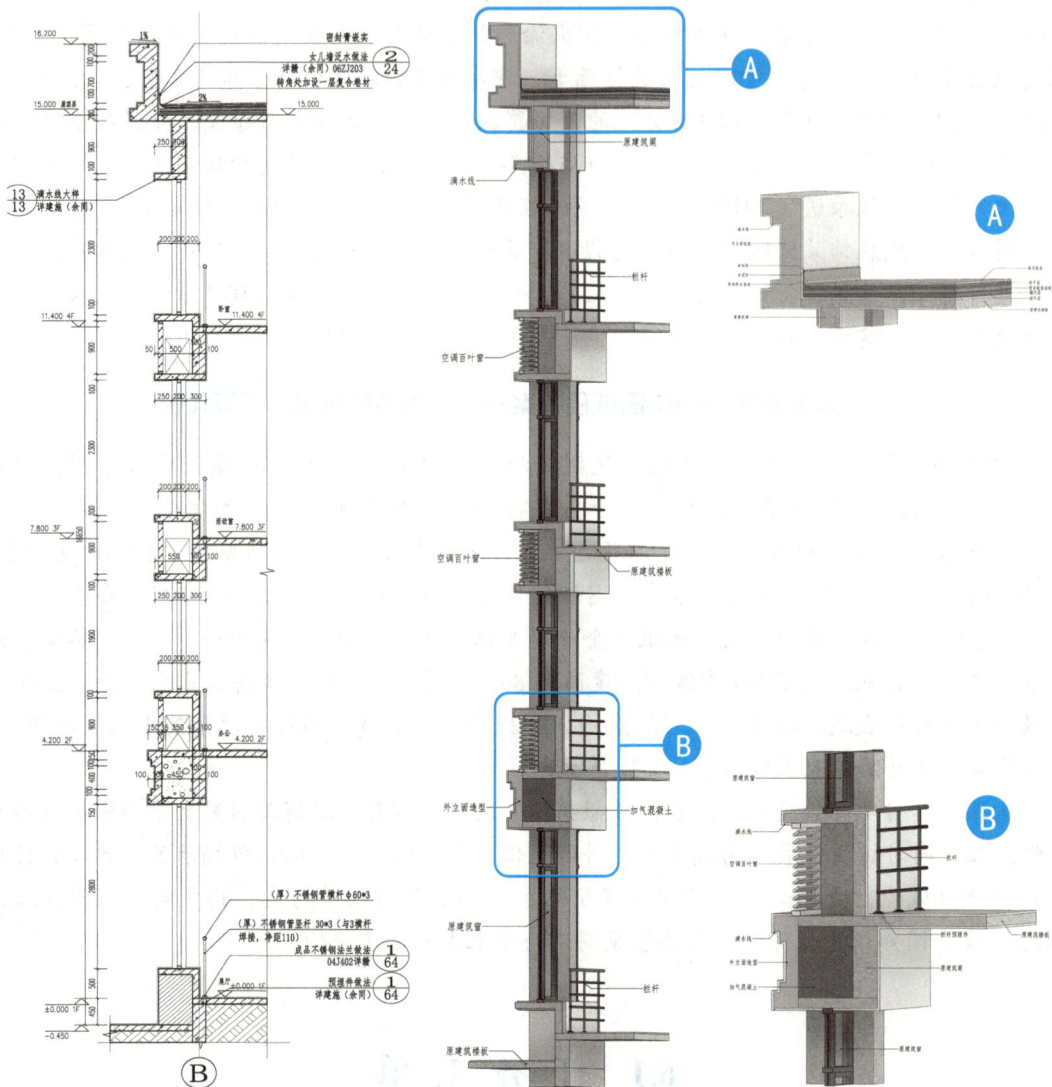

图 6-1　墙身大样详图、三维视图示例图

6.1.2　任务目标

1. 知识目标

（1）能清晰描述墙身大样图的核心表达内容（构造层次、材料做法、细部尺寸）。

（2）能掌握国标《房屋建筑制图统一标准》（GB/T 50001—2017）对墙身大样图中的线型、填充比例、标注样式的要求。

（3）能说明墙身大样图"结构层—功能层—装饰层"的构造逻辑表达原理。

2. 技能目标

（1）CAD 操作能力：熟练应用中望 CAD 进行构造分层管理（结构层、功能层、装饰层独立设层）。

（2）模型转换能力：能基于 IFC 模型、立面图提取数据，精准定位构造层位置与厚度。

（3）规范绘图能力：

①能按国标线型要求绘制各构造层次；

②能正确填充材质图案；

③能标注关键尺寸；

④能添加索引符号与文字说明。

（4）成果输出能力：

①能设置 A1 图框与标题栏并规范排版；

②能通过 ZWP 工具批量输出符合企业标准的 PDF 图纸。

3. 应用目标

（1）能独立将建筑模型、图纸信息转化为符合国标深度的墙身大样施工图。

（2）能通过分层绘制流程（结构层—功能层—装饰层）确保构造逻辑清晰。

（3）能运用图纸标准化管理（图层分类、标注系统、文件命名）提升绘图效率。

（4）能确保成果内容完整无遗漏、构造层次表达清晰、标注系统规范，满足施工图要求。

6.2 知 识 准 备

6.2.1 墙身大样图的组成要素

墙身大样图是表达墙体构造、材料层次及细部做法的核心设计图纸，主要包含以下要素。

1. 主体结构层

（1）墙体与楼板：标注墙体厚度、材料（钢筋混凝土、砌体）及楼板厚度。

（2）梁截面：明确梁与墙体、楼板的连接关系。

2. 门窗与栏杆

（1）门窗截面：表达窗框、窗扇尺寸、玻璃厚度及开启方式。

（2）栏杆构造：绘制扶手（如直径 60 mm 不锈钢管）、立柱及预埋件（如 80 mm × 8 mm 钢板）。

3. 构造层次

（1）外立面完成面：粉刷层、滴水线（10 mm × 10 mm 凹槽）。

（2）屋顶构造：上人屋面保温构造做法。

4. 辅助要素

（1）尺寸标注（如总尺寸、分层尺寸）。

（2）标高（如 ± 0.000）。

（3）做法索引及文字注释。

6.2.2 华艺建筑设计院节点大样详图制图标准

1. 制图标准

（1）作用：依据图纸名称，可识别图纸的类型及所展示的图形内容；根据比例数值，可确定当前图形在相应图幅中的缩放比例。

（2）标题组成：详图图号、图纸名称、图形比例、水平直线，如图6-2所示。

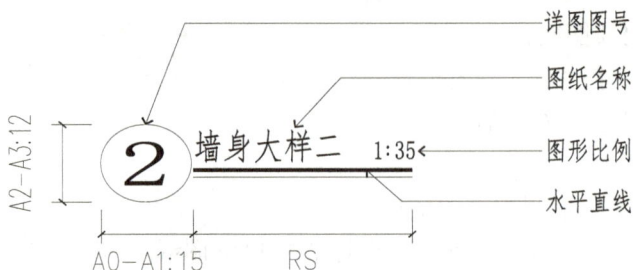

详图图号：对当前图形排序起到说明作用，图纸排序采用阿拉伯数字按照空间顺时针无重复排列，使图纸表达清晰明了。

A0～A1图幅字体，仿宋，字高，4；A2～A3图幅字体，仿宋，字高，3.5。

A0～A1图幅图号圆圈尺寸，15；A2～A3图幅图号圆圈尺寸，12。

图纸名称：用来表示当前图纸类型及图形名称。

A0～A1图幅字体，仿宋，字高，7；A2～A3图幅字体，仿宋，字高，5。

图形比例：用来表示当前图形在相应的图幅中的图形比例。

A0～A1图幅字体，仿宋，字高，5；A2～A3图幅字体，仿宋，字高，3。

图6-2　详图比例索引表示

2. 大样详图皮肤标准

折断符号：用于表示省略的折断处理。当绘制的图形由于图纸空间不足或剖切位置无须完整展示时，采用折断线来标示画面的结束，具体如图6-3所示。

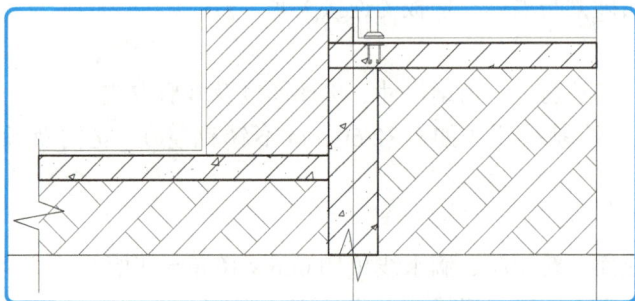

图6-3　　折断线示意

3. 大样详图图层的设定

大样详图施工图图层内容包括：大样详图-细线、大样详图-轮廓线、建-剖面、材料填充、墙体填充等（详见表6-1图层设定说明表）。

表 6-1　图层设定说明表

类别	图层名称	色号	线型	线宽 /mm	说明
大样详图信息类	大样详图－细线	1	Solid line	0.05	直线
	大样详图－轮廓线	4	Solid line	0.13	图案线
	建－剖面	7	Solid line	0.35	墙体线
	材料填充	252	Solid line	0.05	材料填充
	墙体填充	9	Solid line	0.09	墙体填充
	建－文字	7	Solid line	0.09	文字注释
	建－尺寸	3	Solid line	0.09	尺寸标注
	建－注释	3	Solid line	0.05	引线注释说明
	建－标高标注	3	Solid line	0.09	标高标注
	公－轴网－标注	3	Solid line	0.05	轴网标注
	公－图框	4	Solid line	0.09	图框、图例
	公－索引符号及索引图名	3	Solid line	0.09	索引与图名
	0	7	Solid line	0.09	除特定图层外的其他线、图形
	Defpoints	7	Solid line	0.09	不可打印图层

4. 大样详图填充的设定

打样详图填充图例，见表 6-2。

表 6-2　大样详图填充图例

序号	图例	图例说明（填充比例仅供参考）	序号	图例	图例说明（填充比例仅供参考）
1		钢筋混凝土	4		夯实土壤
2		混凝土	5		砖墙
3		加气混凝土			

6.3　任务分析

6.3.1　整体任务概述

墙身大样图绘制是将建筑构造细部转化为可施工技术图纸的核心环节，需按"结构基准定位—功能构件整合—构造层次深化—标注系统生成—规范图纸输出"流程完成。需严格执行国标《房屋建筑制图统一标准》（GB/T 50001—2017），通过分层绘图精准表达工艺节点等技术要素。

6.3.2　任务流程与具体要求

1. 结构基准定位

（1）参照图纸及 IFC 模型中的测量数据，精确绘制出墙体、楼板及梁的截面轮廓线。

（2）依据图纸定位及尺寸，绘制空调外机造型板的截面轮廓线。

2. 功能构件整合

（1）结合图纸样式与模型数据，绘制装饰线条的截面轮廓线。

（2）绘制窗洞轮廓及窗框、窗扇的截面轮廓线。

（3）绘制不锈钢栏杆立柱、扶手及预埋件的截面轮廓线。

3. 构造层次深化

（1）绘制并表达墙体粉刷完成面轮廓线及厚度。

（2）绘制滴水线截面轮廓及其位置。

（3）绘制并表达上人保温屋面的各构造层次（如结构层、找坡层、保温层、防水层、保护层等），清晰展示其厚度与材质关系。

（4）对绘制完成的墙体、楼板、梁、保温层、填充墙等不同材质的截面区域，进行符合规范的图案填充，以区分材料。

4. 标注系统生成

（1）添加完整的尺寸标注（总尺寸、分部尺寸、细部尺寸）。

（2）标注关键位置的标高。

（3）填加必要的文字说明（如材料名称、构造做法简述等）。

（4）插入标准的做法索引符号，指向相关构造详图或说明。

5. 规范图纸输出

（1）按照给定的制图规范标准（如线型、线宽、打印样式、比例、图纸尺寸），设置打印输出参数。

（2）输出最终完成的墙身大样详图为指定格式（如 PDF、DWG）文件。

6.4　任务实施

6.4.1　绘制楼板与梁

1. 绘制轴线

切换当前图层至"公－轴网"，绘制建筑轴线。

微课——
绘制楼板与梁

2. 绘制层高辅助线

1）绘制室外地坪辅助线

切换当前图层至"建－剖面"。使用【XL】构造线命令绘制水平基准线。使用【O】偏移命令，向下偏移 450 mm，生成辅助线。

2）绘制楼层辅助线

以基准线为参照，使用【O】偏移命令向上偏移 4200 mm、7800 mm、11 400 mm、15 000 mm，确定各楼层高度（见图 6-4）。

3. 绘制楼板

1）绘制首层楼板

使用【REC】矩形命令绘制"1 100×100 mm"楼板，放置于轴线与首层辅助线的交点处。使用【M】移动命令，将楼板向左移动 100 mm。

2）复制至各楼层

使用【CO】复制命令，以首层楼板右上角为基点，向下复制至室外地坪辅助线与轴网交点处，完成底层楼板绘制。使用【CO】复制命令，以轴线与层高辅助线的交点为指定基点，将首层楼板复制到不同楼层的相应位置。使用【S】拉伸命令，将底层楼板向左拉伸 100 mm，顶层楼板向左拉伸 500 mm（见图6-5）。

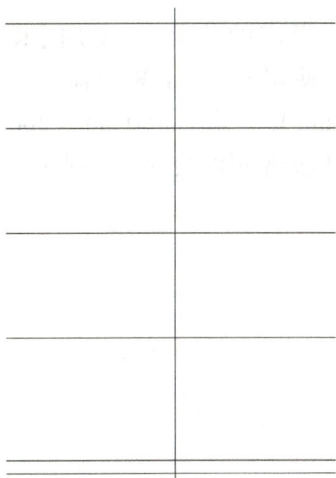

图 6-4　层高辅助线定位示例图　　　　图 6-5　楼板示意图

4. 绘制梁

1）根据 IFC 模型明确梁尺寸

依据提供的图纸及 IFC 模型，梁尺寸如下：地梁 900 mm×200 mm、首层梁 700 mm×200 mm、二层梁 600 mm×200 mm、三层梁 700 mm×200 mm、顶层梁 900 mm×200 mm。

2）绘制梁与调整各层梁大小

使用【REC】矩形命令，绘制 900 mm×200 mm 的梁，置于首层楼板下方。使用【CO】复制命令，以轴线与楼板交界处为复制基点，将梁依次复制到二层、三层及顶层楼板下方对应位置。使用【M】移动命令，将顶层梁向右移动 300 mm。使用【S】拉伸命令，按对应尺寸调整各层梁截面轮廓（见图6-6）。

6.4.2　绘制空调外机造型板

1. 绘制定位辅助线

1）竖向定位

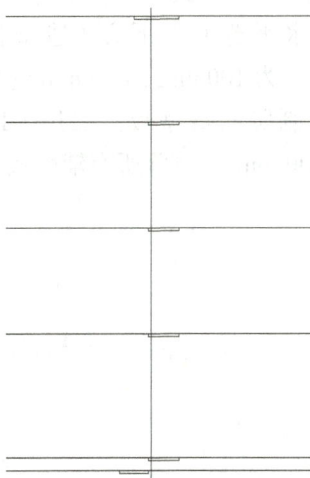

微课——
绘制空调外机造型板

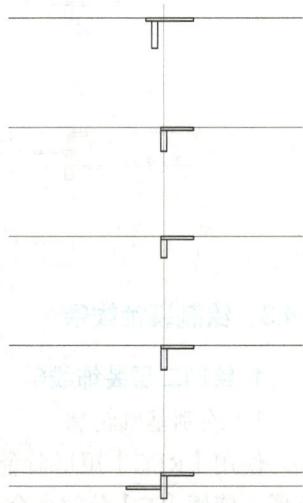

图 6-6　梁截面示意图

使用【O】偏移命令，将轴线向左偏移 650 mm，生成竖向定位辅助线。

2）横向定位

使用【O】命令，将各楼层层高辅助线向上偏移指定距离，生成各层横向定位辅助线：首层 500 mm、二层 1 000 mm、三层 400 mm、四层 200 mm。

2. 绘制空调外机造型板

1）绘制水平造型板

以首层竖向与横向辅助线交点为基点，使用【REC】矩形命令绘制 650 mm × 100 mm 的水平造型板。使用【CO】复制命令，以该基点为基准，将首层水平造型板向上复制至各层辅助线交点（及梁底交点）处。使用【S】拉伸命令，调整需要修改长度的水平造型板至相应辅助线位置。

2）绘制竖向造型板

在首层水平造型板下方（造型板与楼板端点形成的角落），使用【REC】矩形命令，绘制尺寸为 100 mm × 400 mm 的竖向造型板。使用【REC】矩形命令，在其他楼层相应位置绘制竖向造型板：二层（100 mm × 900 mm）、三层（100 mm × 300 mm）、四层（100 mm × 100 mm）。删除所有辅助线，完成空调外机造型板的绘制（见图 6-7）。

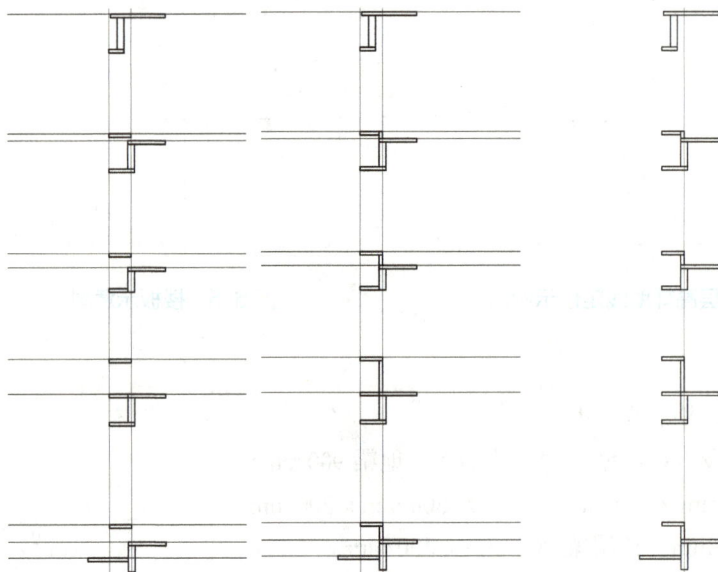

图 6-7　空调外机造型板示意图

6.4.3　绘制装饰线条

1. 绘制二层装饰线条

1）绘制基础轮廓

使用【REC】矩形命令，以二层空调外机造型板左上角为基点，绘制 200 mm × 900 mm 矩形。使用【X】分解命令，将矩形分解为独立的线段。

2）偏移生成细节

使用【O】偏移命令，在水平方向，选择矩形上边，依次向下偏移 150 mm、100 mm。在垂直方向，选择矩形左边，向内连续偏移两次，每次 50 mm。

3）裁剪与镜像

使用【TR】裁剪命令，修剪偏移产生的多余线条。确定装饰线条垂直线中点为镜像轴线，使用【MI】镜像命令，选择修剪好的半边装饰线条作为镜像对象，指定装饰线条垂直方向线段的中点连线作为镜像轴，完成镜像操作，生成对称的装饰线条（见图6-8）。

2. 绘制屋顶装饰线条

1）绘制基础轮廓

使用【REC】矩形命令，以屋面板右上角为基点，绘制400 mm×1 300 mm的矩形。使用【X】分解命令，将该矩形分解。

2）偏移生成细节

使用【O】偏移命令，在水平方向，选择矩形上边，依次向下偏移200 mm、100 mm。在垂直方向，选择矩形左边，向内连续偏移两次，每次100 mm。

3）裁剪与镜像

使用【TR】裁剪命令，修剪多余线条。使用【MI】镜像命令，选择修剪好的半边线条作为镜像对象，指定屋顶中心线为镜像轴，完成镜像操作，生成对称的屋顶装饰线条（见图6-9）。

6.4.4　绘制窗截面

1. 绘制空调百叶窗

1）绘制主框架

切换图层至"大样详图－轮廓线"。使用【REC】矩形命令，以二层空调造型板左侧端点为基点，绘制900 mm×70 mm矩形。使用【M】移动命令，将该矩形水平向右移动50 mm。

2）绘制窗框轮廓

使用【REC】矩形命令，以主框架矩形左上角端点为基点，绘制70 mm×50 mm矩形。使用【O】偏移命令，将该矩形向内偏移10 mm，生成内轮廓线。使用【MI】镜像命令，选择内轮廓线作为镜像对象，指定主框架矩形垂直方向的中线为镜像线，完成窗框轮廓绘制（见图6-10）。

3）绘制单个百叶窗细节

（1）定位轮廓。使用【REC】矩形命令，以窗框轮廓线内角点为基点，绘制50 mm×70 mm矩形。使用【M】移动命令，将该矩形向内移动10 mm后再向下移动60 mm。

（2）生成线条。执行【X】分解命令，将该矩形分解。使用【O】偏移命令，将右边线

微课——
绘制窗截面

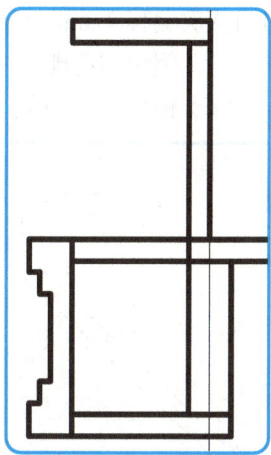

图6-8　二层装饰线条示意图

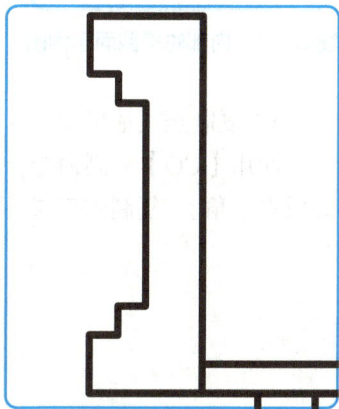

图6-9　屋顶装饰线条示意图

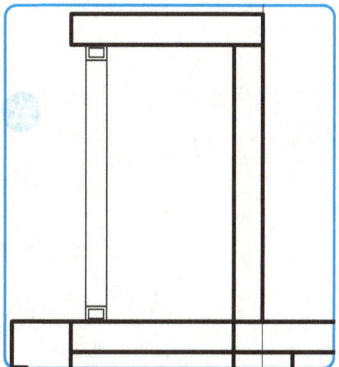

图6-10　空调百叶窗窗框示例图

向内依次偏移 3 mm、9 mm、12 mm，将上边线向下依次偏移 3 mm、7 mm、15 mm。

（3）倒角与清理。使用【F】倒角命令连接转角，并删除多余线条。

（4）镜像完成单侧。使用【MI】镜像命令，选择处理好的线条，以定位矩形垂直中线为镜像线镜像至另一侧。

（5）镜像完成底部。再次使用【MI】镜像命令，选择镜像后的线条，以定位矩形下边线为镜像线镜像至下方（形成完整百叶单元）。

（6）完善造型。使用【O】偏移命令，将单元内水平线向内偏移 1 mm。使用【L】直线命令连接偏移线端点。使用【F】倒角命令优化连接，删除多余线，形成最终百叶单元截面（见图 6-11）。

4）阵列生成百叶

使用【ZYZL】自由阵列命令。选择绘制好的百叶单元截面为阵列对象，指定基点（如单元左上角点），输入阵列间距 150 mm（向下方向），设置阵列数量（如 5 个），完成百叶阵列。

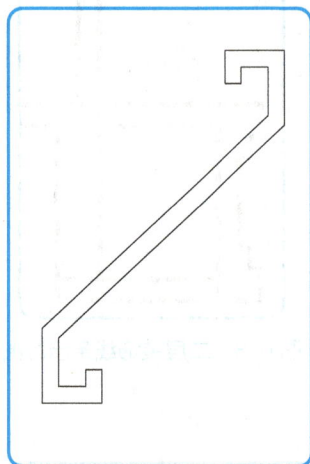

图 6-11　内部轮廓截面示例图

5）复制至其他楼层

使用【CO】复制命令，选择整个二层空调百叶窗截面，指定基点（如二层横向空调造型板左上角），复制到三层、四层相应位置（见图 6-12）。

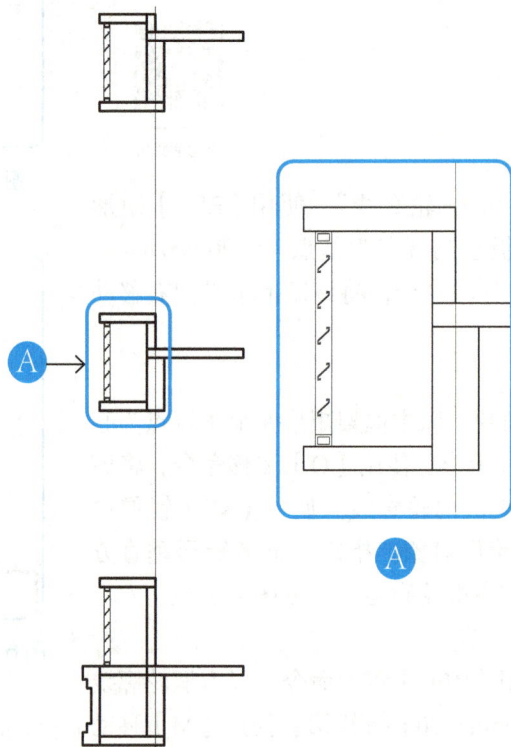

图 6-12　空调百叶窗示例图

项目6　绘制墙身大样图

2. 绘制普通窗

1）绘制基础轮廓

使用【REC】矩形命令，以轴线和造型板边缘交点为基点，绘制 200 mm × 2800 mm 矩形。使用【M】移动命令，将该矩形向左移动 200 mm。

2）生成外部轮廓线

使用【X】分解命令，将矩形分解。使用【O】偏移命令，将左右两侧边线分别向内偏移 70 mm，形成窗截面外部轮廓线。

3）绘制并镜像窗框

使用【REC】矩形命令，在适当位置（如靠近顶部）绘制 60 mm × 50 mm 矩形作为窗框截面。使用【O】偏移命令，将该窗框矩形向内偏移 5 mm。使用【MI】镜像命令，选择两个窗框矩形（原始和偏移）作为镜像对象，指定窗截面竖向轮廓中线为镜像线，镜像生成另一侧窗框（形成单个完整窗框截面）。

4）复制并调整长度

使用【CO】复制命令，复制绘制好的一层窗截面至其他楼层。因各层窗户高度不同，使用【S】拉伸命令，选择需要修改高度的窗截面（包含外轮廓线和窗框）作为拉伸对象，指定拉伸基点，垂直拉伸至各层实际所需长度（见图 6-13）。

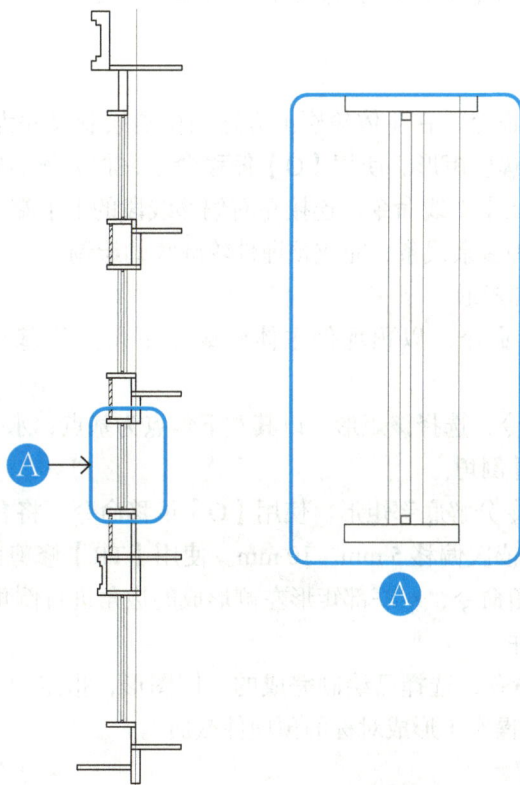

图 6-13　窗截面示例图

6.4.5 绘制栏杆、预埋件截面

1. 绘制栏杆

1）绘制并定位栏杆立柱

使用【REC】矩形命令，以轴线和一层楼板交点为基点，绘制尺寸为 1 000 mm × 30 mm 的矩形（栏杆立柱截面）。使用【M】移动命令将该矩形水平向右移动 50 mm。

2）绘制横杆截面

使用【C】圆命令，以栏杆立柱矩形上边线的中点为圆心，绘制直径 60 mm 的圆。使用【O】偏移命令，将该圆向内偏移 5 mm。使用【TR】修剪命令，修剪掉圆内部被立柱矩形遮挡的多余弧线。

2. 绘制预埋件

1）基础定位

将当前图层切换至"详图大样－细线"。使用【REC】矩形命令，绘制尺寸为 80 mm × 20 mm 的矩形，将该矩形定位在栏杆立柱矩形下边线的中点处。

2）绘制主体轮廓

使用【REC】矩形命令，以基础矩形上边线中点为基点，绘制尺寸为 6 mm × 80 mm 的矩形（上方轮廓）。以基础矩形下边线中点为基点，绘制尺寸为 6 mm × 80 mm 的矩形（下方轮廓）。

3）完善轮廓线

使用【REC】矩形命令，在主体轮廓上方适当位置绘制尺寸为 15 mm × 80 mm 的矩形。使用【X】分解命令分解该矩形。使用【O】偏移命令，将分解后矩形的左、右边线分别向内偏移 15 mm。使用【L】直线命令，连接左右偏移线段的上下端点；使用【TR】修剪命令和【E】删除命令，清理多余线条，完成预埋件轮廓线的绘制。

4）绘制并定位底部矩形

使用【REC】矩形命令，以预埋件主体轮廓左下角点为基点，绘制尺寸为 50 mm × 75 mm 的矩形。

使用【M】移动命令，选择该矩形，以其左下角点为基点，水平向右移动 15 mm。

5）细化底部矩形并倒角

使用【X】分解命令分解底部矩形。使用【O】偏移命令，将右边线向左依次偏移 5 mm（3 次），将下边线向上依次偏移 5 mm、10 mm。使用【TR】修剪命令，修剪偏移产生的多余线条。使用【F】倒角命令，对底部矩形左侧形成的边角进行倒角处理。

6）镜像完成预埋件

使用【MI】镜像命令，选择已绘制完成的一侧图形，指定预埋件主体轮廓的垂直中心线为镜像线，完成镜像操作（形成对称的预埋件截面）。

3. 复制至其他楼层

使用【CO】复制命令，选择绘制好的一层栏杆和预埋件，指定基点，垂直向上复制到二、三、四层相应位置，如图 6-14 所示。

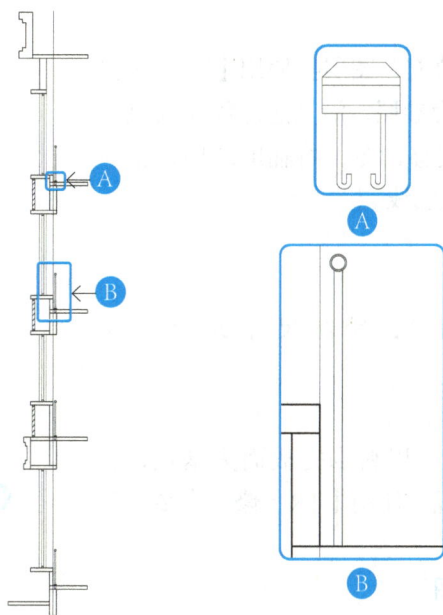

图 6-14 栏杆、预埋件示例图

6.4.6 绘制构造层次

1. 绘制上人保温屋面构造层次

1）绘制轮廓线

使用【L】直线命令，以楼板为基点绘制辅助线，以该辅助线为基点，按总坡度 2% 依次绘制上人保温屋面构造层次轮廓线。使用【O】偏移命令，偏移距离（构造层厚度）依次为：45 mm 找坡层、10 mm 隔汽层、40 mm 聚苯板保温板、20 mm 水泥砂浆找平结合层、5 mm 转角附加防水卷材、5 mm 防水卷材、20 mm 厚隔离层、10 mm 厚找平层、20 mm 厚保护层。

2）绘制密封胶截面

使用【REC】矩形命令，以防水卷材位置为基点，绘制尺寸为 10 mm × 12 mm 的密封胶截面。

3）绘制水泥钉

将当前图层切换至"大样详图‐细线"。使用【REC】矩形命令绘制尺寸为 1 mm × 6 mm 的水泥钉钉头。输入【L】直线命令，绘制长度为 15 mm 的钉尖，如图 6-15 所示。

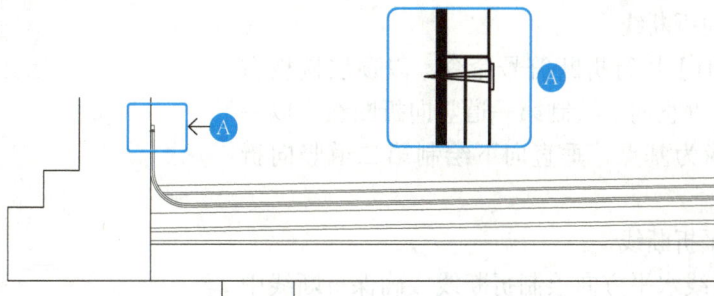

图 6-15 上人保温屋面构造层次

213

2. 绘制粉刷完成面

将当前图层切换至"填充"图层。使用【PL】多段线命令，以楼板和造型板为参照，沿其边缘绘制粉刷完成面辅助线。使用【O】偏移命令，将辅助线向外偏移20 mm，生成粉刷完成面轮廓线。

3. 绘制滴水线

1）绘制截面轮廓

使用【REC】矩形命令，绘制尺寸为10 mm×10 mm的滴水线截面轮廓。

2）定位与裁剪

使用【CO】复制命令，以粉刷完成面为基点，将滴水线轮廓复制到适当位置。使用【TR】修剪命令，裁剪掉多余辅助线。

4. 绘制空调外机示例图

1）绘制基础轮廓并定位（以二层为例）

使用【REC】矩形命令，以空调外机造型处的造型板右下方交点为基点，绘制尺寸为300 mm×600 mm的矩形。使用【M】移动命令，将矩形水平向左移动45 mm完成定位。

2）绘制对角线

使用【L】直线命令，连接矩形对角端点绘制对角线。

3）设置线型

全选绘制好的空调外机图形，在软件界面右侧【特性栏】中，将线型设置为"GB_DASH3"，比例设置为0.02。

4）复制完成绘制

使用【CO】复制命令，以空调造型板为基点，将绘制好的空调外机图形复制到三层和四层对应位置（见图6-16）。

5. 绘制折断符号

1）绘制竖向折断线

输入【ZDFH】执行折断符号命令，以顶层楼板右侧边缘为基点，垂直向下绘制第一道竖向折断线。以一层楼板左侧边缘为基点，垂直向下绘制第二道竖向折断线。

2）绘制水平折断线

沿地梁中心线水平方向绘制折断线，确保折断线中点精准对其地梁中点（见图6-17）。

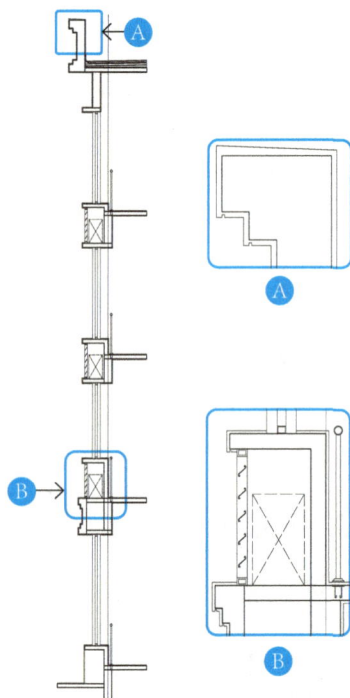

图6-16 滴水线、空调外机示例图

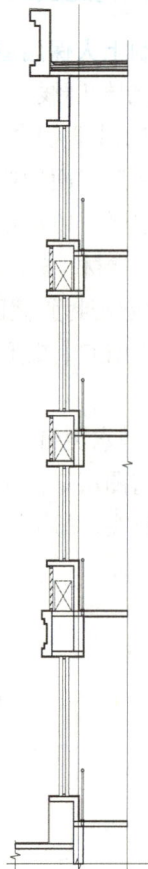

图6-17 折断线示例图

6.4.7 图案填充

1. 墙体、楼板、砌块填充

1）前期准备

使用【1】关闭图层命令，暂时关闭轴线图层，避免干扰填充边界识别。将当前图层切换至"墙体填充"图层。

2）钢筋混凝土填充

输入【H】执行填充命令，在"填充图案对话框"对话框中选择"填充图案"，类型选择为"其他预定义"，图案选择为"钢筋混凝土"，比例设置为"1:30"。单击【添加：拾取点】按钮。在绘图区域中，依次在梁、楼板等需要填充的封闭区域内单击拾取点。按回车键或单击【确认】按钮完成图案填充。

3）加气混凝土填充

输入【H】执行填充命令，在对话框中，图案选择为"加气混凝土"，比例设置为"1:50"。单击【添加：拾取点】按钮，在需要填充的加气混凝土砌块区域内单击拾取点，按回车键或单击【确认】按钮完成图案填充。

4）砌块图案填充

输入【H】执行填充命令，在对话框中，图案选择为"普通砖"，比例设置为"1:20"。单击【添加：拾取点】按钮，在需要填充的砌块区域内单击拾取点，按回车键或单击【确认】按钮完成图案填充。

5）夯实土壤填充

输入【H】执行填充命令，在对话框中，图案选择为"夯实土壤"，比例设置为"1:50"。单击【添加：拾取点】按钮，在需要填充的夯实土壤区域内单击拾取点，按回车键或单击【确认】按钮完成图案填充（见图 6-18）。

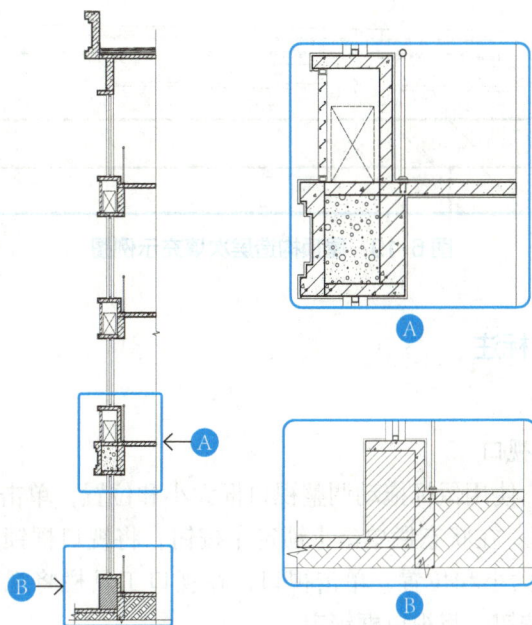

图 6-18 填充示例图

2. 保温屋面构造层填充

输入【H】执行填充命令，根据构造层分别进行以下设置并执行填充。

1）找坡层

图案设置为 HEX，比例设置为 1∶50。单击【添加：拾取点】按钮，在找坡层封闭区域内单击拾取点，确认。

2）保温板

图案设置为 ANSI37，比例设置为 1∶200。单击【添加：拾取点】按钮，在保温板封闭区域内单击拾取点，确认。

3）水泥砂浆找平结合层

图案设置为 AR-SAND，比例设置为 1∶10。单击【添加：拾取点】按钮，在水泥砂浆层封闭区域内单击拾取点，确认。

4）保护层

图案设置为 PLAST，比例设置为 1∶100。单击【添加：拾取点】按钮，在保护层封闭区域内单击拾取点，确认。

5）密封胶

图案设置为 SOLID。单击【添加：拾取点】按钮，在密封胶封闭区域内单击拾取点，确认。

6）完成与显示

所有构造层填充完成后，输入【DKTC】打开图层命令，重新打开"轴线"图层，查看完整的保温屋面构造层次填充效果（见图 6-19）。

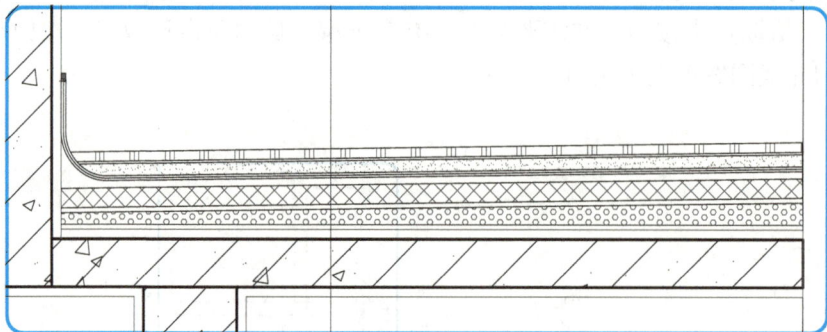

图 6-19　屋顶构造层次填充示例图

6.4.8　图纸布局注释与标注

1. 布局排版

1）进入布局与调整视口

单击进入布局空间，使用鼠标拖动调整视口框大小和位置，单击视口，在视口工具栏将视口比例设置为"1∶35"。在状态栏单击【锁定】按钮，将视口框锁定。在布局空间中，使用鼠标拖动调整视口框大小和位置，单击视口，在视口工具栏将视口比例设置为"1∶35"。在状态栏单击【锁定】按钮，将视口框锁定。

微课——
图纸布局注释与标注

2）绘制排版线

将当前图层切换至"公－图框"。使用【L】直线命令，以标题栏上边缘为起点沿水平方向绘制一条直线。使用【O】偏移命令，将该水平直线向上偏移 20 mm，如图 6-20 所示。

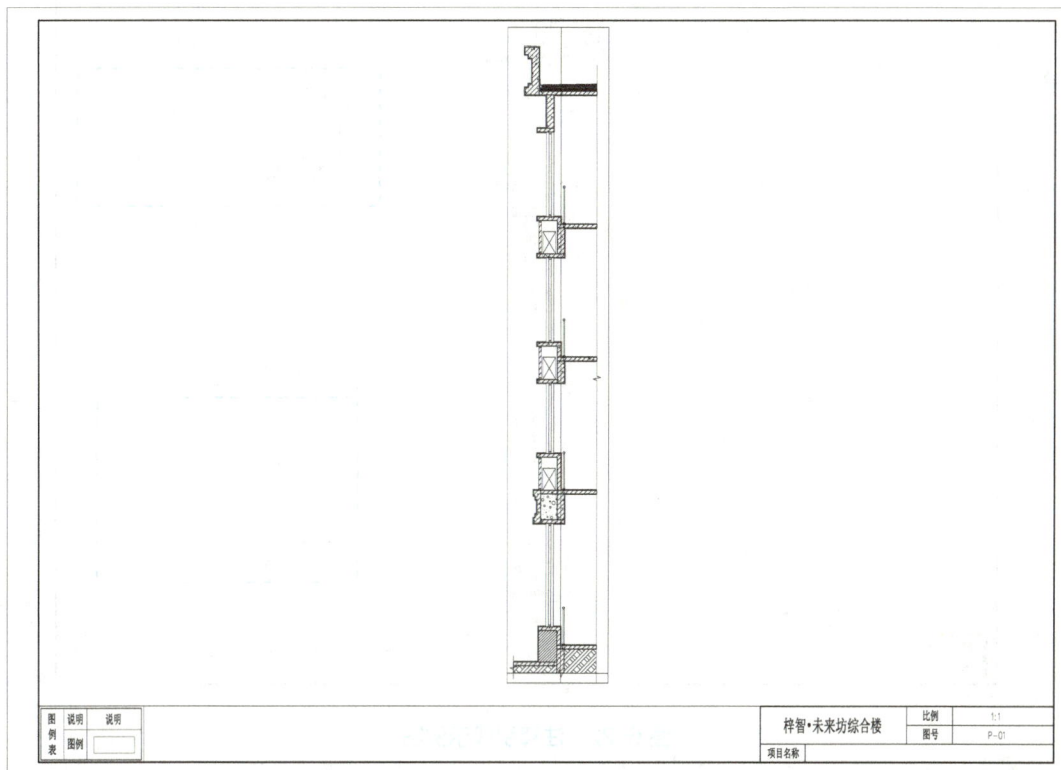

图 6-20　布局排版示例图

2. 索引线样式设置

将当前图层切换至"建－注释"。输入【LE】快速引线命令，随意绘制一条示例索引线。选中该索引线，按【CTRL+1】组合键调出特性管理器，在"直线和箭头"选项卡中将箭头样式修改为"直角"。使用【X】分解命令分解该索引线。双击分解后得到的箭头块参照，进入块编辑器。在块编辑器中，使用【L】直线命令，精准绘制箭头轮廓。使用【H】图案填充命令，选择 SOLID 实心图案箭头区域进行实心填充。保存块定义并关闭块编辑器，返回布局空间，如图 6-21 所示。

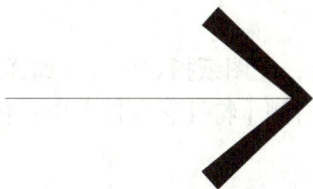

图 6-21　引线箭头绘制示例图

3. 绘制索引线

使用【LE】快速引线命令，在布局空间中，依次指定索引线的起点（指向被索引对象）、转折点（可选）及终点（文字放置位置）。按 Enter 键结束命令。此时绘制的索引线将应用设置好"直角"箭头样式，如图 6-22 所示。

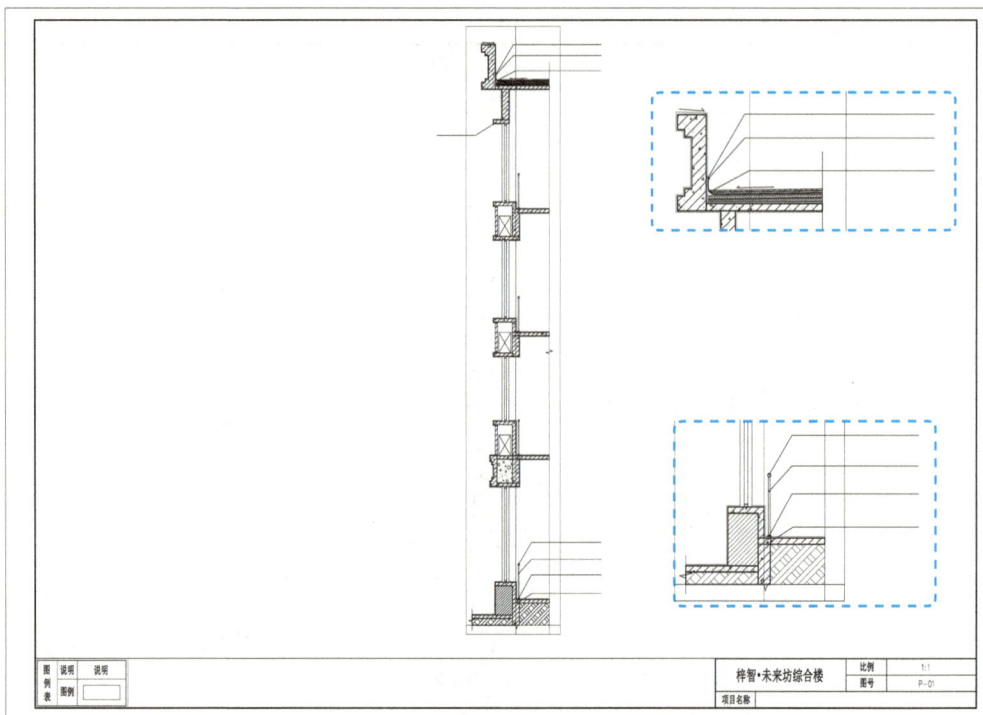

图 6-22　注释引线示例图

4. 文字注释

1）复制与放置文字

使用【CO】复制命令，选择标题栏内合适的文字作为模板。指定基点，将文字复制到需注释的位置（通常位于对应索引线的正上方）。放置时注意文字与引线的对齐关系，保证图纸整洁。

2）修改文字内容

双击复制后的文字，进入文本编辑状态。根据设计要求修改文字内容（如注明材料、做法、坡度等）。修改完成后，按 Enter 键或单击编辑器外区域退出，如图 6-23 所示。

5. 绘制详图符号及轴号

1）绘制并分解详图符号

使用【XTFH】详图符号命令，在图纸指定位置（如详图附近）绘制一个详图符号。选中绘制的详图符号，在软件界面右侧【特性管理器】中：将详图符号直径改为"15"，线宽改为"0.1"。

2）复制并放置详图符号

使用【CO】复制命令，选中编辑好的详图符号，将其复制到图纸中需要进行详图索引的部位（如轴线位置、女儿墙泛水、滴水线大样、不锈钢法兰、预埋件等）。放置时确保符号清晰指向索引部位并与相关轴线关联，布局合理。

3）修改符号文字

双击详图符号内部的文字进入编辑状态。根据实际的详图编号或说明修改文字内容，确保信息准确匹配，如图 6-24 所示。

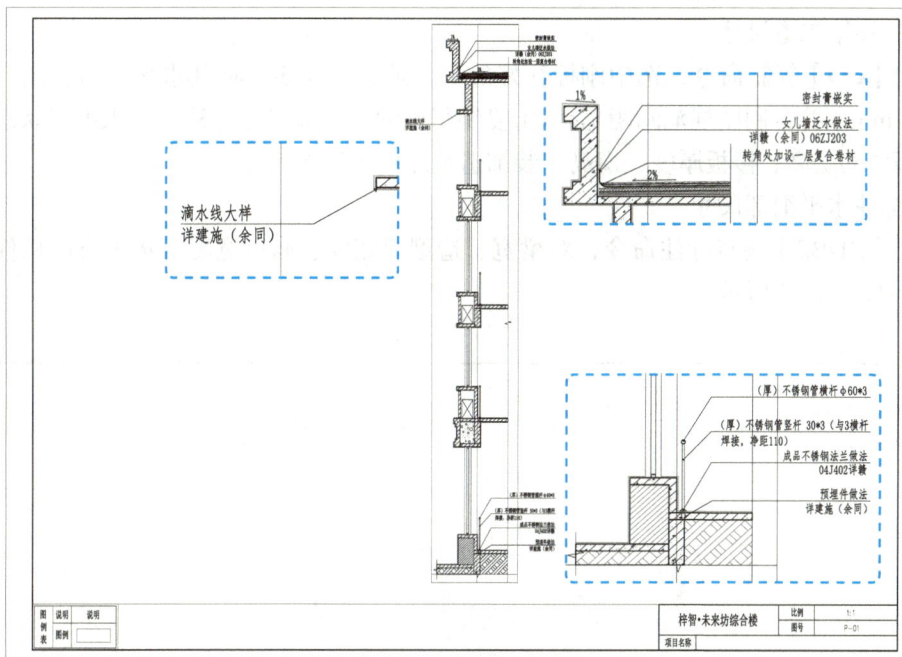

图 6-23　文字注释示例图

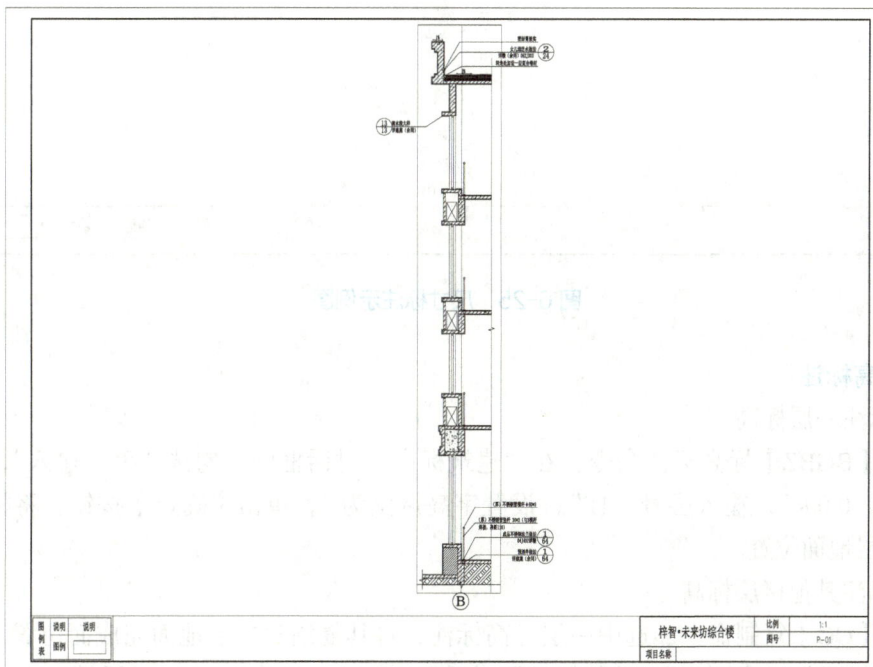

图 6-24　详图符号示例图

6. 尺寸标注

1）标注总尺寸

使用【ZDBZ】逐点标注命令，从室外地坪开始，捕捉至屋顶最高点，沿垂直方向标注第一道总尺寸（建筑总高度）。

2）标注第二道尺寸

使用【CO】复制命令，选中刚标注好的第一道总尺寸线，将其水平向右复制，复制距离 5～8 mm（符合制图规范间距）。双击复制得到的第二道尺寸标注，进入编辑状态，依次添加各楼层的层高、楼板厚度、窗高、装饰造型厚度等细部尺寸。

3）标注水平细部尺寸

使用【ZDBZ】逐点标注命令，对梁宽、造型板宽度、洞口宽度等水平方向构件进行尺寸标注，如图 6-25 所示。

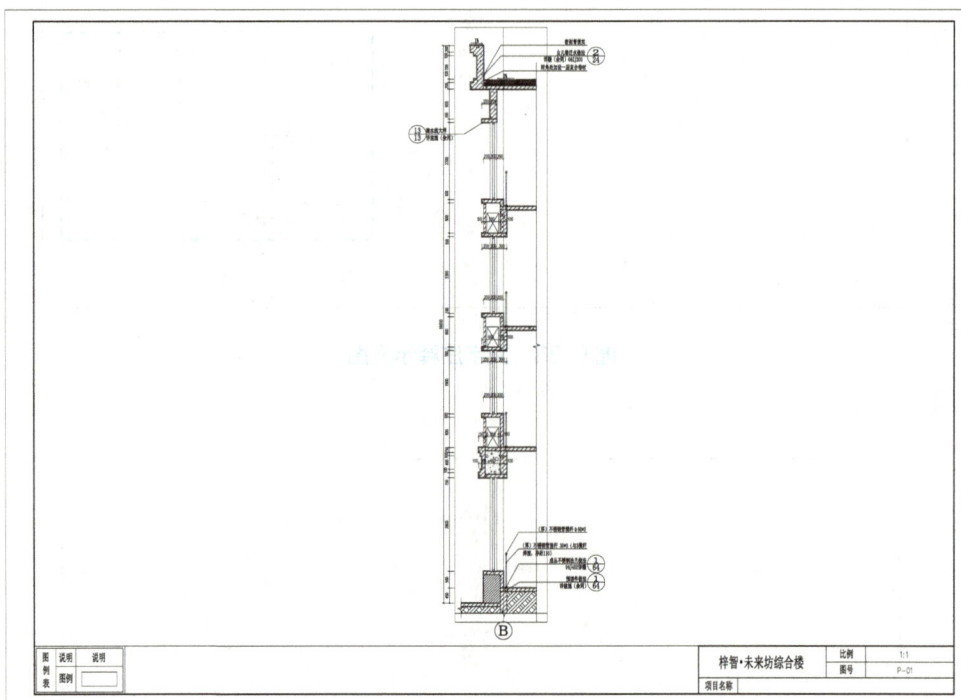

图 6-25　尺寸标注示例图

7. 标高标注

1）标注一层标高

使用【BGBZ】标高标注命令，在"建筑标高"对话框中，勾选"手工输入"，输入楼层标高值"0.000"，输入层号"1F"；设置字高调整为3，单击【确定】按钮，将标高符号放置在一层地面位置。

2）标注其他楼层标高

使用【CO】复制命令，选中一层标高标注，将其复制到二层地面完成面位置。双击新复制的标高标注，再次打开"建筑标高"对话框。修改标高值为4.200，层号为2F。重复上述复制、双击修改步骤，标注其余楼层标高如下：

①三层：7.800，3F；

②四层：11.400，4F；

③顶层（屋顶）：15.000。

3）标注室外地坪及总尺寸标高

输入【BGBZ】标高标注命令，在"建筑标高"对话框中，选择样式为"带基线"，勾选"手工输入"，输入标高值为"-0.450"，单击【确定】按钮，将标高符号放置在室外地坪位置，如图6-26所示。

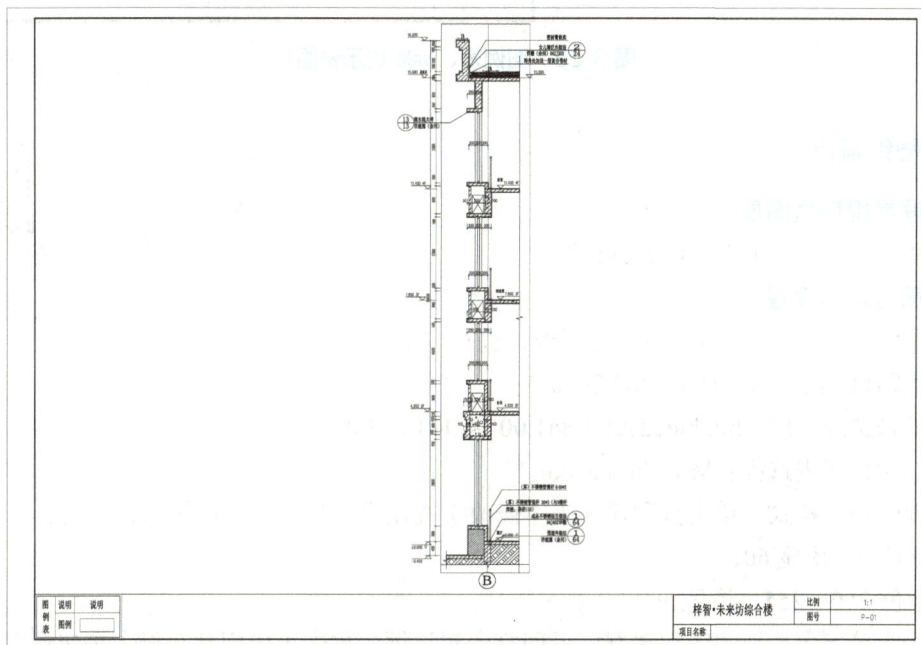

图6-26　标高标注示例图

8. 图名标注

输入【TMBZ】执行图名标注命令，在图名标注对话框中，输入图名为"墙身大样二"，设置比例为"1：35"，将图名标注框放置在右下方排版线内。使用【CO】复制命令，将轴号复制至图名标注左侧，双击图名标注序号区域，将默认序号修改为"2"（见图6-27）。

图6-27　图名标注示例图

9. 图例表与标题栏完善

1）完善图例表

在图纸的图例表区域，参照大样详图中使用的填充图案，在图例表对应位置绘制相同的图案。在图例图案旁添加文字注释，清晰说明该图案代表的建筑材料或构造层（如"钢筋混凝土""夯实土壤""聚苯板保温"等）。

2）修改标题栏比例

找到标题栏中显示比例的属性文字或块参照，双击该文字，将其内容修改为 1：35。

3）修改标题栏图号

找到标题栏中显示图号的文字，双击该文字，将其内容修改为 P-04，如图 6-28 所示。

图例表	说明	钢筋混凝土	夯实土壤	砌块墙	梓智·未来坊综合楼墙身大样图		比例	1：35
	图例						图号	P-04
					项目名称		梓智·未来坊综合楼	

图 6-28　图例表、标题栏示例图

6.4.9　图纸输出

1. 设置视口框图层

将视口框图层切换至"Defpoints"。

2. 配置页面设置

按【Ctrl+P】组合键打开打印对话框，进行以下设置。

①打印机 / 绘图仪：DWG to PDF.pc5。

②纸张选择：ISO full bleed A1（841.00×594.00 毫米）。

③打印样式表选择：Monchrome.ctb。

④编辑打印样式：单击打印样式表【修改】按钮进入打印样式编辑器，设置：

- 颜色 9，淡显 60；
- 颜色 250～255，淡显 50。

单击【确定】按钮关闭编辑器，返回打印对话框。单击【应用到布局】按钮保存当前设置至布局，然后单击【取消】按钮关闭打印对话框（此时系统回到绘图区，布局设置已更新，如图 6-29 所示）。

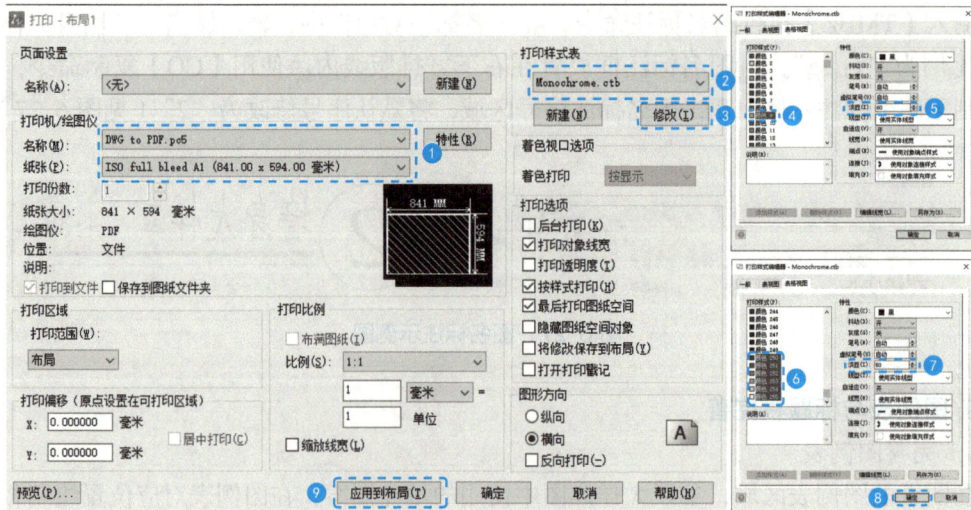

图 6-29　打印设置示例图

3. 智能批量打印

输入【ZWP】启动智能批量打印工具命令，进行以下配置。

①图框形式：在图框类型选项中，选择"散线"模式（该模式表示由连续线段围合构成封闭矩形边框）。

②打印机设置：打印设备名：DWG to PDF.pc5；纸张设定：ISO full bleed A1（841.00×594.00毫米）；打印样式名：Monchrome.ctb。

③执行打印：勾选多页打印，在绘图区选择"选择批量图纸"。单击【亮显】按钮，确认所选图纸是否正确，单击【预览】按钮，仔细检查图纸布局、打印比例、文字清晰度等是否符合要求，预览满意后，单击【打印】按钮执行批量打印操作（打印结果示例见图6-30）。

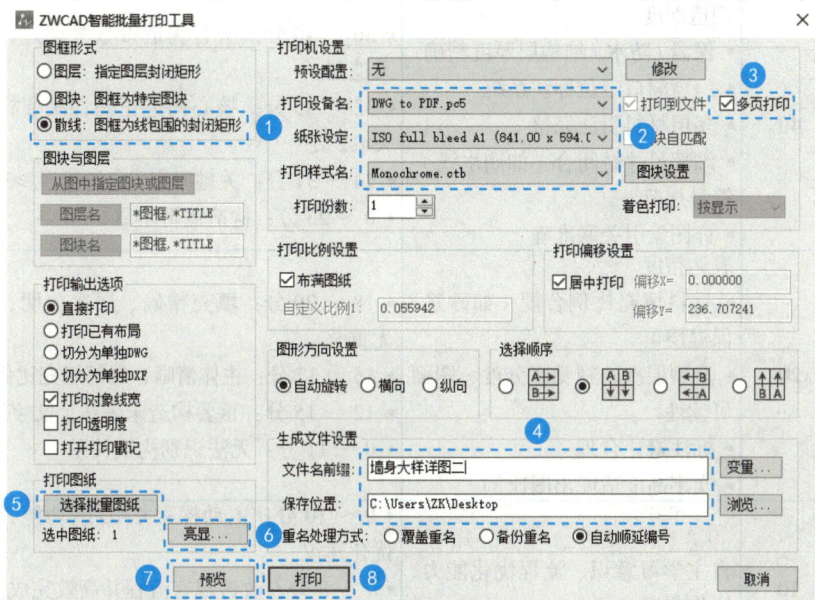

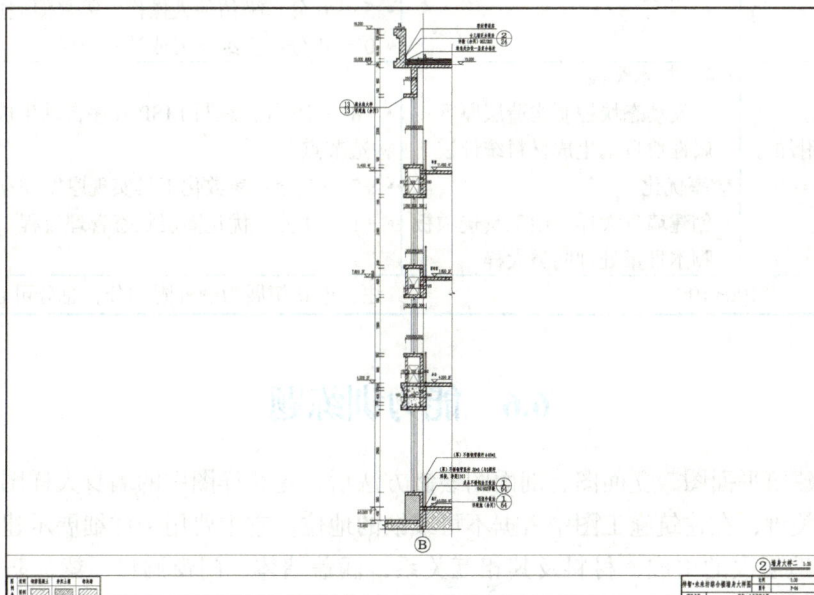

图6-30　墙身大样详图示例图

6.5 任务评价

表 6-3　绘制建筑墙身大样图任务评价表

评价维度	分值	评价要点	评分标准	得分
1.操作规范性	30	分层管理 • 材料/构造/标注分层清晰 命令应用 • 详图符号生成规范 • 比例缩放操作正确性文件管理 • 命名符合制图标准	• 27~30分：图层逻辑严谨，命令精准无冗余 • 24~26分：分层合理，1~2处命令瑕疵 • 18~23分：图层混用≥3处，缩放错误 • 0~17分：未分层导致图纸失效	
2.技术参数正确性	40	构造深度 • 保温/防水/结构层厚度精确 • 门窗洞口定位标注系统 • 多层材料引注完整 • 细部尺寸链闭合（如滴水线）符号规范 • 详图索引关联准确	• 36~40分：所有构造参数零误差，标注无遗漏 • 32~35分：核心构造正确，次要标注缺失≤2处 • 24~31分：关键厚度/定位错误≥3处 • 0~23分：构造逻辑矛盾	
3.剖面图绘制质量	20	表达精度 • 材料填充比例合规（如砂浆/保温层） • 造型层次、视觉区分度、图面可读性 • 标注避让合理 • 文字高度适配出图比例	• 18~20分：填充精确、层次分明、标注无重叠 • 16~17分：主体清晰，局部填充比例失调 • 12~15分：重要构造未表达，文字遮挡 • 0~11分：无法识别构造关系	
4.职业素养	10	自主学习意识、流程优化能力、协作态度	• 9~10分：主动探索CAD新功能并提出优化建议 • 7~8分：改进现有流程并高效完成任务 • 5~6分：模仿他人操作，需督促完成 • 0~4分：拒绝学习或消极应付	
5.创新拓展	附加分≤10	CAD技术突破 • 开发动态块控制构造层厚度 • 属性块自动生成材料统计表效率优化 • 创建墙身大样专用工具选项板 • 脚本批量处理同类大样	• +8~10分：编写LISP程序自动生成复杂构造节点 • +5~7分：参数化工具实现厚度联动修改 • +1~4分：优化图层状态管理流程	
总分	100+10		注：创新拓展为额外附加分，总分可超过100分	

6.6 能力训练题

在掌握建筑平面图、立面图、剖面图绘制方法后，建筑详图中的墙身大样图是深入了解建筑构造的关键，在建筑施工图中占据不可或缺的地位。它主要用于详细展示建筑物墙身从内到外各构造层次的组成、材料及其相互关系，涵盖墙体、门窗洞口、梁、防潮层、保温层、装饰面层等关键部位。通过实际绘制训练，巩固对墙身构造表达的掌握。

用CAD绘制墙身大样图，参考样图（见图6-31），绘制要求如下。

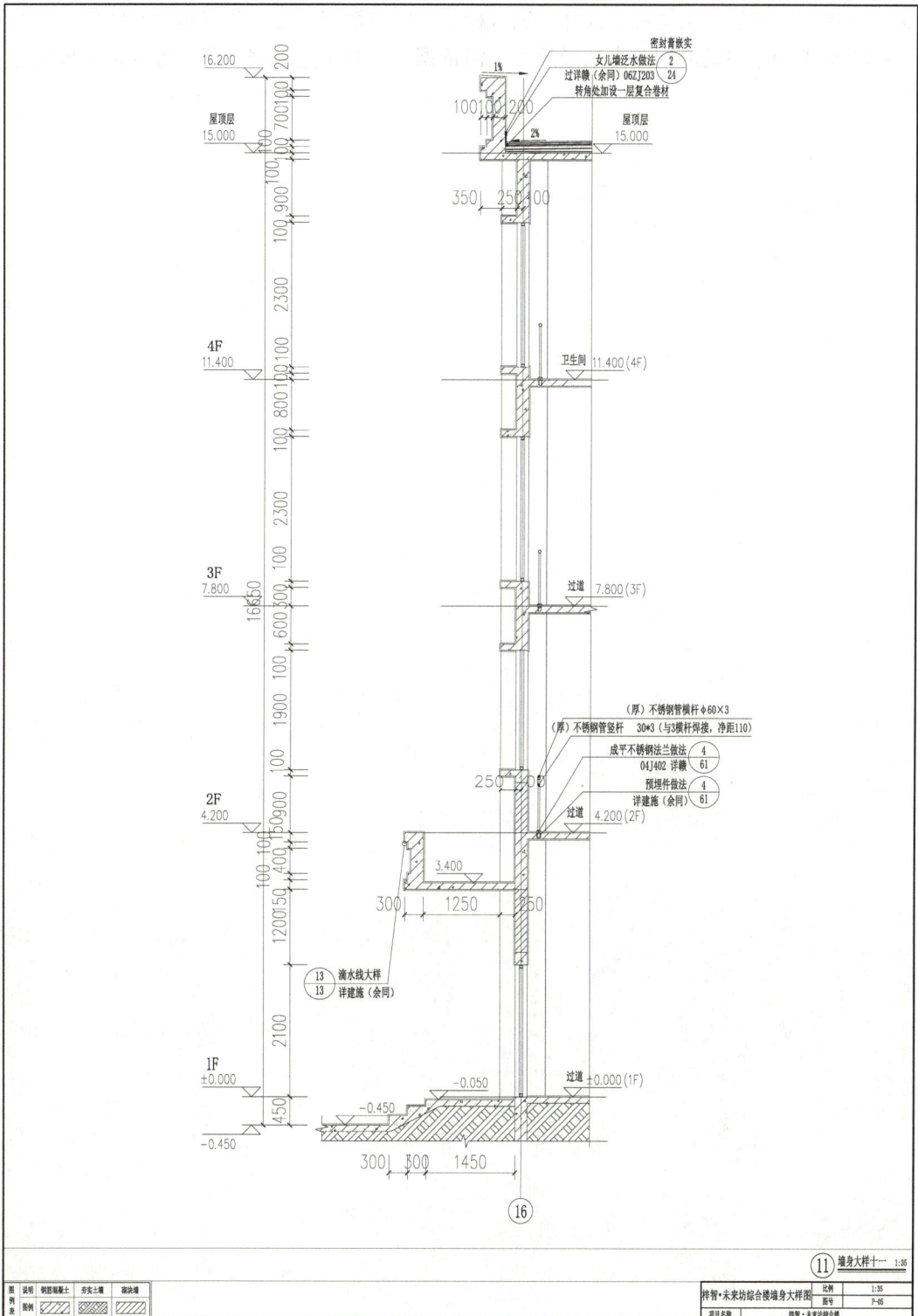

图6-31 墙身大样详图示例图

（1）绘图比例为 1：1，出图比例为 1：40，采用 A1 图框；字体采用仿宋体。

（2）详细标注墙身各构造层次（如墙体、保温层、装饰面层等）的材料名称及厚度，门窗洞口、梁、防潮层等关键部位尺寸需精准标注，定位轴线编号需与建筑平面图保持一致。

（3）图纸中未明确的构造做法及尺寸，需依据《建筑构造通用图集》等规范合理确定。

附录 A 中望建筑 CAD 快捷键

表 A-1 图形绘制命令

序号	命令	命令功能	命令简写	备注
1	Arc	绘制弧	A	
2	Circle	绘制圆	C	
3	Donut	绘制圆环	DO	
4	Dtext	注写单行文本		
5	Hatch	图案填充	H	
6	Line	绘制直线	L	
7	Mtext	注写多行文本	T	
8	Pline	绘制多段线	PL	
9	Polygon	绘制正多边形	POL	
10	Point	绘制点	Po	
11	Rectangle	绘制矩形	REC	
12	Spline	绘制样条曲线	SPL	
13	Style	设置文字样式	ST	
14	Mline	绘制多线	ML	
15	Breakline	创建折断线		

表 A-2 图形编辑命令

序号	命令	命令功能	命令简写	备注
1	Array	阵列	AR	
2	Block	创建块	B	
3	Chamfer	倒角	CHA	
4	Copy	复制	CO	
5	Ddedit	文本编辑	ED	
6	Dimlinear	线性标注	DLI	
7	Dimcontinue	连续标注	DCO	
8	Dimbaseline	基线标注	DBA	
9	Qdim	快速标注		
10	Dimaligned	对齐标注	DAL	

续表

序号	命令	命令功能	命令简写	备注
11	Dimrad	半径标注	DRA	
12	Dimangular	角度标注		
13	Dimstyle	设置标注样式	D	
14	Erase	删除	E	
15	Explode	分解	X	
16	Extend	延伸	EX	
17	Fillet	圆角	F	
18	Find	文本替换		
19	Insert	插入块	IN	
20	Layer	设置图层	LA	
21	Limits	设置图形界限		
22	LineType	线型	LT	
23	Ltscale	线型比例	LTS	
24	Matchprop	特性匹配	MA	
25	Mirror	镜像	MI	
26	Move	移动	M	
27	Offset	偏移	O	
28	Oops	删除恢复		
29	Pedit	多段线编辑	PE	
30	Properties	特性	MO	
31	Redraw	视图重画	R	
32	Regen	图形重新生成	RE	
33	Redo	重做		
34	Rotate	旋转	RO	
35	Scale	缩放	SC	
36	Stretch	拉伸	S	
37	Trim	修剪	TR	
38	U	放弃	U	
39	Undo	多重放弃		
40	Wblock	块存盘	W	
41	Divide	定数等分		
42	Measure	定距等分		
43	Join	合并	J	
44	Break	打断	BR	

序号	命令	命令功能	命令简写	备注
45	Tcount	自动编号		
46	Xline	构造线	XL	
47	Copym	多重复制		

表A-3 查询与管理命令

序号	命令	命令功能	命令简写	备注
1	Area	查询面积和周长	AA	
2	Dist	查询距离	DI	
3	List	列出图形数据库信息	LI	
4	ID	识别图形坐标	ID	

表A-4 图形输出命令

序号	命令	命令功能	命令简写	备注
1	Plot	打印设置并输出		
2	PlotterManager	打印机配置		
3	StylesManager	创建打印样式		
4	ZWPLOT	ZWCAD 智能批量打印工具		

附录 B 中望 CAD 建筑版专用命令

表 B-1 "设置"命令

序号	命令	命令功能	命令简写	备注
1	QJSZ	全局设置		
2	CDSZ	菜单设置		
3	ZCSZ	转存设置		
4	DQBL	当前比例		
5	DQCG	当前层高		
6	TCGL	图层管理		
7	TCZH	图层转换		
8	GBTC	关闭图层		
9	GLTC	隔离图层		
10	DKTC	打开图层		
11	DJTC	冻结图层		
12	JDTC	解冻图层		
13	GDTC	关冻图层		
14	SDTC	锁定图层		
15	JSTC	解锁图层		
16	SDQT	锁定其他		
17	HFTC	恢复图层		
18	QKTC	全开图层		
19	CZGX	重整关系		
21		轴网柱子		
22	S71_HZZW	绘制轴网	HZZW	
23	S71_QSZW	墙生轴网	QSZW	
24	S71_ZWBZ	轴网标注	ZWBZ	
25	S71_ZHBZ	轴号标注	ZHBZ	
26	S71_TJZX	添加轴线	TJZX	
27	S71_ZXKG	轴线开关	ZXKG	
28	S71_BZZ	标准柱	BZZ	

序号	命令	命令功能	命令简写	备注
29	S71_JZ	角柱	JZ	
30	S71_DZJZ	等肢角柱	DZJZ	
31	S71_GZZ	构造柱	GZZ	
32	S71_YXZ	异形柱	YXZ	
33	S71_ZGZZ	转构造柱	ZGZZ	
34	S71_ZZQQ	柱子齐墙	ZZQQ	
35		墙梁板		
36	S71_CJQL	创建墙梁	CJQL	
37	S71_PYJQ	偏移建墙	PYJQ	
38	S71_SQSL	删墙上梁	SQSL	
39	S71_DXBQ	单线变墙	DXBQ	
40	S71_QTZX	墙体造型	QTZX	
41	S71_QTFD	墙体分段	QTFD	
42	S71_QZBW	墙柱保温	QZBW	
43				

表 B-2 "轴网柱子"命令

序号	命令	命令功能	命令简写	备注
1	HZZW	绘制轴网		
2	QSZW	墙生轴网		
3	ZWBZ	轴网标注		
4	ZHBZ	轴号标注		
5	TJZX	添加轴线		
6	ZXKG	轴线开关		
7	BZZ	标准柱		
8	JZ	角柱		
9	DZJZ	等肢角柱		
10	GZZ	构造柱		
11	YXZ	异形柱		
12	ZGZZ	转构造柱		
13	ZZQQ	柱子齐墙		

序号	命令	命令功能	命令简写	备注
35		墙梁板		
36	S71_CJQL	创建墙梁	CJQL	
37	S71_PYJQ	偏移建墙	PYJQ	
38	S71_SQSL	删墙上梁	SQSL	
39	S71_DXBQ	单线变墙	DXBQ	
40	S71_QTZX	墙体造型	QTZX	
41	S71_QTFD	墙体分段	QTFD	
42	S71_QZBW	墙柱保温	QZBW	
43				

表 B-3 "墙梁板"命令

序号	命令	命令功能	命令简写	备注
1	CJQL	创建墙梁		
2	PYJQ	偏移建墙		
3	SQSL	删墙上梁		
4	DXBQ	单线变墙		
5	QTZX	墙体造型		
6	QTFD	墙体分段		
7	QZBW	墙柱保温		
8	DQJ	倒墙角		
9	XQJ	修墙角		
10	QJPY	墙基偏移		
11	QBPY	墙边偏移		
12	QQZX	墙齐轴线		
13	GQH	改墙厚		
14	GWQH	改外墙厚		
15	GGD	改高度		
16	GWQG	改外墙高		
17	SBNW	识别内外		
18	QQWD	墙齐屋顶		
19	SSLB	搜索楼板		
20	TCHF	恢复图层		

续表

序号	命令	命令功能	命令简写	备注
21	BKG	板开关		
22	LKG	梁开关		

表 B-4　"门窗"命令

序号	命令	命令功能	命令简写	备注
1	MC	门窗		
2	MCZH	门窗组合		
3	DXC	带型窗		
4	ZJC	转角窗		
5	YXD	异形洞		
6	LDMC	两点门窗		
7	GMCH	改门窗号		
8	MCTW	门窗调位		
9	MCZL	门窗整理		
10	MCB	门窗表		
11	MCZB	门窗总表		
12	MNWF	门内外翻		
13	MZYF	门左右翻		
14	MCYX	门窗原型		

表 B-5　"建筑设施"命令

序号	命令	命令功能	命令简写	备注
1	ZXTD	直线梯段		
2	HXTD	弧线梯段		
3	YXTD	异形梯段		
4	TJFS	添加扶手		
5	LJFS	连接扶手		
6	SPLT	双跑楼梯		
7	DPLT	多跑楼梯		
8	QTLT	其他楼梯		
9	DT	电梯		
10	ZDFT	自动扶梯		

序号	命令	命令功能	命令简写	备注
11	YT	阳台		
12	TJ	台阶		
13	PD	坡道		
14	LYPD	轮椅坡道		
15	SS	散水		

表B-6 "房间"命令

序号	命令	命令功能	命令简写	备注
1	SSFJ	搜索房间		
2	FJMJ	房间面积		
3	SSHX	搜索户型		
4	YTMJ	阳台面积		
5	QXMJ	曲线面积		
6	MJLJ	面积累加		
7	SMJC	设面积层		
8	MJTJ	面积统计		
9	HXTJ	户型统计		
10	FJTJ	房间统计		
11	FJLK	房间轮廓		
12	FJPX	房间排序		
13	CDJC	重叠检查		
14	JJGL	洁具管理		
15	WSGD	卫生隔断		

表B-7 "屋顶"命令

序号	命令	命令功能	命令简写	备注
1	SWDX	搜屋顶线		
2	RZPD	人字坡顶		
3	DPWD	多坡屋顶		
4	LSWD	拉伸屋顶		
5	JXWD	建斜屋顶		
6	XSWD	歇山屋顶		
7	ZJWD	攒尖屋顶		

续表

序号	命令	命令功能	命令简写	备注
8	CTC	插天窗		
9	JLHC	加老虎窗		
10	PMYG	平面雨管		

表B-8 "立剖面"命令

序号	命令	命令功能	命令简写	备注
1	JZLM	建筑立面		
2	JBLM	局部立面		
3	JZPM	建筑剖面		
4	JBPM	局部剖面		
5	LPWG	立剖网格		
6	CZBZ	层轴标注		
7	PMCC	剖面尺寸		
8	PMQB	剖面墙板		
9	XSQB	线生墙板		
10	PMBL	剖面板梁		
11	JXPL	矩形剖梁		
12	YXPL	异形剖梁		
13	PMMC	剖面门窗		
14	PMZX	剖面造型		
15	PMLK	剖面轮廓		
16	XXPT	休息平台		
17	PMTD	剖面梯段		
18	LTLG	楼梯栏杆		
19	FSJT	扶手接头		
20	TJLG	梯剪栏杆		
21	YSGX	雨水管线		
22	ZLMX	柱立面线		

表B-9 "文表符号"命令

序号	命令	命令功能	命令简写	备注
1	WZBJ	文字编辑		
2	WZYS	文字样式		
3	DHWZ	单行文字		

续表

序号	命令	命令功能	命令简写	备注
4	XJBG	新建表格		
5	DCBG	导出表格		
6	DRBG	导入表格		
7	JTYZ	箭头引注		
8	ZFBZ	做法标注		
9	YCBZ	引出标注		
10	TMBZ	图名标注		
11	SYFH	索引符号		
12	NSFH	内视符号		
13	XTFH	详图符号		
14	PQFH	剖切符号		
15	ZDFH	折断符号		
16	DCFH	对称符号		
17	XDFH	修订符号		
18	YXBZ	云线标注		
19	ZBZ	指北针		
20	CZTH	查找替换		
21	FJZH	繁简转化		
22	BLTH	变量替换		
23	BLWH	变量维护		
24	WZTQ	文字提取		
25	BHZL	编号整理		

表 B-10 "图块图案"命令

序号	命令	命令功能	命令简写	备注
1	TKGL	图库管理		
2	TKZH	图块转化		
3	TKPB	图块屏蔽		
4	TKGC	图块改层		
5	KSCK	快速插块		
6	MWTC	木纹填充		
7	TATC	图案填充		
8	TAGL	图案管理		
9	XTA	线图案		

表 B-11 "工具一"命令

序号	命令	命令功能	命令简写	备注
1	SKFD	视口放大		
2	SKFH	视口恢复		
3	YCKJ	隐藏可见		
4	HFKJ	恢复可见		
5	CBWH	测包围盒		
6	JCBZ	解除编组		
7	GLXZ	过滤选择		
8	DXCX	对象查询		
9	DXBJ	对象编辑		
10	TXPP	特性匹配		
11	BEBJ	布尔编辑		

表 B-12 "工具二"命令

序号	命令	命令功能	命令简写	备注
1	XJJX	新建矩形		
2	LJPL	路径排列		
3	XBPL	线变 PL		
4	LJQX	连接曲线		
5	JCQX	加粗曲线		
6	QXDD	曲线打断		
7	JDDD	交点打断		
8	ZYXJ	自由修剪		
9	XCCX	消除重线		
10	TYBG	统一标高		
11	QYFK	区域分块		
12	SSLK	搜索轮廓		
13	TXCJ	图形裁剪		
14	TXQG	图形切割		
15	ZYZL	自由阵列		
16	ZYFZ	自由复制		
17	ZYNT	自由粘贴		
18	ZYYD	自由移动		
19	YW	移位		

表 B-13　"总图平面"命令

序号	命令	命令功能	命令简写	备注
1	ZDXT	转地形图		
2	HXHZ	红线绘制		
3	HXTR	红线退让		
4	TQDT	提取单体		
5	DLHZ	道路绘制		
6	DLDJ	道路倒角		
7	DLGB	道路标高		
8	DLPD	道路坡道		
9	DXPD	地下坡道		
10	BZCW	布置车位		
11	SMBZ	树木布置		
12	SMBM	树木标名		
13	BGMC	布灌木丛		
14	HZCP	绘制草坪		
15	ZTBG	总图标高		
16	ZBBZ	坐标标注		
17	HXBZ	红线标注		
18	ZBJC	坐标检查		
19	MJJS	面积计算		
20	QXCD	曲线长度		
21	FMGT	风玫瑰图		
22	ZBZ	指北针		
23	ZPTL	总平图例		

表 B-14　"文件布图"命令

序号	命令	命令功能	命令简写	备注
1	JLCK	建楼层框		
2	SWZH	三维组合		
3	ZEWT	转二维图		
4	TTJT	提条件图		
5	TXDC	图形导出		
6	WJZC	文件转存		

序号	命令	命令功能	命令简写	备注
7	PLDC	批量导出		
8	FJDX	分解对象		
9	TBDS	图变单色		
10	GBBL	改变比例		
11	BZTX	布置图形		
12	CRTK	插入图框		
13	TQXG	图签修改		
14	TZML	图纸目录		
15	SKFD	视口放大		

表 B-15 "三维工具"命令

序号	命令	命令功能	命令简写	备注
1	PB	平板		
2	SB	竖板		
3	LJQM	路径曲面		
4	BJMT	变截面体		
5	DBMX	地表模型		
6	STZM	实体转面		
7	MPHC	面片合成		
8	SZLM	设置立面		
9	ZXBJ	Z 向编辑		

参 考 文 献

[1] 中华人民共和国住房和城乡建设部. 房屋建筑制图统一标准：GB/T 50001—2017[S]. 北京：中国建筑工业出版社，2017.

[2] 中华人民共和国住房和城乡建设部. 房屋建筑室内装饰装修制图标准：JGJ/T 244—2011[S]. 北京：中国建筑工业出版社，2011.

[3] 中国建筑标准设计研究院. 楼地面建筑构造：12J304[S]. 北京：中国计划出版社，2012.

[4] 中国建筑标准设计研究院. 常用建筑构造（一）：J11-1[S]. 北京：中国计划出版社，2012.

[5] 中国建筑标准设计研究院. 常用建筑构造（二）：J11-2[S]. 北京：中国计划出版社，2013.

[6] 中国建筑标准设计研究院. 常用建筑构造（三）：J11-3[S]. 北京：中国计划出版社，2014.

[7] 中国建筑标准设计研究院. 内装修 细部构造：16J502-4[S]. 北京：中国计划出版社，2017.

[8] 夏玲涛. 建筑CAD[M]. 3版. 北京：中国建筑工业出版社，2021.

[9] 孙琪，李垚，张莉莉. 中望建筑CAD[M]. 北京：机械工业出版社，2022.

[10] 郭慧. 建筑CAD项目教程[M]. 北京：北京大学出版社，2023.